南方板栗遗传改良

李培旺　陈景震　编著

科学出版社
北京

内 容 简 介

本书系作者根据团队多年的板栗研究成果和推广示范经验，结合国内外板栗的研究进展，本着以服务栗农、企业和板栗科研工作而精心编著。全书覆盖了南方板栗遗传改良的资源基础、遗传基础及技术方法等内容，共12章。主要内容有：栗属植物资源多样性，主要南方板栗品种介绍，板栗的生物学和生理学特性，板栗资源及主要性状遗传多样性，南方板栗良种选育的目标、步骤和方法，板栗杂交育种和分子辅助育种遗传改良应用，中国板栗野生资源的保护及利用。

本书可作为板栗科研工作者、板栗种植户和板栗经营企业的专业参考书。

图书在版编目（CIP）数据

南方板栗遗传改良 / 李培旺，陈景震编著. —北京：科学出版社，2017.10
ISBN 978-7-03-054775-0

Ⅰ. ①南… Ⅱ. ①李… ②陈… Ⅲ. ①板栗-遗传改良 Ⅳ. ①S664.203.2

中国版本图书馆 CIP 数据核字（2017）第 246726 号

责任编辑：丛 楠 / 责任校对：杜子昂
责任印制：吴兆东 / 封面设计：迷底书装

科 学 出 版 社 出版
北京东黄城根北街 16 号
邮政编码：100717
http://www.sciencep.com

北京中石油彩色印刷有限责任公司 印刷

科学出版社发行 各地新华书店经销

*

2017 年 10 月第 一 版 开本：720×1000 B5
2018 年 1 月第二次印刷 印张：13 1/2
字数：265 000

定价：78.00 元

（如有印装质量问题，我社负责调换）

《南方板栗遗传改良》编写委员会

主　编　李培旺　陈景震

编　委（按姓氏笔画排序）

王　昊　皮　兵　刘　强　刘汝宽　李　力

李昌珠　李党训　吴　红　肖志红　张良波

张爱华　钟武洪　夏　栗　曹慧芳　蒋丽娟

序

栗，又称板栗，是我国栽培最早的经济树种之一。从西安半坡遗址中发现了大量栗、榛、松和朴树的果实。《诗经》中多次提到栗。《论语》记有："夏后氏以松，殷人以柏，周人以栗。"用栗作为纪念树，在周时已盛行。《毛传》有"栗，行上栗也"之说，《左传》有"行栗，表道树也"之说，可以推知当时不但采食其果实，利用其木材，还将其作为行道树。汉代的《史记·货殖列传》提到，"燕、秦千树栗……此其人皆与千户侯等"，更清楚地指出板栗在当时已经成为很重要的经济树种了。

栗是一种利用价值很高的树种。栗树的木材耐湿力强，适于作枕木、木桩、地板、船舵、桥板等。在欧洲，栗木除了深受造船工业和家具制造业欢迎外，还是制造葡萄酒桶的良材。在日本，栗木除了作为车辆、船舶用材和土工桩外，还可作为培殖海苔和培护海堤的桩材。

栗树用途极广。美国和西欧各国广泛利用栗树树皮和木材生产优质鞣料。栗树枝丫、梢头是良好的薪炭材；原木可以用来培养食用菌。板栗树性较强健，生长迅速，既适合作为绿化造林树种，也适合作为庭园绿化观赏树种。由于栗木质地坚硬，不易着火，一些国家在造林时将其作为松树林或栎树林的防火隔离树。

栗树的坚果营养丰富，是一种重要的干果，其果实除含有大量碳水化合物外，还富含蛋白质和脂肪，含量大体上与大米、小麦相近，但支链淀粉含量较高，粉质细腻。在我国和日本都有栗树果实灾年救荒和战时充军粮的历史记载。

我国的板栗坚果品质优良，植株抗逆性强，在世界食用栗中享有盛誉。坚果大部分供国内消费，也有一定数量的输出。

湖南及周边省份板栗栽培历史悠久，品种繁多，是我国板栗种质资源非常丰富的地区，其中不乏抗病虫、速生、丰产等优良品种，有很大的遗传改良潜力。

李昌珠

2017年6月

前　言

板栗是原产于中国的著名干果之一，栽培历史悠久，分布地域辽阔，北起辽宁凤城（北纬 40° 30′），南至海南岛（北纬 18° 30′）均有分布，其中山东、河南、湖北、河北、安徽、浙江、辽宁、广西、湖南、江西、福建、江苏、云南和北京等是我国栽培最多的省（自治区、直辖市）。板栗在我国的垂直分布差异比较大，因气候带和地形不同而有差异，有愈向南分布海拔愈高的趋势。最低海拔为不足 50 m 的沿海平原，如山东的郯城、江苏的新沂和沭阳等地；最高海拔分布为 2800 m，如云南的永仁、维西。

我国的板栗品种资源极其丰富，可分为南方板栗和北方板栗。其中，北方板栗的共同特点是果形小（单果平均重 8 g 左右），肉质糯性，含糖量高（一般在 20%左右），淀粉含量低，蛋白质含量高，果皮有光泽，涩皮易剥离，主要分布在华北各省的燕山及太行山区，包括河北、北京、山东、江苏北部、河南北部、陕西及甘肃的部分地区，适应冷凉、干燥的气候。南方板栗果形大（单果平均重在 12 g 以上，最大可达 25 g），一般淀粉含量高，含糖量低，肉质偏梗性，主要分布在我国长江流域的江苏、浙江、安徽、湖北、湖南、河南南部等地。另外，我国四川、福建、广东、广西、贵州、云南等地多为实生繁殖栗，坚果大小不齐，含糖量低，淀粉含量高、肉质偏粉质，适应高温多湿的气候，因此也归为南方板栗。

分布于中国的栗属有 3 个种，不但对世界栗属植物的起源、系统进化有着重要作用，而且对世界栗属资源的保护和可持续利用起着决定性作用。中国栗的居群具有很高的遗传杂合度，居群的变异幅度大，结构复杂，遗传基础极为丰富，是世界现有栗属植物遗传资源的宝贵基因库。深入研究中国栗属种质资源现状，制定完善的资源保护及可持续利用策略，对于将我国具有的丰富栗属资源服务于人类的现在及未来都有着重要意义。

湖南乃至周边省份的栗属种质资源丰富，湖南省林业科学院从 20 世纪 70 年代开始从事板栗育种和栽培研究，取得了多项科研成果，李昌珠研究员对板栗良种选育、早实丰产及遗传改良进行了深入细致的研究，取得了丰硕成果。本书就是在此基础上编写而成的。本书对我国南方板栗种质资源及遗传改良进展进行了全面总结，内容主要包括我国南方板栗种质资源、良种选育、板栗的生物学特性、板栗遗传多样性等，全面总结了编者多年来的板栗科研成果，充分反映了当前栽培利用南方板栗的科技水平。

由于编者水平有限，书中难免存在不足之处，恳请读者指正。

编　者

2016 年 12 月

目　　录

第1章 栗属植物栽培历史与利用现状

板栗（*Castanea mollissima* Blume）原产我国，栽培历史悠久，品种资源丰富，分布地域广阔。

板栗的果实是我国名优干果，营养丰富。据测定，板栗果实含蛋白质7%～12%、脂肪4.0%～7.4%、总糖10%～22%，栗仁含淀粉40%～60%，此外尚含有多种维生素（维生素A、维生素B_1、维生素B_2、维生素C）和矿物质（Ca、P、K）等。其果生食、熟食甜糯香脆，风味极佳，深受人们喜爱。

我国板栗因甜度大、涩皮易剥、品质优异而居世界食用栗之首，远销国外，在国际市场上具有强大的竞争力。板栗入药，在古药籍《名医别录》中被列为上品，有“益气”“补肾气”“治腰、脚不遂”等效用。

板栗结果早，栽植良种嫁接苗，第2～3年试花试果，第4～5年即可受益。板栗树寿命长，盛果期可达50～80年，一年种多年收。其适应性强，对立地条件要求不严，无论气候干湿、寒暖，土壤肥瘠，均可栽植。板栗树栽培技术简单、管理省工、成本低、效益较高，且其具有强大的根系、宽大的叶片、极强的萌芽力，是造林及庭园绿化、水土保持的重要树种。

1.1 世界板栗品种资源发展及栽培历史

板栗属壳斗科（Fagaceae）、栗属（*Castanea* Mill.）。栗属植物自然分布于北半球的亚洲、欧洲、非洲及美洲大陆。现存栗属植物有12种，其中进行经济栽培的主要有中国板栗（*Castanea mollissima* Blume）、欧洲栗（*Castanea sativa* Miller）、日本栗（*Castanea crenata* Sieb. et Zucc.）和美洲栗［*Castanea dentate*（Michx.）Raf.］4种。

栗属植物广泛分布于亚洲、欧洲和美洲大陆，是分布范围很广的树种。几百年前，栗树就已经是南欧农村的一种重要作物，1929年，法国和意大利各有200多个单系，栗树也曾是葡萄牙、西班牙、瑞士和土耳其的一种主要农作物。

世界各个栗主产区都有适合本地区栽培的优良品种。欧洲各国栽培的栗品种主要是欧洲栗和欧日杂种栗。西班牙有栽培品种、品系149个；瑞士有45个；意大利和法国的品种比较少，主要栽培品种各为20个左右，特别是意大利86%的主栽品种为‘Marroni’；土耳其作为欧洲栗的原始分布中心和最大的生产国有120株系，24个品系，13个品种；葡萄牙约有25个品种。亚洲除了中国具有丰富的中国板栗栽培品种（据统计有500多种）外，分布于东亚的日本和朝鲜半岛的日本栗，通过人们长期栽培选育已有约 100 个栽培品种，日本栗主栽品种为‘筑波’和‘丹泽’。北美洲所种植的美洲栗主要用途是用材，经济栽培的食用栗主要是欧日杂种栗和少量的中国板栗，目前作为经济栽培的主要是‘大果栗’（Colossal），并以‘内华达’（Nevada）和‘银叶’（Silver leaf）为授粉品种。

欧洲栗、日本栗及欧日杂种栗栽培国对于品种改良的选育工作，除高产优质等常规选育目标外，选育的重点主要在 4 个方面：①提高单籽重，使每千克籽数少于 48 粒；②提早成熟，使成熟期在欧洲南部提早到 8 月下旬至 9 月上旬；③提高品质，因欧洲栗和日本栗内种皮与种仁粘连不易剥离，且种皮味涩，选育种皮易剥品种是提高加工产品质量的主要途径之一，以中国板栗为杂交亲本可显著改良日本栗的种皮易剥性；④提高对墨水病（ink-disease）、栗疫病及栗瘿蜂、栗食象等病虫害的抗性。

20 世纪 50 年代，美国每年从国外进口栗实为 7500 t，其中大部分来自意大利。当时有两种真菌性病害严重地威胁着地中海沿岸各国早期的栗树生产。其一是引起烂根的墨水病，此病于 1726 年和 1840 年分别发现于西班牙和意大利。在低海拔且土壤排水不良的地区，此病危害尤为严重。其二是栗疫病，1938 年在意大利首次被确认。这两种病的危害极大。自 19 世纪以来，特别是在最近 20 多年，导致栗实产量大幅度下降。1909～1965 年，意大利的栗实产量约缩减了 86%，从年产 70 万 t 下降到 10 万 t；在法国，1890～1957 年，年产量也下降了约 85%，从 50 万 t 降为不足 10 万 t。此外，希腊、葡萄牙、西班牙、瑞士及土耳其，也出现了类似减产。南欧的栗树减产，除了病害的影响外，在某种程度上是提高了工业化生产程度所致。例如，在传统的费工采收作业方面，现在所用的劳动力已经大量减少。

为了提高栗实产量，法国、意大利、西班牙在 20 世纪 50 年代相继成立了栗树研究中心，研究工作主要侧重于抗病品种选育与良种繁育，以及如何实现栗树栽培、采收与装运工作机械化。美国的栗树主要用作木材和单宁原料，其次才作为坚果树种。

日本栽培栗树至少有 1000 年的历史，品种选育始于公元 750 年。1922 年，中国板栗大量传入日本。1935 年，可区分的品种超过 145 个。1959～1964 年，日本栗树种植面积翻了一番，即由 9700 hm^2 增长到 22 600 hm^2。结果树虽然增加，但栗果产量未见提高，这期间，日本栗实年产量徘徊于 2.8 万 t，这是栗瘿蜂的严重危害所致。

据联合国粮食及农业组织（Food and Agriculture Organization of the United Nations, FAO）近 10 年的统计，世界食用栗总产量为 4×10^5～5×10^5 t。2005 年世界栗产量为 1 128 773 t，结果树面积为 334 746 hm^2。中国是板栗最大的生产国，2005 年板栗产量近 825 000 t，占世界总产量的 73.1%，排名第 1 位，其次是意大利、韩国和土耳其（表 1-1，表 1-2）。欧洲栗的生产在经历了 20 世纪 30～70 年代栗疫病、墨水病的打击及第二次世界大战后农业结构调整的影响，产量锐减90%，目前生产已经稳定在现有水平，约占世界总产量的一半。然而，世界食用栗的生产仍远远低于欧洲 20 世纪 30 年代的生产水平，所以世界食用栗生产具有很大的发展潜力和市场需求。近些年来，澳大利亚大规模发展欧洲栗和欧日杂种栗的栽培，目前产量近 1×10^3 t，并预计 10 年后产量会增长 5 倍，成为栗属植物非自然分布区中的一个新商品化栽培区，而且由于其地处南半球，对延续世界食用栗市场供应具有积极意义。

表 1-1 世界栗产量与采摘面积（2005 年）

国家	产量/t	采摘面积/hm^2	平均产量/（100 g/hm^2）
中国	825 000	125 000	66 000
意大利	52 000	24 000	21 667
韩国	50 000	32 000	15 625
土耳其	49 000	38 000	12 895
玻利维亚	34 670	25 170	13 774
葡萄牙	24 800	30 200	8212
日本	24 000	25 000	9600
俄罗斯	19 000	5600	33 929
法国	13 000	7000	18 571
希腊	12 300	7800	15 769
西班牙	10 000	6000	16 667
世界	1 128 773	334 746	33 720

资料来源：表中数据来源于联合国粮食及农业组织 2006 年发布的数据（www.FAO.org）

表 1-2 世界栗销售情况（2004 年）

国家	进口量/t	进口额/千美元	出口量/t	出口额/千美元
中国	21 735	28 022	39 936	63 578
日本	25 207	79 525	582	1460
法国	15 572	16 648	3240	8950
美国	5369	13 631	129	556
意大利	4711	7564	20 616	57 829
韩国	1579	1452	16 123	39 126
葡萄牙	1135	1446	6104	9705
西班牙	3831	4552	10 059	14 218
土耳其	130	194	7332	10 174
世界	114 202	222 582	107 517	212 070

资料来源：表中数据来源于联合国粮食及农业组织 2006 年发布的数据（www.FAO.org）

目前，在世界食用栗栽培品种的繁殖方面，嫁接不亲和性问题阻碍着栗产业化进程。利用中国丰富的栗资源，选育优良的砧木品种也具有广阔前景。

1.2 我国板栗发展及栽培历史

虽然板栗是我国利用最早的果树之一，但系统科研工作则是20世纪60年代末期才起步的。良种选育方面以选为主，选、引、育相结合，选育了一批良种，成绩斐然。早实丰产栽培方面，近10年来取得了可喜的进展。板栗主产区实现了由实生繁殖向嫁接繁殖，由粗放“栗林”走向精细管理“栗园”的转变，还出现了一批高产稳产板栗丰产园，如山东省的蓬莱市小柱村、招远市李家村、费县大十罗湾等，小面积亩①产达542 kg，大面积达300～400 kg，单产比20世纪70年代以前翻了一番。

1.3 我国板栗品种资源分布及其栽培现状

板栗在我国栽培的地域极为辽阔，北起辽宁凤城，约在北纬40°30′，南至海南岛，约在北纬18°30′，东经99°～124°，而河北、山东、河南、陕西、甘肃、湖北、江苏、浙江、湖南、辽宁、福建等省经济栽培最多。就利用小气候进行区域栽培而言，板栗已在地处北纬41°20′的吉林省集安及北纬43°55′的永吉等地安家落户，生长良好并能结实。

板栗在我国的垂直分布差异很大，最低海拔为不足50 m的沿海平原，如山东的郯城、江苏的新沂和沭阳等地；最高海拔分布为2800 m，如云南的永仁、维西。板栗垂直分布因气候带和地形不同而有差异。河北多分布于100～300 m的山沟地；河南一般在900 m以下的河谷平地及丘陵山地；湖北多分布于1000 m左右的山坡地；福建多分布在500～1200 m的山地；湖南则主要分布在300～1000 m的丘陵山地。有愈向南分布海拔愈高的趋势。分布最多、栽培最盛的是黄河流域的华北及长江流域。

栗属均为2倍体（$2n=24$），且相互间可以杂交。栗属的12个种中，目前商业化商品经济栽培的主要是中国板栗、欧洲栗和日本栗，其他栗种仅有少量人工栽培利用并作为植物育种材料用于品种改良。人类利用栗属植物已有几千年的历史。栗属植物具有连年结实的稳定性，曾是人类赖以生存的食物来源之一，对人类历史发展具有重要作用。

我国对栗属植物的利用主要为中国板栗，板栗在我国各地生态条件差异很大的情况下，经过漫长的历史变迁和劳动人民的选育，形成了为数众多的品种（类

① 1亩≈666.67 m^2

型)。据估计，全国板栗栽培品种(品系)约为 500 个，按品种的主要园艺性状和地域分布分为长江流域、华北、东北、西北、西南及东南 6 个品种群。但作为商业化栽培的品种约为 50 个。我国丰富的地方栽培品种为商业化主栽品种的进一步改良，提供了丰富的遗传资源多样性。但在众多品种中，主要品种仍是通过选种得到的。我国除近年来的几个杂交种外，几乎都是实生选种，从而表现出遗传多样性降低、基因库狭小的现象。另外，生产上的频繁引种，造成了同名异物、同物异名等混乱现象，不但给生产带来了损失，而且不利于栗属资源的开发利用和今后的杂交育种工作。

近年来，全国板栗种植面积快速增长，产量稳步上升。我国板栗主产区湖南的品种资源情况及栽培现状简要介绍如下。

湖南省气候、土壤都适宜板栗生长。板栗主产区分布在武陵山区的沅陵、永顺、石门、桑植、永定区(张家界市辖区)、古丈、凤凰、龙山、芷江、慈利，雪峰山区域内的安化、辰溪、黔阳、会同、通道、溆浦、怀化、邵阳、靖州、城步、武岗、绥宁、新宁和幕阜山区域内的浏阳。

20 世纪 70 年代以前，湖南板栗生产状况为：实生繁殖，粗放管理或放任栽培，自生自灭。板栗树多混生在常绿或落叶阔叶林中，随着植物群落演替而兴衰，或散生在农户的房前屋后、田头地角作为庭园经济树种见缝插针式的栽植。品种混杂，良莠不齐，病虫害严重，树势衰弱，结果迟，产量低。8～10 年始果，15～20 年入盛果期，大面积亩产量仅 20～30 kg。70 年代末，湖南全省仅有栗林面积 7720 hm^2，年产板栗 2000～3000 t。

1981 年，湖南省林业科学院、中南林学院(2005 年改为中南林业科技大学)等单位对湖南省板栗种质资源进行了普查，挖掘整理出 16 个地方品种(类型)。其中‘它栗’产量稳定，树体低矮，较耐瘠薄，嫁接亲和力强，耐贮性好；‘结板栗’树体结构紧凑，丰产性、适应性强，二者均已在生产中推广。

从 1975 年开始，湖南省林业科学院先后从河北、山东、江苏等 14 个省(自治区、直辖市)引进 128 个板栗品种，并对湖南省地方品种(类型)进行搜集、评价和鉴定，通过小面积栽培、经济性状调查研究和初选良种区域栽培试验，选育出‘铁粒头’‘青扎’‘九家种’‘石丰’等早实丰产、耐贮、适应性强、风味甘甜、颗粒大小适中的板栗良种。历时 17 年，湖南板栗地方品种‘沅陵 1 号’‘檀桥板栗’等也开始推广应用。

经过近 30 年的努力，湖南省板栗生产呈现出令人鼓舞局面：①面积和产量成倍增长。20 世纪 70 年代末，湖南全省仅有板栗林面积 7720 hm^2，年产坚果 2000～3000 t。据 2002 年统计，湖南省有板栗面积 6.5972 万 hm^2(其中新造林 5.7972 万 hm^2)，年坚果产量约为 24 649 t，居全国第 9 位(2000 年，18 551 t)(表 1-3)。1970 年，进入盛果期的板栗亩产量仅为 20～30 kg，湖南省林业科学院丰产试验地良种嫁接后第 5 年产量为 271.3 kg/亩，第 10 年为 418.9 kg/亩，两次创长江以南板栗产区最高纪录。目前大面积丰产示范林亩产量达 150～200 kg。②品种结构得到进一步优化。目前湖南各板栗主产区大部分种植的是适合湖南生态特点的‘铁粒头’‘九家种’‘石丰’‘青扎’‘沅陵 1 号’‘檀桥板栗’‘结板栗’‘它栗’等优良品种。③基地建设发挥效益。20 世纪 80 年代末，湖南省林业主管部门和科研院所在石门、桂东、吉首、临湘营建了 270 hm^2 板栗良种与早实丰产林示范点。之后，全省各地相继建设了一大批板栗良种基地，目前大部分进入盛果期。④经济效益明显提高。板栗生产已成为山区脱贫致富奔小康的支柱产业，涌现出一大批板栗乡和板栗村，亩产值达 800～1000 元。许多边远山区县（市）已提出要把板栗生产作为区域产业经济来抓，形成了具地方特色的“拳头”产品。

表 1-3 全国主要产栗省（自治区、直辖市）产量

序号	省（自治区、直辖市）	产量/t	占全国比例/%	序号	省（自治区、直辖市）	产量/t	占全国比例/%
1	山东	123 015	23.01	9	湖南	18 551	3.47
2	河南	75 834	14.18	10	江西	17 769	3.32
3	湖北	63 166	11.81	11	福建	15 760	2.95
4	河北	43 023	8.05	12	江苏	11 860	2.22
5	安徽	34 797	6.51	13	云南	11 018	2.06
6	浙江	29 791	5.57	14	北京	10 578	1.98
7	辽宁	23 474	4.39	15	其他	34 141	6.39
8	广西	21 927	4.10	全国		534 704	100

资料来源：2000 年《中国农业年鉴》

主要参考文献

暴朝霞，黄宏文. 2002. 板栗主栽品种的遗传多样性及其亲缘关系分析［J］. 园艺学报，29（1）：13-19.

胡芳名，谭晓风，刘惠民. 2006. 中国主要栽培树种栽培与利用［M］. 北京：中国林业出版社.

黄宏文. 1998. 从世界栗属植物研究的现状看中国栗属资源保护的重要性［J］. 武汉植物学研究，16（2）：171-176.

贾恩卡洛·波努斯. 1995. 欧洲的栗子业［J］. 柳鎏译. 植物资源与环境，4（2）：53-60.

江苏省植物研究所. 1965. 板栗［M］. 北京：科学出版社.

郎萍，黄宏文. 1999. 栗属中国特有种居群的遗传多样性及地域差异［J］. 植物学报，41（6）：651-657.

李昌珠，唐时俊. 1997. 板栗“三刀法”嫁接新技术研究［J］. 湖南林业科技，24（2）：11-13.

李昌珠，唐时俊. 2001. 板栗低产林成因及配套改造技术［J］. 中国南方果树，30（4）：40-42.

李昌珠，唐时俊. 2003. 南方板栗丰产栽培技术［M］. 长沙：湖南科学技术出版社.

柳鎏，周亚久，毕绘蟾，等. 1995. 云南板栗的种质资源［J］. 植物资源与环境，4（1）：7-13.

秦岭，高遐红，程继鸿，等. 2002. 中国板栗品种对疫病的抗性评价［J］. 果树学报，19（1）：39-42.
唐时俊，李润唐，李昌珠，等. 1992. 板栗丰产栽培技术［M］. 长沙：湖南科学技术出版社.
张宇和，王福堂，高新一，等. 1989. 板栗［M］. 北京：中国林业出版社.
中国农业科学院果树所，中国农业科学院柑橘所，中国农业科学院郑州果树所. 1987. 中国果树栽培学［M］. 北京：农业出版社.
周而勋，王克荣. 1999. 栗疫病研究进展［J］. 果树科学，16（1）：66-71.

第2章 栗属植物种质资源多样性及我国的板栗品种资源

2.1 栗属植物种质资源及性状描述

栗属（*Castanea*）是壳斗科（Fagaceae）中最具食用价值的植物类群，该属植物约12种，其中有7个主要种，广泛分布于北半球温带的广阔地域。其中，东亚分布4种，即分布于中国的中国板栗（*C. mollissima* Blume）、茅栗（*C. seguinii* Dode.）和锥栗（*C. henryi* Rehd.et Wils.），以及分布于日本、朝鲜半岛的日本栗（*C. crenata* Sieb. et Zucc.）；北美洲2种，即美洲栗［*C. dentata*（Marsh.）Brokh.］和美洲榛果栗（*C. pumila* Mill.）；欧洲大陆、非洲北部及西亚仅有1种，即欧洲栗（*C. sativa* Mill.）。

亚洲种与欧美种有一个显著不同点，即对栗疫病的抗性差异。亚洲4个种均具有对栗疫病的抗性，尤以中国板栗抗性最强；而欧美种对栗疫病全无抗性。中国板栗、茅栗和锥栗为我国特有种，中国栗属资源分布地域广，北起辽宁（北纬40°31′），南至海南岛（北纬18°30′），跨越寒温带、温带、亚热带、热带；垂直分布海拔为26.2～2800 m，自然资源极为丰富。中国板栗除西藏、青海、宁夏、新疆、海南等少数省（自治区）外，广泛栽培于中国的22个省（自治区、直辖市），栽培品种约为500个，另外，在长江流域及西南地区仍蕴藏有丰富的资源，并且是我国大规模栽培的林木作物之一。其品质居世界食用栗之首，风味极佳。茅栗和锥栗为中国板栗的野生近缘种，自然分布于秦岭、淮河以南地区，除浙江省、福建省有锥栗栽培外，多处于野生状态，利用率很低。中国板栗的遗传多样性显著高于茅栗和锥栗：种水平上多态位点的比率为90.0%，观察杂合度为0.284，预期杂合度为0.311。栗属中国特有种在栗属植物的起源和进化研究中占有重要地位，并且是世界食用栗品种改良的重要基因来源，对世界栗属植物的资源保护和利用具有重要意义。

2.2 栗属植物地理分布及起源学说

关于栗属植物物种起源及遗传多样性中心的问题，虽然世界各国学者多数认为是在中国，但长期以来缺乏直接的科学证据；而且栗属在中国有 3 个种，哪一个是原生起源种（progenitor）也尚无研究。欧洲的学者首先针对欧洲栗的居群遗传学开展了研究。Villani 等用 16 个同工酶系统、43 个等位酶（allozyme）研究了分布于意大利、法国和土耳其的欧洲栗野生居群（population）、同类群（deme）的遗传多样性（genetic diversity）及居群间的遗传距离（genetic distance），发现土耳其同类群的遗传多样性显著大于意大利和法国的同类群；还发现土耳其西部的欧洲栗同类群与意大利的同类群在居群分子遗传基础上比较一致，而且土耳其东部同类群的遗传杂合度（heterozygosity）较大。这种等位酶分子居群遗传学结果与 Zohary 和 Hopf 的古孢粉学（palynology）的研究结果相吻合。综合等位酶居群遗传学及古孢粉学的研究结果，欧洲学者得出的结论是：在维尔姆（Wurm）亚冰期，土耳其东部是欧洲栗唯一的避难地（refugium）；冰川期后，欧洲栗由东向西始扩散至土耳其西部。这时期的特点是长距离缓慢的居群自然扩散。尔后，由土耳其西部主要经人为引种等人类活动扩散到古小亚细亚（Anatolia）和希腊（公元前 1500～前 200 年），以后又经人们引种栽培扩散到意大利和地中海盆地的其他国家（公元 100～200 年）。这样欧洲学者首先至少明确了欧洲栗的次生起源和遗传多样性中心为土耳其东部。黄宏文等研究了中国板栗 4 个品种群（华北、长江流域、东南、西南）的人工居群和茅栗、美洲栗自然居群的等位酶遗传多样性，并且与欧洲栗的研究结果比较后，发现中国板栗具有的遗传多样性显著高于茅栗、美洲栗和欧洲栗，而且中国板栗品种群间又以长江流域较高的特点。综合现有栗属种的等位酶遗传多样性研究结果，黄宏文（1998）提出了世界栗属物种起源以中国板栗为原生种，并且以中国为栗属植物遗传多样中心，向西迁移形成欧洲栗的栗属系统进化的假说。同时，黄宏文等利用栗种特异性的同工酶遗传标记（species-specific genetic marker）研究发现中国栗种与日本栗种相似，欧洲栗与美洲栗相似，与 Jayne 提到的"中国栗东移形成美洲栗"假说不同，有待进一步研究。很显然，从世界栗属物种分布的丰富度、野生栗资源的蕴藏量及遗传资源多样性上，我国栗属特有种在世界栗属资源中占有很重要的地位。

中国板栗以其品质好、抗逆性强、遗传资源丰富而著称，广泛用作商业化经济栽培，是我国大规模栽培的林木作物之一。中国板栗是世界食用栗品种改良的重要基因来源，并且在栗属植物的起源和进化研究中占有重要地位。现有研究结果表明，中国板栗为世界栗属植物的原生种，且长江流域（尤其是神农架周边地区）为中国板栗的遗传多样性中心，不同地域分布的居群间表现出一定的遗传差异，其遗传多样性高于栗属植物的其他种。

2.3　我国板栗地方品种资源概述

我国板栗主要产区遗传多样性较高，如山东、江苏、湖北和浙江。在遗传多样性的分布格局上，栽培品种群和野生居群既有相同又有不同的地方，长江流域地区野生板栗的遗传多样性较高，长江流域的湖北、江苏板栗品种群遗传多样性较高，另外，山东、浙江板栗品种群的遗传多样性也较高，这些地区共同的特点就是板栗生产量大，品种资源丰富。湖北、江苏板栗品种群较高的遗传多样性除了与湖北、江苏丰富的栽培品种资源有关外，还可能来自该地区野生板栗丰富的遗传多样性。山东板栗品种群遗传多样性较高是因为山东板栗栽培历史悠久，过去长期采用实生繁殖，群体庞大，单株性状纷杂多样；另外，品种间杂交类型多样，该品种群多为实生单株选优的产物，归根结底是性状各异的天然杂交种，还有极少数杂交种造成了其遗传多样性较丰富。浙江板栗遗传多样性高可能与浙江的生态地域有关，浙江板栗由浙西、浙中和浙南三大产区组成，各地自然条件、繁殖方式和品种资源各有特点，另外，浙江除板栗外，还有锥栗栽培，并且有板栗和锥栗的自然杂交种。

全国板栗品种有 500 多个，分为长江流域、华北、东北、西北、西南及东南 6 个品种群，但作商业化栽培的品种却只有 50 种。尽管它们之间品质良莠不齐，产量高低悬殊，但它们是提高板栗产量、改进品质、增强抗逆性的重要物质基础。如何进一步挖掘、保护、利用我国板栗资源，是板栗科技工作者的主要任务。

我国板栗品种的分布，由于受栽培历史、自然条件和社会经济因素的影响，品种交流受到很大限制，区域性十分明显。根据品种的区域特性划分为 6 个地方品种群，各品种群分布地区均已选育出不少优良品种。

2.3.1 地方品种群

1. 东北品种群

分布于辽宁、吉林两省的产区，是我国板栗分布最北的一个品种群。以实生繁殖为主，板栗产量占全国总产量的 5%左右。品种以日本栗系统的丹东栗为主，结果较早，产量也高，但涩皮不易剥离。近年来，已选育出‘辽丹 61 号’‘辽丹 58 号’‘辽丹 15 号’等优良品种。该区域板栗的生产特点是产区分散，冬季温度过低，易遭冻害，需要采取防冻措施。

2. 华北品种群

分布于河北、山东、北京、天津及河南东部、江苏北部。本品种群分布区板栗总产量占全国总产量的 40%以上。以实生繁殖为主，变异幅度大，果实较小，平均单果重不到 10 g 的品种约占品种总数的 78%。果肉内蛋白质和糖的含量较高，较甜香，品质优良，适宜炒食。近年来已选育出不少优良品种，如‘迁西明栗’‘红栗’‘红光栗’‘燕山红栗’‘金丰’‘石丰’‘尚丰’‘画风’‘伊盟短板栗’‘泰安薄壳栗’等。气候特点是夏暖冬冷，半湿润，春旱较重。

3. 西北品种群

分布于甘肃南部、四川北部、陕西渭河流域以南、湖北的西北部及河南西部等地。本品种群板栗产量约占全国总产量的 5%。繁殖方式由实生向嫁接过渡，管理较粗放。主要优良品种有‘长安明板栗’‘长安灰板栗’‘镇安大板栗’‘汉中红板栗’等。气候特点是冬冷夏暖热，半湿润或半干旱，多秋雨。

4. 西南品种群

分布于我国西南部，包括贵州、云南、四川、重庆及湘西南、藏南谷地。本品种群果形一般偏小，平均重 7.6 g，含糖量较低，平均 11%左右。淀粉含量平均达 62.5%。常见的优良品种有‘玉屏大板栗’‘宜良早板栗’‘平顶大红栗’‘兴交薄壳板栗’等。气候特点是冬暖夏凉，日照偏少，多秋雨。

5. 长江流域品种群

分布于湖北、安徽、浙江、江苏、江西、湖南及河南东南部、福建北部等地。本品种群产量占全国板栗总产量的 1/3 以上。主要特点是以嫁接繁殖为主，利用野生板栗进行就地嫁接的居多。性状比较稳定。多数品种的果形较大，单果平均重 15 g 以上的占品种总数的 50%以上，其中不少品种的单果平均重达 20 g 以上，如‘浅刺大板栗’‘焦扎’‘结板栗’‘大油栗’等。大多数品种果实含糖量较低，含糖量不到 10%的品种占 47%。淀粉含量较高，平均达 57%。适作菜用栗。

主要优良品种有江苏的‘九家种’‘处暑红’‘焦扎’，安徽的‘大红袍’，浙江的‘毛板红’，湖北大悟的‘腰子果’及罗田的‘桂花香’‘乌壳栗’‘浅刺大板栗’，湖南的‘大板栗’‘结板栗’‘它栗’等。气候特点是夏季炎热，冬季较冷，雨量充沛，四季分明，花期多雨，秋旱严重。

6. 东南品种群

分布于我国南岭以南的广东、广西、海南、台湾及福建南部、江西南部、湖南南部等地。本品种群产量占全国总产量的 10%左右。多用实生繁殖，栽培管理较粗放。果实以中等大小占多数，也有少数大果品种。果实品质差异较大。含糖量一般较低，淀粉和水分含量则较高，不耐贮藏。主要优良品种有广东的‘韶栗 18 号’，广西的‘中果红油栗’‘大果乌皮栗’‘中果油毛栗’‘早熟油栗’‘中果黄皮栗’等。气候特点是冬暖夏热，雨量充沛，栗树生长快，进入结果期早，但病虫害较猖獗。

2.3.2 主要优良品种

1. ‘湘栗 1 号’

1996 年湖南省林业科学研究所板栗课题组在湖南省临湘市坦渡乡板栗林场以‘九家种’为主栽品种建立人工丰产林并发现该芽变体单株，具有丰产、果大、抗病的特性。2015 年 5 月 15 日通过湖南省林木品种审定委员会审定，品种编号为湘 S-SC-CM-001-2015。

‘湘栗 1 号’树形圆头形、高圆头形，结构紧凑；芽体黑褐色，混合芽圆锥形或长圆形，芽鳞完全包裹芽体，极少数不完全包裹芽体，露出 1～2 mm 灰白色先端，混合芽着生在强枝上部，特别是果前枝节位。多数能抽生结果枝结果，叶芽多长圆形，大小随依附枝的强弱有较大的变异幅度，基芽半圆形或三角形，芽体扁平，瘦小，叶芽、基芽数量相对稍少；果枝圆形，绿色或青绿色，皮孔圆形突出，中密，叶柄处密集成条状，并与维管束带重叠，果前枝密披灰色茸毛，枝阳面略呈黄色，生长枝圆形，密披灰色茸毛，枝面为灰白色；叶形长椭圆至椭圆披针形，叶背密披灰色茸毛，灰绿色。正面叶脉两侧密生灰色长茸毛，叶脉呈三线带状。叶缘近叶基 2/3 部分浅锯齿，近叶尖 1/3 部分粗锯齿，锯齿直向。叶尖渐尖，叶基心形、楔形同存，多数对称；雌雄花形态、结构及花程式、花图式等与其他品种相同，只是雄花数量相对较少，雌雄花朵数比相对稍大；栗苞黄绿色，椭圆形或近圆形，针刺中等密度（图 2-1）。

图 2-1　‘湘栗 1 号’

‘湘栗 1 号’在湖南地区 3 月下旬开始萌芽，4 月中上旬开始展叶，5 月中上旬开始出现雌花且雄花初开，6 月中上旬柱头开始出现反卷，雄花分化一直持续到 5 月底到 6 月初，果实成熟期为 9 月下旬至 10 月初，10 月下旬至 11 月初开始落叶，属于中晚熟品种，丰产稳产，单位冠幅面积产量 410～630 g/m^2，坚果出籽率 36%～38%，抗病性强，坚果耐贮藏，果肉黄色，风味香甜，含粗脂肪 6.31%，含可溶性糖 11.84%，含淀粉 54.68%，含粗蛋白 6.71%。

2. ‘湘栗 2 号’

1996 年，湖南省林业科学研究所板栗课题组在湖南省临湘市坦渡乡板栗林场以‘青扎’品种为主建立丰产林，在丰产林中发现突变体单株，具有早熟、果大特性。2015 年 5 月 15 日通过湖南省林木品种审定委员会审定，品种编号为湘 S-SC-CM-002-2015。

‘湘栗 2 号’树形圆头形、高圆头形，开张，结构紧凑；芽体扁平，瘦小，黑褐色或青褐色，长椭圆形，芽鳞完全或不完全包裹芽体，茸毛多，混合芽着生在强枝上部，叶芽多长圆形，大小随依附枝的强弱有较大的变异幅度，基芽半圆形或三角形；果枝圆形，绿色或青绿色，皮孔圆形突出，中密，叶柄处密集成条状，枝阳面略呈黄色，生长枝圆形，密披灰色茸毛，枝面为灰白色；叶形长椭圆至椭圆形，叶背密披灰色茸毛，灰绿色，正面叶脉两侧密生灰色长茸毛，叶脉呈三线带状，锯齿直向，叶尖渐尖，叶基心形、楔形同存，多数对称；雌雄花形态、结构及花程式、花图式等与其他品种相同，雌雄花朵数相差不大；栗苞黄绿色，椭圆或近圆形，针刺中等密度；可适当密植，山地、丘陵均可栽培（图 2-2）。

图 2-2　‘湘栗 2 号’

‘湘栗 2 号’在湖南地区 3 月下旬开始萌芽，3 月底至 4 月初开始展叶，5 月初开始出现雌花且雄花开始初开，5 月中上旬柱头开始出现反卷，雄花分化一直持续到 5 月下旬，果实成熟期为 9 月中上旬，10 月下旬至 11 月初开始落叶。属于早熟品种，果大，单粒重 13～17 g，出籽率 35%～37%，抗病性较强，坚果较耐贮藏，果肉黄色，糯性，含粗脂肪 6.49%，含可溶性糖 9.83%，含淀粉 58.36%，含粗蛋白 6.14%。

3. ‘湘栗 3 号’

1986 年，在邵阳城步苗族自治县白云乡实生林栗园中发现该优良单株，属于油栗农家品种类型，具有果大、早熟（8 月中下旬）特性。2015 年 5 月 15 日通过湖南省林木品种审定委员会审定，品种编号为湘 S-SC-CM-003-2015。

‘湘栗 3 号’树体高度适中，树形圆头形、开张；芽青色或青褐色，长圆形，两鳞片不能完全裹住芽体，芽先端露出灰白色，芽鳞下部红褐色，芽长圆形、灰褐色，芽鳞完全或不完全包裹芽体，茸毛多，叶尖渐尖，叶基楔形对称，基叶阔椭圆或椭圆、长椭圆形，叶色浓绿，叶缘波状，锯齿外向，叶基心形对称或不对称；树冠顶端枝圆形，黄绿色，皮孔圆形，中大或大，稍密；雌雄花形态、结构及花程式、花图式等与其他品种相同；栗苞椭圆形，个别多粒，籽是四边形，较扁，刺座大，刺稀斜长，部分苞侧面刺座小，轮状排列，向阳面刺黄色或黄褐色，阴面黄绿色，阳面有块状死亡，呈枯死状，焦黄褐色，是日灼与成熟共同效应；坚果圆或椭圆，浅黄褐色，油光中等，茸毛稀，果顶集中，果有较明显的褐色纵线，接线平直，栗粒呈放射状，果座小。果肉黄白、糯性，味甜，品质上；树体矮小，结构紧凑，可适当密植；适应性好，山地、丘陵均可栽培（图 2-3）。

图 2-3　‘湘栗 3 号’

‘湘栗 3 号’在湖南地区 3 月下旬开始萌芽，4 月初开始展叶，5 月中旬开始出现雌花且雄花开始初开，6 月中上旬柱头开始出现反卷，雄花分化一直持续到 6 月初，果实成熟期为 8 月下旬，10 月下旬至 11 月初开始落叶。属于特早熟品种，一般在 8 月中下旬就已经成熟，出籽率 38%左右，较为丰产，亩产量可达 300 kg。果肉黄色，半糯性，风味香甜，含粗脂肪 5.75%，含可溶性糖 12.84%，含淀粉 52.54%，含粗蛋白 6.28%。

4. ‘湘栗 4 号’

1989 年，湖南省林业科学研究所板栗课题组在常德石门三圣乡天门村建立的石门地方品种板栗丰产林发现的优良单株，具有产量高、品质优良的特性。2015 年 5 月 15 日通过湖南省林木品种审定委员会审定，品种编号为湘 S-SC-CM-004-2015。

‘湘栗 4 号’树体高度适中，树形开张；芽体青色或青褐色，长圆形，芽鳞完全或不完全包裹芽体；果枝圆形，绿色或青绿色，皮孔圆形不突出，生长枝圆形，密披灰色茸毛，枝面为灰白色；叶尖渐尖，叶基楔形对称或不对称，基叶阔椭圆或椭圆、长椭圆形，叶色浓绿，叶缘波状，锯齿外向；雌雄花形态、结构及花程式、花图式等与其他品种相同；栗苞椭圆形，刺座大，刺稀斜长，部分苞侧面刺座小，轮状排列，向阳面刺黄色或黄褐色，阴面黄绿色；果肉黄白、糯性，味甜，品质上；树体较矮小，结构紧凑，可适当密植；适应性强，山地、丘陵均可栽培（图 2-4）。

图 2-4　‘湘栗 4 号’

‘湘栗 4 号’在湖南地区 3 月下旬开始萌芽，4 月上旬开始展叶，5 月中上旬开始出现雌花且雄花开始初开，6 月中上旬柱头开始出现反卷，雄花分化一直持续到 6 月初，果实成熟期为 9 月下旬，10 月下旬至 11 月初开始落叶。属于晚熟品种，产量较高，亩产 240～250 kg，适应性强，果肉黄色，品质优良，风味香甜，含粗脂肪 6.24%，含可溶性糖 14.64%，含淀粉 45.27%，含粗蛋白 8.52%。

5. ‘花桥板栗 2 号’

原产于湖南省湘潭县花桥管区的千家村、晓花村、回龙村和复兴村等地区。1996～1998 年，通过实生选优被发现，2007 年 10 月通过湖南省林木良种审定委员会审定，良种编号为湘 S0730-Cm9（审定名称为‘花桥板栗 2 号’，申报单位为湖南省湘潭市林业科学研究所）。

‘花桥板栗 2 号’树冠圆头形，树姿开张；结果枝属长枝类型，平均长度 37 cm，平均粗度 0.5 cm；枝条稀疏，皮色赤褐，皮孔扁圆，果前梢平均长度为 8 cm，平均节间长度为 1.4 cm；混合芽扁圆，叶芽三角形，芽尖黄色；叶片倒卵形，长 23 cm，宽 8 cm，叶尖渐尖，锯齿中等大，锯齿状态为内向；叶片厚度 0.025 cm，叶色深绿，有光泽，斜向着生，叶柄微红，长度为 1.7 cm；雄花序平均长度 10～14 cm，为中等类型；每一结果新梢上雄花序平均数量为 9，属少花类型，雄花序斜生；混合花序刚出现时，雄花段顶端为橙黄色；总苞短椭球形，平均重量 80 g，为中型总苞，最大总苞重 158 g，刺束密，斜生，硬度中等，刺长 1.5 cm，黄绿色；苞皮厚 0.3 cm，总苞十字开裂，总苞横径 6.8 cm、纵径 5.5 cm，出实率 33.3%；平均坚果重 16.2 g，最大坚果重 20 g，属大型果，坚果椭球形，红褐色，油亮，茸毛较少，底座大，接线直型，涩皮易剥；坚果出仁率 81.8%，坚果平均纵径 2.7 cm，横径 3.2 cm，含水量 50%，含总糖 6.91%，含淀粉 29%，含粗蛋白 6.48%，含脂肪 3.5%。

‘花桥板栗 2 号’在湖南省湘潭地区 3 月中上旬萌芽，3 月底展叶，4 月底雌花出现，5 月上中旬盛花，8 月底至 9 月初成熟，11 月中旬至下旬落叶。丰产性能好，无大小年现象；适应性和抗逆性较强，坐果率高；坚果具红褐色光泽，外形美观漂亮，早熟，商品价值高（图 2-5）。

图 2-5　‘花桥板栗 2 号’

6. ‘檀桥板栗’

原产于衡阳县金兰镇、芙蓉村（原檀桥公社高元村），已有数百年栽培历史。1987 年湖南省林业厅组织名特优经济林产品调查时，该板栗品种被发现，1990 年通过鉴定，中南林学院胡芳名教授、何方教授、谢碧霞教授及湖南省内专家将‘檀桥板栗’确认为板栗优良农家品种；2007 年 11 月通过湖南省林木良种审定委员会审定，审定编号为湘 SO729-Cmg（审定名称为‘檀桥板栗’）。

‘檀桥板栗’树体高度 3 m 左右；树冠呈开心圆头形；成熟林树干皮色深褐，开裂状，中幼林树干皮色浅褐色，皮孔小，比较光滑；萌芽期叶青绿、鲜嫩；叶横径 8～10 cm，纵径 19.7 cm，锯齿深 0.2～0.4 cm，叶脉 14～18 对；花期一个月左右，雄花序强壮，粗而短；板栗栗苞平均 9.0 cm×8.2 cm×7.7 cm，每个栗苞 1～3 粒坚果，坚果枣红色，大而饱满，果脐呈球面状，较平宽，平均粒重 16 g；冬枝、冬芽灰色，少被或不被茸毛。

‘檀桥板栗’在湖南省衡阳地区 4 月上旬开始萌芽，5 月上旬始花，5 月下旬为盛花期，花期一个月左右，坚果 9 月末成熟，10 月 1～5 日为当地采收期，11 月中旬开始落叶。幼苗生长健壮，雌花已形成且雄花强壮，生长快，结果早，嫁接后次年始果，第 3 年即可进入投产。丰产稳定性强，适应性和抗逆性强，在干旱缺水的板页岩山地、土壤贫瘠丘陵地均能正常生长结果（图 2-6）。

图 2-6　‘檀桥板栗’

7. ‘九家种’

原产于江苏吴县（于 1995 年撤销，现属江苏省苏州市辖区）洞庭西山，是江苏最有名的品种。‘九家种’板栗坚果优质丰产，耐贮性好，当地十家农民有九家种，表明深受群众欢迎，因此而得名。

‘九家种’树冠高大，圆头形，枝条直立，树体矮小，结构紧凑。新梢先端密被茸毛，呈灰绿色，节间短而粗。叶椭圆形，呈灰绿色，叶背茸毛甚密，叶缘长

图 2-7　‘九家种’

锯齿，先端急尖（图 2-7）。球苞扁椭圆形，苞皮薄，0.2～0.3 cm。针刺稀而硬，斜展。坚果椭圆，果顶平或凹，果皮赤褐色，果面茸毛短而少，主要分布在果肩部，果肉细腻甜糯。丛果性中等，每果枝着果 1～2 个。坚果中大，平均重 11.8 g，含糖 12.6%，含淀粉 48.6%，含蛋白质 7.5%，鲜仁含水率 43.5%，出籽率 55.0%。宜于炒食或菜用。

幼树生长势较强，嫁接苗栽植 3 年便可结果，结果株率达 75.0%。5 年生栗园亩产量可达 300 kg。本品种在长沙地区于 3 月下旬至 4 月上旬萌动，9 月中旬成熟，丰产稳产。‘九家种’果实品质优良，成熟期较早，树体结构紧凑，早果性好，适合密植栽培，但抗病虫及抗旱能力较差；先后引入河北、北京、辽宁、安徽、山东、河南、浙江、湖北、湖南、广西、贵州、云南等省（自治区、直辖市）栽培，表现良好，是湖南目前重点推广的优良品种。

8. ‘铁粒头’

原产于江苏宜兴，1975 年引入湖南栽培。

‘铁粒头’树冠圆头形，树体较矮小，新梢黄绿色。叶椭圆形，叶缘短锯齿，叶尖急尖（图 2-8）。球苞椭圆，苞皮厚 0.30～0.40 cm。刺稍密，刺长 1.30～1.50 cm。坚果圆形，果顶凸，果面红褐色，有光泽。茸毛稀，多分布于果顶。丛果性强，每果枝着果 2～4 个。坚果单粒重 10.5 g，含糖 12.8%，含淀粉 65.2%，鲜仁含水率 58.0%，出籽率 40.0%。果肉甜而糯，宜炒食。

图 2-8　‘铁粒头’

本品种果枝短，树体矮小，适应性强，早果丰产，果实品质优良，耐贮藏。在长沙地区于 3 月下旬至 4 月上旬萌动，9 月下旬至 10 月上旬成熟，嫁接苗移栽 3 年后，结果株率达 83.5%。每亩栽 41 株的 8 年生栗园，产量为 339.1 kg。石门、桂阳、邵阳、城步、安化、古丈、永顺等地引种栽培，群众反映良好。可适当密植，在栽培管理较好的条件下，表现丰产稳产。

图 2-9　‘青扎’

9. ‘青扎’

原产于江苏宜兴太华，1975 年引入湖南栽培。

‘青扎’树冠圆头形，树体高大。新梢黄绿色，茸毛少，节间稀。叶椭圆形或卵状椭圆形，叶缘短锯齿，先端渐尖（图 2-9）。球苞椭圆或圆形，苞皮厚 0.40～0.50 cm。刺密而软，长 1.51 cm。坚果椭圆或圆形，果顶微凸，果面红褐色，有光泽，茸毛稀，集中分布于果顶，果肉味甜具糯性。丛果性极强，一果枝着果 3～5 个。坚果单粒重 9.2 g，含糖 15.8%，含淀粉 46.7%，鲜仁含水率 45.8%，出籽率 35.2%。宜炒食和菜用。

本品种丰产优质，耐贮藏，常规保鲜 100 d，好果率为 81.0%。在湖南桂阳，3 月中下旬萌芽，9 月下旬成熟。嫁接苗定植的第 3 年结果株率达 50.0%以上，5 年生栗园每亩产量高达 298.0 kg。‘青扎’较耐瘠薄干旱，适应性较强。树体高大，不适宜密植栽培。

10. ‘石丰’

原产于山东海阳高家，1978 年引入湖南栽培。

‘石丰’树冠圆头形，较开张。新枝向阳面红褐色，茸毛少。叶长椭圆形，两边略内抱，叶背茸毛多，呈灰绿色，叶缘长锯齿。球苞椭圆形，苞皮厚 0.35 cm。刺中密斜展，刺长 0.70 cm。坚果椭圆形，果面赤褐色有光泽。具棕色条纹，茸毛少。坚果单粒重 10.0 g，含糖 13.8%，含淀粉 56.4%，含粗蛋白 6.3%，含粗脂肪 6.3%，出籽率 41.1%。果肉质地细腻，味香甜具糯性。

本品种品质优良，耐贮性好，常规保鲜 100 d，好果率为 80.5%。在长沙地区，3 月下旬萌芽，9 月中下旬成熟。嫁接苗定植的第 3 年结果株率达 77.5%，5 年生栗园每亩产量达 278 kg。目前正在石门、桂阳等县大面积推广。

11. ‘沅优一号’

由湖南省沅陵县林业科学研究所于 1974 年实生选种中选出，通过鉴定试验。现已大面积繁殖推广。

‘沅优一号’母株位于沅陵县黄壤坪乡王木坡，树龄 200 年左右，树高 11 m。嫁接繁殖的子代保持了母株的优良特性。生长势强，树体结构紧凑，枝条粗壮，叶片大，叶色浓绿。球果重 120.0 g，坚果单粒重 18.0 g，鲜仁含水率 56.3%，淀粉含量 60.9%，含糖 20.9%，含蛋白质 10.1%，出籽率 38.0%，坚果果面红色具光泽，茸毛少且集中于果尖，外形美观。

本品种早熟、丰产、稳产。一般在 9 月上旬成熟，结果枝占有效枝比例为 50.0%，每结果枝结果 1.5 个以上，3 年生栗园亩产量 201.0 kg。‘沅优一号’耐干燥瘠薄，抗病虫害，适应性广，结实寿命长，是很有发展前途的优良品种。

12. ‘焦扎’

原产于江苏宜兴、溧阳两地，以宜兴太华栽培最盛，总苞成熟后局部刺束变褐，似焦块，故得名‘焦扎’。

‘焦扎’果皮紫褐色，果面茸毛长而多，分布在胴部以上，接线较直，底座中大。坚果平均重 23.98 g，鲜仁含水率 49.2%，含糖 11.5%，含淀粉 49.3%，含蛋白质 7.3%，含脂肪 4.7%，出籽率 40.5%。肉质细腻、味甜，产量中等、稳定。

本品种较耐干旱和早春冻害，适应性较强，对桃蛀螟和栗实象鼻虫有一定的抗性，耐贮性强，一般 9 月下旬至 10 月上旬成熟，宜在山区发展。

13. ‘毛板红’

又名长刺板红、旺刺板红。原产于浙江诸暨，为该地区主栽良种。

‘毛板红’树势强健，结构紧凑。球苞椭圆形，重 115.2 g，刺长而软密。坚果单粒重 15.0 g，果面暗红色，茸毛遍及果面，果顶茸毛密生。坚果大小均匀，色泽美观，果肉味甜具粳性，含糖 8.2%，含淀粉 52.7%，含蛋白质 6.5%，鲜仁含水率 51.4%，出籽率 36.5%。

本品种坚果耐贮藏，一般在 9 月下旬至 10 月上旬成熟。由于总苞刺长而密，不易受桃蛀螟和象鼻虫为害。嫁接苗第 3 年结果株串为 69.5%，比一般品种高产，适合密植栽培。

14. ‘处暑红’

又名头黄早。原产于安徽广德的砖桥、山北、流洞等地，为当地主栽品种，在山地与河滩均有大面积栽培。

‘处暑红’树冠圆头形，枝条节间短，树体结构紧凑，树势中等，分枝角度较小。叶片大，长椭圆形。球果椭圆形，重 105.6 g。刺束密集，刺长而硬。坚果单粒重 16.2 g，果面紫褐色，带光泽，果面茸毛多密集果顶处，鲜仁含水率 48.3%，含糖 13.1%，含淀粉 52.4%，含蛋白质 5.9%，含脂肪 4.7%，出籽率 38.5%。坚果大小基本一致，果肉细腻，味香甜，品质好。

本品种幼树生长迅速，进入结果期早，嫁接苗第 3 年结果株率达 90.0%，4 年生栗园亩产量 267.0 kg，进入盛果期后，产量高而稳定。果实 9 月上旬成熟，在中秋节前可上市，商品价值高。本品种受桃蛀螟、栗实象鼻虫为害较轻，但因成熟期气温高，耐贮性差，适宜于城郊及工矿区发展。

15. ‘大红袍’

别名迟栗子，原产于安徽广德一带，是当地的主栽良种。

‘大红袍’树体高大，树冠开展。刺束中密较硬。总苞重 105.6 g，成熟时呈十字形开裂。坚果果面红褐色，有光泽，果面茸毛呈纵向条纹状分布，底座中等偏大，接线微波状。坚果大小不太一致，平均重 17.8 g，鲜仁含水率 48.3%，含糖 10.1%，含淀粉 52.4%，含蛋白质 6.2%，出籽率 42.3%。果肉香甜可口，宜炒食或菜用。

本品种幼树长势很旺，栽植后第 3 年结果株率达 85.6%，5 年生栗园亩产量可达 221.5 kg。进入盛果期后产量稳定，经济寿命长。‘大红袍’产量高而稳定，坚果耐贮性能好，树体抗逆性强，一般于 9 月下旬成熟。因果大色美，具有很强的市场竞争能力。

16. ‘浅刺大板栗’

也称早栗，原产于湖北宜昌、秭归，有数百年栽培历史，是当地的主栽品种。

‘浅刺大板栗’树冠开张，球苞刺束较短，分布稀，质硬。叶片长椭圆形或倒卵状椭圆形，甚大。坚果极大，平均粒重 26.2 g，最大果重 34.5 g，里面茸毛少，皮赤褐色，具油光泽。果内呈黄色，质甜味香。

幼树生长势强，嫁接苗 2 年开始结果，结果株率达 48.5%，产量高，抗逆性强，9 月中旬成熟，耐贮性较差。

17. ‘粘底板’

原产于安徽舒城，因其球果充分成熟后，坚果仍粘在球苞内不脱落，故而得名。

‘粘底板’树势中等，树冠呈扁圆头形或圆头形。球果椭圆形，刺束较密而硬。坚果椭圆形，单粒重 13.7 g，果皮红褐色，富光泽，茸毛较少。鲜果含水率为 54.7%，含糖 9.4%，含淀粉 50.6%，出籽率 34.5%。

本品种树体结构紧密，丛果性强，早期丰产，高产稳产，抗病性强。坚果大小整齐，果肉细腻香甜，较耐贮藏。在长沙地区，于 3 月下旬至 4 月初萌动，9 月下旬至 10 月初成熟。嫁接后第 3 年结果株率达 70.5%。常规保鲜 100 d，好果率达 84.0%。目前正在繁殖推广。

表 2-1 总结了我国板栗的一些其他优良品种。

表 2-1　我国板栗其他优良品种简介

品种	产地	主要经济性状	成熟期	成分/%			淀粉糊化温度/℃
				淀粉	总糖	水分	
大底青	江苏宜兴	果大，平均重 25 g，品质优良、底座大，为晚熟菜用栗，耐贮性较差	9 月 30 日	53.66	11.50	50.30	59.5
红光栗	山东莱西	树体结构紧凑，坚果中等，皮红色，耐贮藏，宜炒食、适应性强	9 月下旬	64.20	14.40	50.80	56.5
中果油栗	广西平乐	树体高大，适应性强，丰产，果实品质优良，耐贮藏	9 月 20 日	—	—	—	—
查湾种	江苏吴县	坚果色泽美观、品质优良，较耐贮藏，是较好的早熟品种，也称中秋栗	9 月中旬	—	—	—	—
早庄	江苏南京	比处暑红还早熟、丰产，不耐贮藏，供菜用	9 月上旬	58.70	10.40	48.00	64.1
上光栗	浙江缙云	产量高而稳定，坚果重 15.2 g，成熟整齐	9 月下旬	57.10	8.10	—	63.8
迟栗	安徽广德	丰产、果大、品质优良，耐贮藏	9 月下旬至 10 月上旬	41.80	8.20	53.00	61.2
金丰（徐家 1 号）	山东招远	树冠紧密，丛果性强、丰产、稳产，早期丰产、果大整齐，坚果重 8.0 g	9 月中旬	—	—	—	—

续表

品种	产地	主要经济性状	成熟期	成分/%			淀粉糊化温度/℃
				淀粉	总糖	水分	
蜜蜂球	安徽舒城	丰产、稳产，结果能力强，果较大，坚果重 14.2 g	8 月下旬	—	—	—	—
二新早	安徽宁国	坚果大而整齐，香甜耐贮，果色鲜艳	9 月中旬	54.30	12.10	—	59.0
油光栗	安徽广德	耐旱、耐瘠薄，坚果中等大，风味好，宜作炒食栗	9 月下旬	49.40	11.60	43.70	58.5
大红栗	安徽舒城	产量高而稳定，总苞皮薄，坚果色味尚好，耐贮、蛀果性虫害轻	9 月下旬	—	—	—	—
羊毛栗	湖北罗田	丰产、稳产，品质优良、叶大、枝粗	9 月下旬至 10 月上旬	69.58	9.28	—	—
九月寒	湖北罗田	产量高、稳定，品质优良，适应性强，抗病虫，耐贮藏	10 月上旬	56.75	11.44	55.38	—
中迟栗	湖北罗田	果大、美观、较丰产，耐旱、耐贮藏	9 月上旬	52.90	14.70	—	—
燕山红栗	北京昌平	树冠紧凑，坚果中等偏小，皮红色，品质好、适应性强	9 月下旬	—	20.30	—	—
早丰	河北迁西	树姿半开张，坚果重 8 g，最大可达 45 g	9 月上旬	51.30	19.70	—	—
七月红	河南南阳	坚果大，果皮深红、光泽，丰产、稳产，早熟，虫害率低	8 月下旬	—	—	—	—
大板栗	河南新县	坚果大，产量高，适应性强，河滩、山区均生长良好，耐贮性差	9 月上旬	—	—	—	—
红油栗	河南确山	丰产，坚果大，粒重 13.5 g，色泽鲜亮，品质良好	9 月下旬	—	—	—	—
桂选72-3早熟油毛栗	广西阳朔	小果型，高产，能早期丰产，耐贮藏	10 月上旬	66.00	11.90	—	—
桂选 74-1 中果红油栗	广西隆安	早期丰产、果型大而整齐、品质糯性	10 月中旬	66.20	9.60	—	—
红栗	山东泰安	总苞红色，丰产稳产，不耐瘠薄，有一定观赏价值，果小宜炒食	9 月下旬	58.80	15.20	46.60	49.0
宋家早	山东泰安	生长强、早实、早熟、丰产、不耐瘠薄，宜炒食	9 月上旬	50.60	14.00	56.50	—
郯城 207	山东郯城	丰产，果实耐贮藏，枝芽粗大	9 月下旬	69.00	11.90	53.50	—
无花果	山东泰安	树冠紧凑、丰产优质，雄花早期萎蔫凋落	9 月下旬至 10 月上旬	56.90	16.30	49.30	—
泰安薄壳	山东泰安	球苞皮薄，坚果棕红美观，品质优良，宜炒食，粒重 10 g	9 月 23 日	66.40	15.40	44.50	—
西沟 7 号	河北遵化	果实丰产、品质优良，坚果重 7 g，树势强健，炒食味香甜	9 月 18 日	39.15	18.12	—	—

续表

品种	产地	主要经济性状	成熟期	成分/%			淀粉糊化温度/℃
				淀粉	总糖	水分	
大板 49	河北宽城	丰产、栗果整齐，坚果重 8.1 g，品质优良，耐瘠薄	9 月 15 日	64.22	20.44	—	—
河东 1 号	河北遵化	早期丰产，坚果重 8 g，品质优良，树型大，枝条长	9 月中旬	39.55	21.99	44.76	—
明拣	陕西长安	丰产、果中等大，品质优良	9 月上中旬	—	—	—	—
灰拣	陕西长安	丰产、果中等大，种仁饱满、味香甜	9 月中下旬	—	—	—	—
镇安大板栗	陕西镇安	果中等大，品质优良，适应性强	9 月中旬	—	—	—	—
金坪垂栗	江西峡江	树冠低矮，枝长下垂，树姿优美，有一定产量，可作为矮化砧木	10 月上旬	—	—	—	—

注：“—”表示数据缺失

2.4　湖南板栗地方品种（类型）

良种是板栗丰产优质栽培的基础。长期以来，由于忽视了良种选育工作，我国板栗资源优势不能有效地转变为商品生产优势。因此，良种选育是目前板栗科研工作的首要任务，应将其放在十分重要的位置。

湖南板栗栽培历史悠久，品种繁多，是我国板栗种质资源非常丰富的省份之一。通过普查，按栽培学方法，湖南板栗可初步确定为 16 个品种。

2.4.1　‘它栗’

产于湖南邵阳、武岗、新宁等地，为湖南省的优良品种。

‘它栗’树冠半圆头形，果枝浅灰色，叶长椭圆形，叶基心形，叶缘短锯齿（图 2-10）。球果椭圆形，黄棕色，苞皮厚 0.70 cm（3 年测试 900 个球苞苞皮厚度平均值，以下各指标相同）。刺密且硬，刺长 1.42 cm。球苞平均重 87 g，纵径 7.95 cm，横径 6.54 cm，出籽率 36.0%。‘它栗’坚果中大，椭圆形，赤褐色，少光泽，茸毛中等，果顶平，果座中大，果肉稍粗。坚果单粒均重 13.8 g，出仁率 74.5%，鲜仁含水率 48.2%，含总糖 21.2%，含淀粉 32.9%，含粗蛋白 12.1%，含脂肪 0.1%。

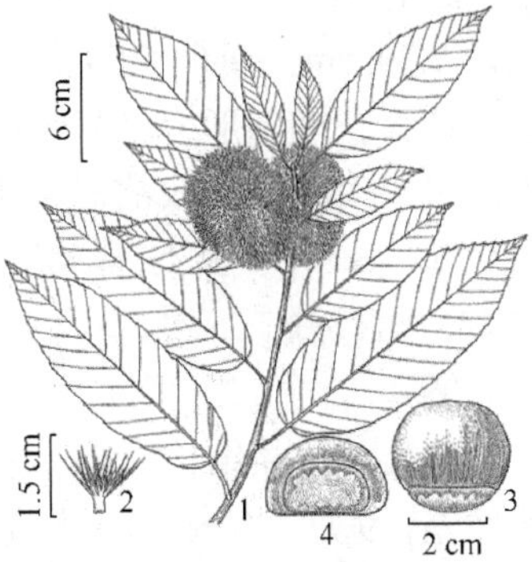

图 2-10　‘它栗’

1. 结果枝；2. 刺束；3. 坚果；4. 坚果底座

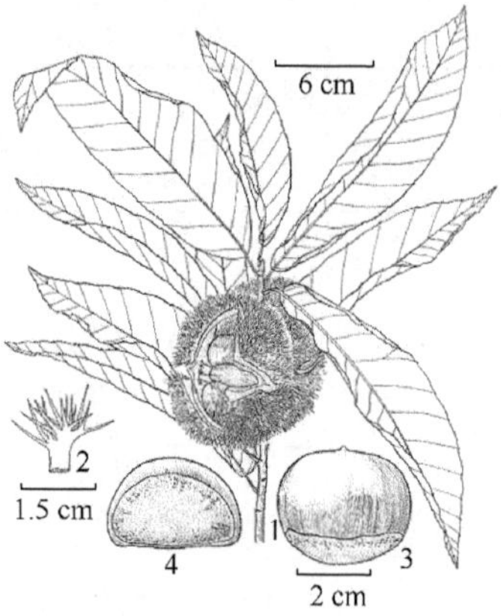

图 2-11　‘结板栗’

1. 结果枝；2. 刺束；
3. 坚果；4. 坚果底座

本品种树体较矮，枝条开张，发枝力强，丛果性中等，适应性广，极耐贮藏，9 月下旬成熟。与多种砧木嫁接亲和力强，产量稳定。

2.4.2　‘结板栗’

产于湖南黔阳、靖州、芷江等地，为湖南板栗优良品种之一。

‘结板栗’树冠圆头形，果枝灰白色，叶长椭圆形，叶基心形，叶缘短锯齿（图 2-11）。球果椭圆形，棕黄色，苞皮厚 0.60 cm。刺中密稍硬，刺长 1.95 cm。球苞平均重 85.0 g，纵径 7.20 cm，横径 6.00 cm，出籽率 36.0%。坚果中等偏大，椭圆形，红褐色带油光泽，茸毛稀布果肩，果顶平，果座大，果肉较甜。坚果单粒重 15.7 g，出仁率 79.8%，鲜仁含水率 50.3%，含总糖 10.7%，含淀粉 49.9%，含粗蛋白 8.1%，含脂肪 1.0%。

本品种树体结构紧凑，发枝力强，适应性广，丛果性高，丰产性好。坚果耐贮藏，9 月下旬成熟。

2.4.3　‘靖县大油栗’

产于湖南靖州太阳平乡、横江桥乡等地。

‘靖县大油栗’树冠圆头形，果枝灰绿色，叶长椭圆形，叶基楔形，叶缘短锯齿（图 2-12）。球果椭圆形，棕黄色，苞皮厚 0.69 cm。刺中密，硬度中等，刺长 1.58 cm，球苞平均重 86 g，纵径 7.70 cm，横径 5.50 cm，出籽率 34.5%。坚果特大，椭圆形，红褐色稍具光泽，茸毛中等，果座大，果肉较甜。坚果单粒重 18.0 g，出仁率 73.8%，鲜仁含水率 48.2%，含总糖 12.1%，含淀粉 51.4%，含粗蛋白 6.8%，含脂肪 1.0%。

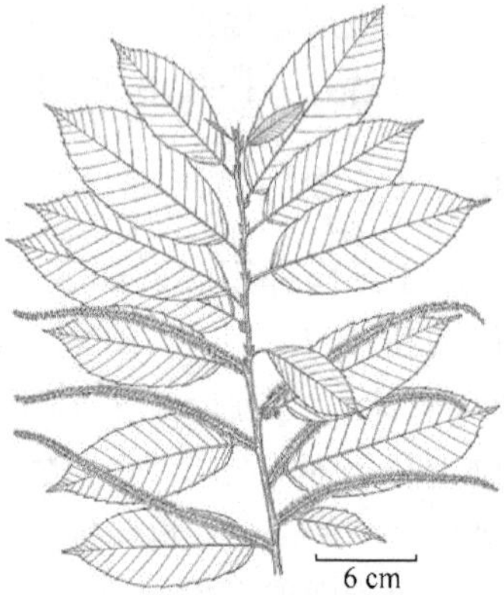

图 2-12　‘靖县大油栗’

本品种树体结构紧凑，枝条较直立，发枝力强，丛果性一般。丰产性好，耐贮性差，9 月下旬成熟，目前栽培面积小。

2.4.4　‘双季栗’

产于湖南汝城益将林场、桑植打鼓泉乡等地。一年 2 次结果，故名‘双季栗’。

‘双季栗’树冠圆头形或半圆头形，果枝灰绿色，叶长椭圆形，叶基楔形或心形，叶缘长锯齿（图 2-13）。球苞尖顶椭圆形，棕黄色，苞皮厚 0.35 cm。刺密而硬，刺长 1.40 cm。球苞平均重 46 g，纵径 6.70 cm，横径 5.20 cm，出籽率 32.0%。坚果三角形，果皮红褐色有光泽，茸毛少，果肉味甜糯。坚果单粒重 6.6 g，出仁率 79.5%，鲜仁含水率 56.6%，含总糖 13.0%，含淀粉 50.7%，含粗蛋白 6.7%，含脂肪 1.5%。

本品种树势强，枝条较直立，丛果性极强。发枝力强，丰产稳产，耐贮性好。第一次结果 9 月下旬成熟，第二次结果 10 月下旬成熟，目前正在引种试验。

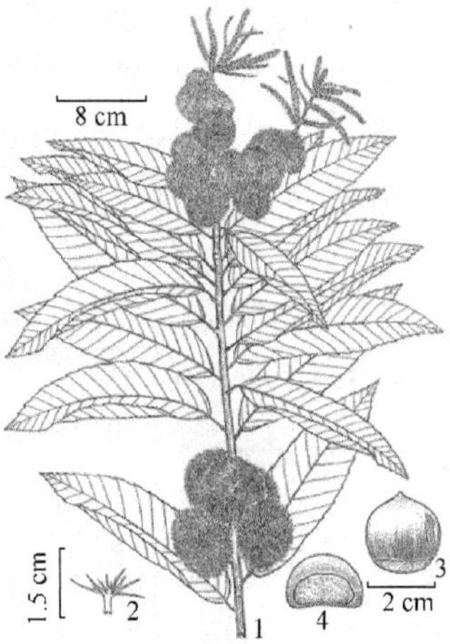

图 2-13　‘双季栗’
1. 结果枝；2. 刺束；3. 坚果；4. 坚果底座

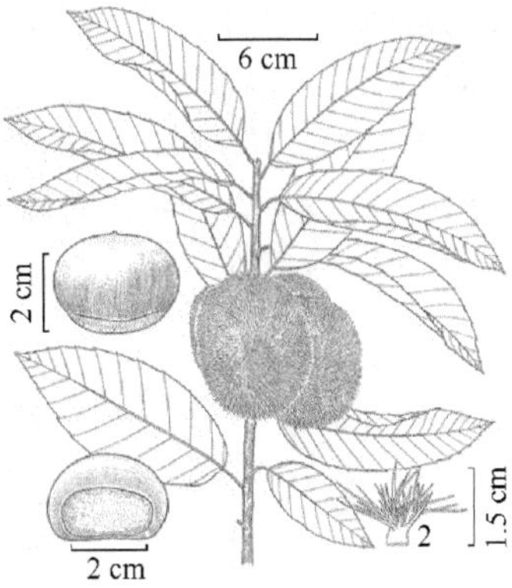

图 2-14　‘中秋板栗’

2.4.5　‘中秋板栗’

产于湖南芷江。因在中秋节前后成熟，当地群众俗称‘中秋板栗’。

‘中秋板栗’树冠圆头形或半圆头形，果枝黄褐色，叶椭圆形，叶基心形，叶缘短锯齿（图 2-14）。球果椭圆形，棕黄色，苞皮厚 0.55 cm。刺稀稍软，刺长 1.47 cm。球苞平均重 55.0 g，纵径 7.80 cm，横径 6.40 cm，出籽率 38.0%。坚果椭圆，果面红褐色，具油光泽，茸毛中等，果顶微凸，果座中大，果肉香甜。坚果单粒重 9.7 g。出仁率 77.3%，鲜仁含水率 49.8%，含总糖 1.0%，含淀粉 48.5%，含粗蛋白 6.9%，含脂肪 1.1%。

本品种树体低矮，枝条较开张，耐旱，耐贮藏，9 月下旬成熟，丰产性能较好。

2.4.6　‘油板栗’

湖南全省各地均有分布，主要分布在湘西武陵山脉。绝大多数为实生繁殖。

‘油板栗’树冠圆头形，果枝灰色，叶椭圆形，叶基楔形，叶缘长锯齿（图 2-15）。球果椭圆形，棕黄色，苞皮厚 0.35 cm。刺密而

图 2-15　‘油板栗’

软，刺长 1.30 cm。球苞平均重 52.0 g，纵径 4.70 cm，横径 4.30 cm，苞出籽率 42.0%。坚果圆形或椭圆形，果皮红褐色，油光发亮，茸毛极少，果顶凸或平，果座小，肉质细，味甜。坚果单粒重 7.1 g，出仁率 75.2%，鲜仁含水率 47.8%，含总糖 7.5%，含淀粉 48.6%，含粗蛋白 6.7%，含脂肪 1.1%。

本品种树势强，发枝力强，适应性广。坚果整齐一致，耐贮性较好，丰产，9 月下旬至 10 月上旬成熟，深受群众喜爱。

2.4.7 ‘油光栗’

产于湖南浏阳、永顺等县。

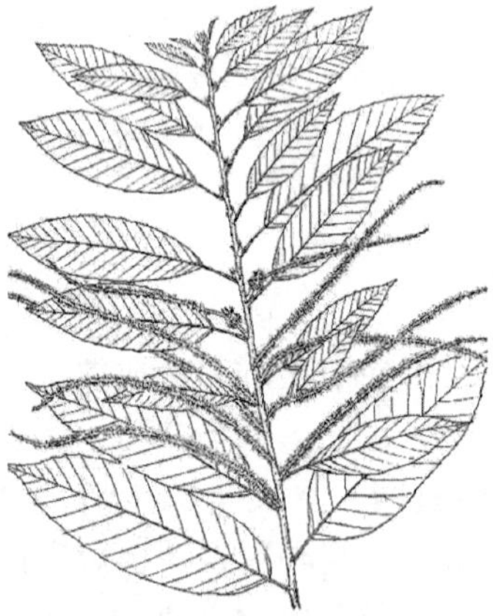

图 2-16 ‘油光栗’

‘油光栗’树冠圆头形，果枝灰绿色，叶椭圆形，叶基心形，叶缘短锯齿（图 2-16）。球果椭圆形，棕黄色，苞皮厚 0.34 cm。刺稍密，硬度中等，刺长 1.30 cm。球苞平均重 44.0 g，纵径 7.80 cm，横径 6.30 cm，出籽率 40.0%。坚果圆或椭圆形，果面红褐色，有油光泽，茸毛极少，果顶凸或平，果座小，内质细、味甜。坚果单粒重 6.5 g，出仁率 78.9%，鲜仁含水率 52.2%，含总糖 8.4%，含淀粉 56.9%，含粗蛋白 7.3%，含脂肪 1.3%。

本品种树势强，枝条直立，结构紧凑，发枝力强，丛果性好。坚果耐贮藏，丰产性好，9 月下旬至 10 月上旬成熟。

2.4.8 ‘早熟油栗’

产于湖南邵阳、常宁、城步、沅陵等县。

‘早熟油栗’树冠圆头形，果枝灰褐色，叶长椭圆形，叶基心形，叶缘短锯齿（图 2-17）。球果圆形或椭圆形，色泽棕黄，苞皮厚 0.69 cm。刺中等密且硬，刺长 1.20 cm。球苞平均重 38.0 g，纵径 4.70 cm，横径 3.90 cm，出籽率 34.0%。坚果圆形或椭圆形，果顶凸或平，果皮赤褐色，茸毛少，有油光泽，果座中大，果肉回味较甜。坚果单粒重 9.8 g，出仁率 77.7%，鲜仁含水率 49.9%，含总糖 10.8%，含淀粉 60.7%，含粗蛋白 7.3%，含脂肪 1.8%。

图 2-17 ‘早熟油栗’

本品种树势中等，枝条较直立，结构较紧凑大小年不明显，9 月中旬成熟，耐贮性稍差。

2.4.9　‘黄板栗’

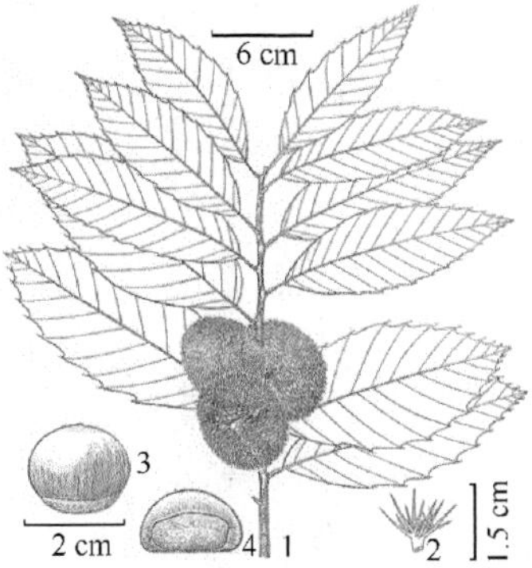

图 2-18　‘黄板栗’

1. 结果枝；2. 刺束；

3. 坚果；4. 坚果底座

产于湖南永顺、新宁等县。

‘黄板栗’树冠圆头形或长圆头形，果枝灰绿，叶椭圆形，叶基心形，叶缘长锯齿（图 2-18）。球果椭圆形、棕黄色，苞皮厚 0.45 cm。刺密而硬，刺长 1.15 cm。球苞平均重 43.7 g，纵径 5.60 cm，横径 4.50 cm，出籽率 35.0%。坚果圆形，果皮黄褐色，有光泽，茸毛少，果顶微凸，果座中或偏小，果肉质地糯性，味甜。坚果单粒重 7.3 g，出仁率 79.1%，鲜仁含水率 44.6%，含总糖 13.2%，含淀粉 55.3%，含粗蛋白 10.2%，含脂肪 0.8%。

本品种树势中等，发枝力强，10 月上旬成熟。但丰产性一般，耐贮性不强。

2.4.10　‘灰板栗’

产于湖南永顺、沅陵、龙山、黔阳、新宁、慈利、浏阳等县。

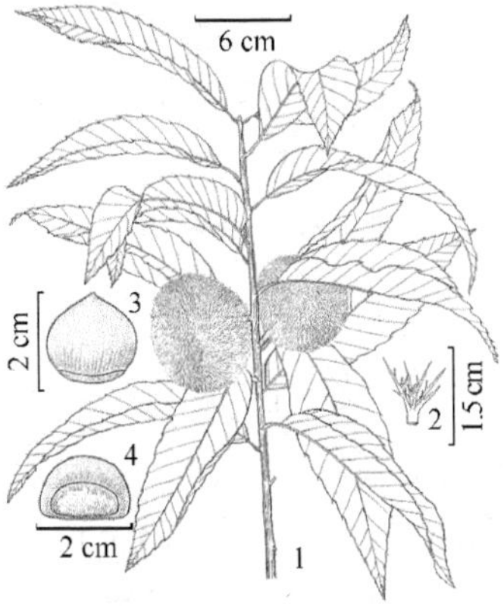

图 2-19　‘灰板栗’

1. 结果枝；2. 刺束；

3. 坚果；4. 坚果底座

‘灰板栗’树冠圆头形，果枝灰绿色，叶椭圆形，叶基楔形，叶缘长锯齿（图 2-19）。球果椭圆形，棕黄色，苞皮厚 0.40 cm。刺密而硬，刺长 1.30 cm。球苞平均重 48.0 g，纵径 5.60 cm，横径 4.86 cm，出籽率 38.0%。坚果圆形或三角形，果面茸毛极密而长，呈灰白色，果顶微凸，果座中大，果肉甜糯。坚果单粒重 5.3 g，出仁率 75.5%，鲜仁含水率 49.8%，含总糖 16.4%，含淀粉 50.2%，含粗蛋白 9.4%，含脂肪 1.1%。

本品种树势中等，发枝力不强，丛果性差，丰产性一般，稳产性好。坚果极耐贮藏，9 月下旬成熟。因果面密被灰白色长茸毛，外观欠美，商品价值不高。

2.4.11　‘乌板栗’

产于湖南龙山、常宁、城步等（自治）县。

‘乌板栗’树冠圆头形或半圆头形，果枝灰褐色，叶椭圆形，叶基心形，叶缘短锯齿（图 2-20）。球果椭圆形，棕黄色，苞皮厚 0.55 cm。刺硬，密度中等，刺长 1.20 cm。球苞平均重 38.0 g，纵径 4.70 cm，横径 3.90 cm，出籽率 32.0%。坚

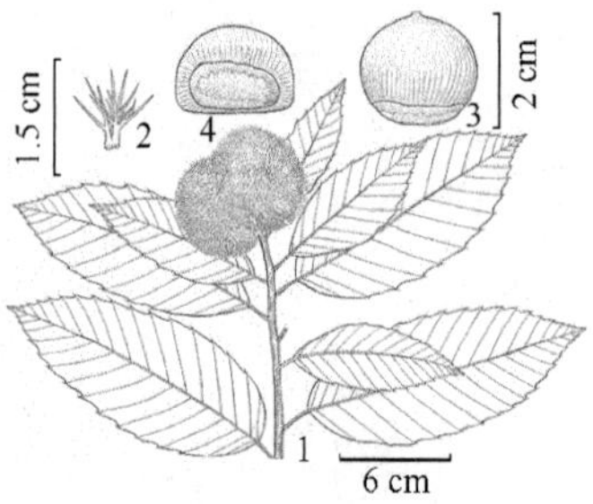

图 2-20 ‘乌板栗’

1. 结果枝；2. 刺束；
3. 坚果；4. 坚果底座

果圆形或椭圆形，果顶凸或平，果面黑褐色，茸毛少，稍具光泽，果座中大，果肉较甜。坚果单粒重 5.0 g，出仁率 79.0%，鲜仁含水率 56.8%，含总糖 9.6%，含淀粉 53.0%，含粗蛋白 8.1%，含脂肪 1.5%。

本品种树势偏弱，发枝力中等。耐贮性一般，9 月下旬成熟。

2.4.12 ‘香板栗’

产于湖南新宁。

‘香板栗’树冠圆头形，果枝灰色，叶椭圆形，叶基心形，叶缘短锯齿（图 2-21）。球果圆形或椭圆形，棕黄色，苞皮厚 0.44 cm。刺密而硬，刺长 1.20 cm。球苞平均重 25.0 g，纵径 5.46 cm，横径 4.36 cm，出籽率 37.0%。坚果三角形，果面红褐色有光泽，茸毛少，果顶凸，果座小，果肉细腻，鲜食香甜。坚果单粒重 4.5 g，出仁率 78.0%，鲜仁含水率 55.6%，含总糖 9.7%，含淀粉 61.2%，含粗蛋白 10.7%，含脂肪 1.1%。

本品种树势中等，发枝力极强。耐贮性好，10 月上旬成熟。但大小年明显，丰产性一般。

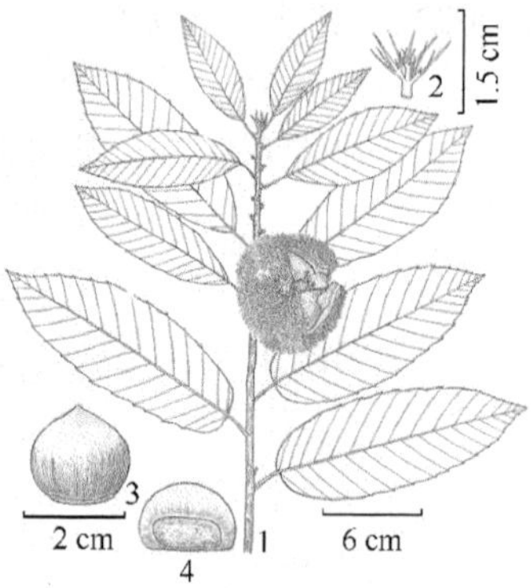

图 2-21 ‘香板栗’

1. 结果枝；2. 刺束；
3. 坚果；4. 坚果底座

2.4.13 ‘米板栗’

产于湖南桑植、永顺、新宁等县。

‘米板栗’树冠圆头形，果枝灰绿色，叶椭圆形，叶基心形，叶缘短锯齿（图 2-22）。球果圆形或椭圆形，棕黄色，苞皮厚 0.5 cm。刺中等密，硬度中等，刺长 1.30 cm。球苞平均重 37.7 g，纵径 5.00 cm，横径 4.90 cm，出籽率 42.0%。坚果圆形，果面棕褐色，茸毛中等密，果座小，果顶微凸。坚果单粒重 5.6 g，出仁率 74.8%，鲜仁含水率 49.9%，含总糖 10.3%，含淀粉 60.5%，含粗蛋白 7.2%，含脂肪 1.0%。

本品种树势较强，发枝力好，丛果性较强。耐贮性好，10 月上旬成熟，但坚果偏小。

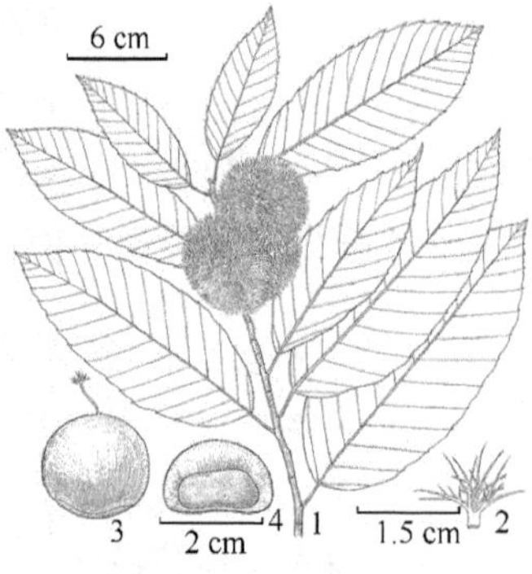

图 2-22 ‘米板栗’

1. 结果枝；2. 刺束；
3. 坚果；4. 坚果底座

2.4.14 ‘毛板栗’

产于湘西、黔阳、邵阳、常德、衡阳、郴州等地。

‘毛板栗’树冠圆头形或长圆头形，果枝灰绿色，叶长椭圆形，叶基楔形，叶缘短锯齿（图 2-23）。球果椭圆形或圆形，棕黄色，苞皮厚 0.55 cm。刺中等密且硬。球苞平均重 39.5 g，纵径 5.30 cm，横径 4.30 cm，出籽率 35.0%。坚果椭圆或圆形，果面赤褐色，茸毛较短密布全果，果座中或小，果肉甜糯。坚果单粒重 6.3 g，出仁率 94.3%，鲜仁含水率 51.9%，含总糖 10.6%，含淀粉 38.4%，含粗蛋白 8.8%，含脂肪 1.2%。

本品种树势强旺，树体高大，枝条直立，发枝力中等。抗病虫能力强，适应性广。9 月下旬至 10 月上旬成熟。但丰产性一般，外观欠美。

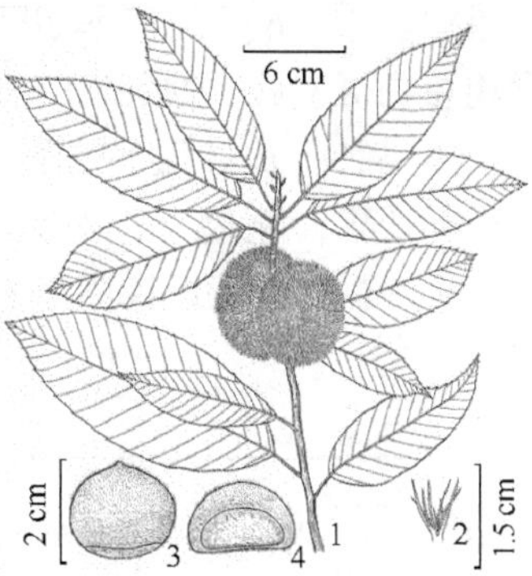

图 2-23　‘毛板栗’

1. 结果枝；2. 刺束；3. 坚果；4. 坚果底座

2.4.15　‘小果油栗’

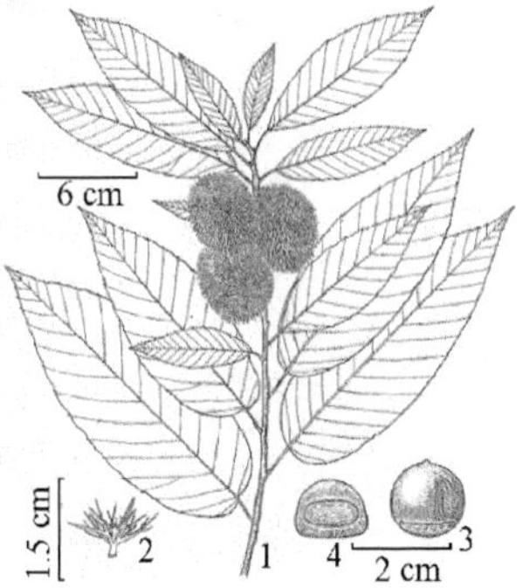

图 2-24　‘小果油栗’

1. 结果枝；2. 刺束；3. 坚果；4. 坚果底座

产于湖南祁阳、沅陵、绥宁、新宁、慈利、泸溪等地。

‘小果油栗’树冠圆头形，果枝黄绿色，叶长椭圆形，叶基心形，叶缘短锯齿（图 2-24）。球果椭圆形或圆形，棕黄色，苞皮厚 0.30 cm。刺密且硬，刺长 1.30 cm。球苞平均重 15.0 g，纵径 4.50 cm，横径 3.80 cm，出籽率 37.0%。坚果椭圆或三角形，果面褐色，茸毛少，有光泽，果顶平或凸，果肉味甜，具糯性。坚果单粒重 4.3 g，出仁率 72.1%。鲜仁含水率 54.2%，含总糖 13.7%，含淀粉 51.4%，含粗蛋白 11.3%，含脂肪 1.6%。

本品种树势中等，发枝力强，果枝短而细，树体结构紧凑。坚果耐贮性好，10 月上中旬成熟，但不丰产，商品价值低。

2.4.16　‘小果毛栗’

产于湖南沅陵、石门、泸溪等地。

‘小果毛栗’树冠圆头形，果枝灰绿色，叶长椭圆形，叶基广楔形，叶缘长锯齿（图 2-25）。球果椭圆形或圆形，棕黄色，苞皮厚 0.32 cm。刺中等密，硬度中等，刺长 1.30 cm。球苞平均重 23.0 g，纵径 4.30 cm，横径 3.70 cm，出籽率 33.0%。坚果椭圆形或三角形，果面茸毛多，褐色，无光泽，果顶凸，果座小，果肉味甜。

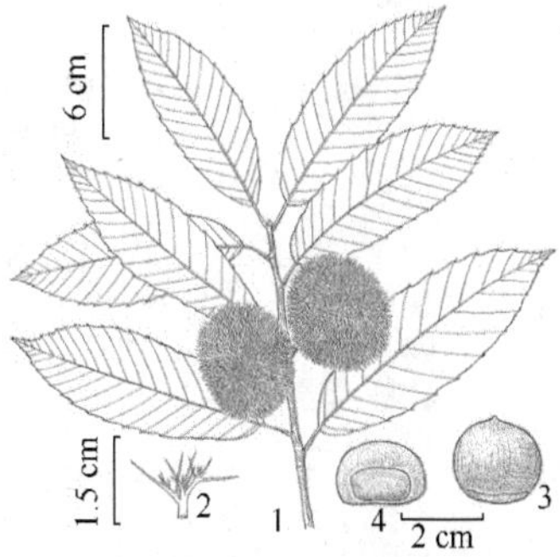

图 2-25　‘小果毛栗’

1. 结果枝；2. 刺束；3. 坚果；4. 坚果底座

坚果单粒重 3.6 g，出仁率 80.5%，鲜仁含水率 49.2%，含总糖 13.7%，含淀粉 43.3%，含粗蛋白 8.3%，含脂肪 1.3%。

本品种生长势强，枝条直立，发枝力极强。抗病虫能力强，耐贮性好，10 月上中旬成熟。坚果小，不丰产，商品价值低。

表 2-2 总结了湖南省各地方板栗品种的相关信息。

表 2-2 湖南省地方板栗品种简介

品种	产地	主要经济性状	成熟期	成分/%				淀粉糊化温度/℃
				淀粉	总糖	蛋白质	水分	
它栗	邵阳、武岗、新宁	坚果重 13.8 g，品质优良，底座大，为晚熟菜用栗，耐贮性较差	9 月 25～30 日	32.90	21.20	12.1	—	59.5
结板栗	黔阳、靖州、芷江	坚果重 15.7 g	9 月 25～30 日	49.90	10.70	8.1	50.30	56.5
大油栗	靖州	坚果重 18.0 g，果实品质优良，不耐贮藏	9 月下旬	—	—	—	—	—
双季栗	桑植、汝城	坚果重 6.6 g	9 月下旬，第二次 10 月下旬	—	—	—	—	—
中秋板栗	芷江	坚果重 9.7 g，品质优良、较耐贮藏，是较好的早熟品种，也称中秋栗	9 月中旬	—	—	—	—	—
油板栗	湘西武陵山脉	比处暑红还早熟、丰产，不耐贮藏，供菜用	9 月上旬	58.70	10.40	—	48.00	64.1
油光栗	浏阳、永顺	产量高而稳定，坚果重 15.2 g，成熟整齐	9 月下旬	57.10	8.10			63.8
早熟油栗	邵阳、常宁、城步、沅陵	丰产、果大、品质优良，耐贮藏	9 月下旬至 10 月上旬	41.80	8.20		53.00	61.2
黄板栗	永顺、新宁	树冠紧密，丛果性强、丰产、稳产，早期丰产、果大整齐，坚果重 8.0 g	9 月中旬	—	—	—	—	—
灰板栗	永顺、沅陵、龙山、黔阳、新宁	丰产、稳产、结果能力强，果较大，坚果重 14.2 g	8 月下旬	—	—	—	—	—
乌板栗	龙山、常宁、城步等县	耐旱、耐瘠薄，坚果中等大，风味好，宜作炒食栗	9 月下旬	49.40	11.60	—	43.70	58.5

续表

品种	产地	主要经济性状	成熟期	成分/%				淀粉糊化温度/℃
				淀粉	总糖	蛋白质	水分	
香板栗	新宁	产量高而稳定，总苞皮薄，坚果色味尚好，耐贮、蛀果性害虫轻	9 月下旬	—	—	—	—	—
米板栗	桑植、永顺、新宁	丰产、稳产、品质优良、叶大、枝粗	9 月下旬至 10 月上旬	69.58	9.28	—	—	—
毛板栗	湘西、黔阳、邵阳、常德	产量高、稳定，品质优良，适应性强，抗病虫，耐贮藏	10 月上旬	56.75	11.44	—	55.38	—
小果油栗	祁阳、沅陵、绥宁、新宁、慈利、泸溪等地	果大、美观、较丰产，耐旱、耐贮藏	9 月上旬	52.90	14.70	—	—	—

注：“—”表示数据缺失

主要参考文献

暴朝霞，黄宏文. 2002. 板栗主栽品种的遗传多样性及其亲缘关系分析［J］. 园艺学报，29（1）：13-19.

黄宏文. 1998. 从世界栗属植物研究的现状看中国栗属资源保护的重要性［J］. 武汉植物学研究，16（2）：171-176.

贾恩卡洛・波努斯. 1995. 欧洲的栗子业［J］. 柳鋆译. 植物资源与环境，4（2）：53-60.

江苏省植物研究所. 1965. 板栗［M］. 北京：科学出版社.

江苏省植物研究所. 1977. 板栗［M］. 北京：科学出版社.

江苏省中国科学院植物研究所. 1965. 板栗［M］. 北京：科学出版社.

兰卫宗，高新一，何锡山，等. 1983. 北京板栗新品种——燕昌栗［J］. 中国果树，（2）：10.

郎萍，黄宏文. 1999. 栗属中国特有种居群的遗传多样性及地域差异［J］. 植物学报，41（6）：651-657.

李昌珠，唐时俊. 1997. 板栗“三刀法”嫁接新技术研究［J］. 湖南林业科技，24（2）：11-13.

李昌珠，唐时俊. 2001. 板栗低产林成因及配套改造技术［J］. 中国南方果树，30（4）：40-42.

李昌珠，唐时俊. 2003. 南方板栗丰产栽培技术［M］. 长沙：湖南科学技术出版社.

柳鋆，周亚久，毕绘蟾，等. 1995. 云南板栗的种质资源［J］. 植物资源与环境，4（1）：7-13.

南京中山植物园. 1961. 江苏板栗［M］. 上海：上海科学技术出版社.

秦岭，高遐红，程继鸿，等. 2002. 中国板栗品种对疫病的抗性评价［J］. 果树学报，19（1）：39-42.

唐时俊，李昌珠. 1989. 板栗良种铁粒头、石丰、九家种引种试验［J］. 经济林研究，7（2）：43-48.

唐时俊，李润唐，李昌珠，等. 1992. 板栗丰产栽培技术［M］. 长沙：湖南科学技术出版社.
张辉，柳鎏. 1998. 板栗群体的遗传多样性及人工选择的影响［J］. 云南植物研究，20（1）：81-88.
张宇和，王福堂，高新一，等. 1989. 板栗［M］. 北京：中国林业出版社.
中国农业科学院果树研究所，中国农业科学院柑桔研究所，中国农业科学院郑州果树研究所. 1987. 中国果树栽培学［M］. 北京：农业出版社.
周而勋，王克荣. 1999. 栗疫病研究进展［J］. 果树科学，16（1）：66-71.

第3章 板栗良种选育

3.1 板栗实生选种

板栗实生选种是指从现有实生树或播种获得的实生苗中选择优良单株，通过无性繁殖，培育新品种的方法。由于我国板栗长期实生繁殖，形成了类型多样和性状各异的单株。良种资源丰富，我国现有的板栗良种绝大多数是劳动人民通过长期实生选种获得的。1949 年后，我国有组织地开展了板栗实生选种工作，在较短的时期内，获得了显著的成果。因此，板栗实生选种至今仍不失为实现板栗良种化的一条有效途径，对改进板栗生产上的品种结构，提高产量和品质，具有重要意义。

3.1.1 实生选种目标

针对目前生产上存在的问题及市场需要，板栗实生选种主要以高产稳产、早实优质为主要目标，并兼顾抗逆性、耐贮性等其他经济性状。

1）高产稳产　衡量一个实生单株是否高产稳产，可以从下面 5 个方面进行判断：①发枝力强，每母枝抽生果枝 2 个以上；②结苞数量多，单苞含籽数多，每果枝结苞 1.8 个以上，苞内含籽数 2.6 个以上；③连续 3 年以上结果的母枝不低于 50.0%，大小年现象不明显；④每平方米树冠投影面积产量达到 0.5～0.6 kg；⑤球苞刺稀而短，出籽率不低于 45.0%，雄花少，丰产年龄长。

2）品质　根据食用方式，对板栗品质的选择有如下两点要求。①炒食用栗：单粒重 9.0 g，果粒大小均匀，含糖量不低于 20.0%，果肉质地细腻、糯性，香甜可口。②菜用栗：坚果单粒重 25.0 g 以上，淀粉含量不低于 60.0%，肉质带粳性，果形整齐，果肉色泽美观。

3）早实性　幼树定植 2～3 年开始结果，4 年生株产达 1～2 kg，6 年生 3～4 kg。

4）矮化　要求结果枝粗短，节间长不超过 1.5 cm；树冠紧凑，树形矮化，成年树冠大小为 3～4 cm。结果母枝基部芽具有抽枝结实的能力，或母枝短截易抽结果枝，内膛结果能力强。江苏的‘九家种’及河北的‘后 20’即属紧凑型树冠。

5）抗逆性　在土壤贫薄或干旱条件下，比其他植株生长旺盛，结果正常。

6）抗病虫害　对桃蛀螟、栗实象鼻虫、栗瘿蜂、栗透翅蛾、栗红蜘蛛、胴枯病、栗仁斑点病的抵抗力比常规品种强。

3.1.2 选种步骤

实生选种分为初选、复选、决选 3 个步骤。

1）初选　初选工作在生产园内进行。一般在果实成熟期，组织有关部门专业人员和栗农进行有目的的选种工作，深入产区进行座谈访问、实地观察，按选种目标和选种标准进行田间评比，淘汰不符合入选条件的单株。对有希望的单株按选种项目逐项进行调查，登记入选单株的基本情况和主要特征特性。

对初选单株的产量、品质、抗性等经济性状，进行 2～3 年连续观察记载，鉴定变异性状是否稳定，对单株进行现场保护，以免遭到破坏。为加速子代鉴定，应及时进行高接，以观察子代的生长结果情况。

2）复选　对初选优株用当地砧木进行嫁接繁殖，以常规品种为对照，进入复选圃进行生长、结果、产量、品质、抗性等经济性状的综合比较鉴定，并进行系统的记载。复选圃要绘制品种分布图，建立田间档案，经复选圃 3～5 年观察比较，筛选出优秀的单系，参加决选。为了缩短选种年限，在复选圃鉴定的同时，进行多点生产试验。

3）决选　将复选中筛选出的优良株系，在较大范围内进行多点试验，观察其对不同生态条件的适应性。与此同时，进行各种栽培技术管理措施的比较试验，目的在于确定优系的推广范围及总结出相应的栽培技术措施。决选圃的土壤条件要一致，树龄应相同，株行距为 3 m×4 m，每小区 10 株，以当地原有优良品种为对照，重复 2～3 次。对生长和产量等经济性状进行连续 3～5 年的观察比较，并建立连续的田间档案。对决选圃所在地的气象、土壤及管理技术、病虫发生情况、物候期等，也需逐一进行调查记载。

由选种单位提出报告，有关主管部门组织专家进行鉴评。原选种单位应提供优系的来源、选种历史、群众评价和发展前途的综合报告，该优系在进入复选阶段以来连续 5 年的鉴定资料及不同地点的生产试验结果和部分果实样品。鉴评委员会根据上述资料和现场鉴评，对符合选种目标，认为有发展前途的优良单系，通过鉴定，可作为新品种正式推广。

3.1.3 板栗品种记载方法和标准

板栗选种的观察记载贯穿于选种的全过程，所以确定适当的观察项目和记载标准是研究板栗遗传多样性工作的重要组成部分，现将板栗选种主要观察项目和记载标准介绍如下。

1. 植物学特征

1）树姿

树冠形：扁圆头、圆头、长圆头。

开张度：开张、半开张、直立。

2）枝条　取树冠外围生长正常的 20 个结果枝，分别测定其长、粗、节间长度，取其平均值。

粗度：粗，在 0.7 cm 以上；中，在 0.5～0.7 cm；细，在 0.5 cm 以下。

长度：长，26 cm 以上；中，16～26 cm；短，16 cm 以下。

发生密度：疏、中、密。

节间长度：测 10 个枝条两叶之间的平均距离，分长、中、短。

色泽：灰褐、黄褐、赤褐。

3）皮目

形状：扁圆、圆、椭圆。

大小：大、中、小。

密度：疏、中、密。

4）芽

形状：长三角形、三角形、短三角形。

大小：大、中、小。

叶序：1/2、2/5。

5）叶片　取树冠外围结果枝的第 3～5 片叶为测定对象。

形状：分披针形、椭圆形、长椭圆形等（图 3-1）。

大小：测定 20 片叶的长、宽平均值，分大、中、小。

叶厚：分厚、中、薄三等。

叶色：分浓绿、绿、淡绿、黄绿等。

光泽：多、中、小。

姿势：斜向、水平、下垂。

锯齿：分大、中、小。

密度：疏、中、密。

状态：直立、内向、外向。

叶柄长度：长、中、短。

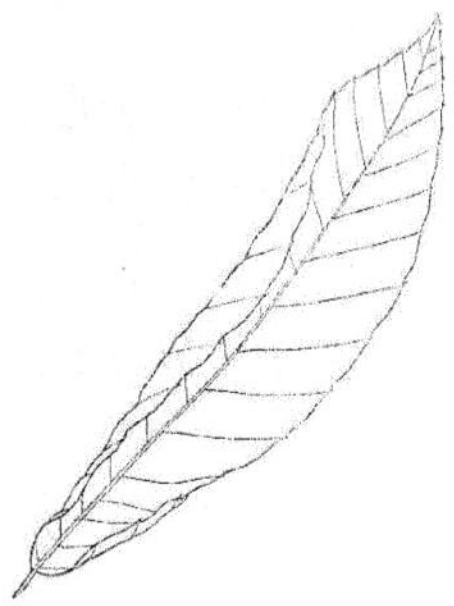

图 3-1　板栗叶形

6）花

雄花序：随机取 10 条外围结果枝分别测定雄花序发生量及长度。雄花丛发生多少分为多（2）、中（1）、少（0）。雄花密度分为疏、中、密。

雌花簇：出现混合花序数。雌花着生数：多（2）、中（1）、少（0）。

长度：长（2）、中（1）、短（0）。

姿势：直立、斜生、水平、下垂。

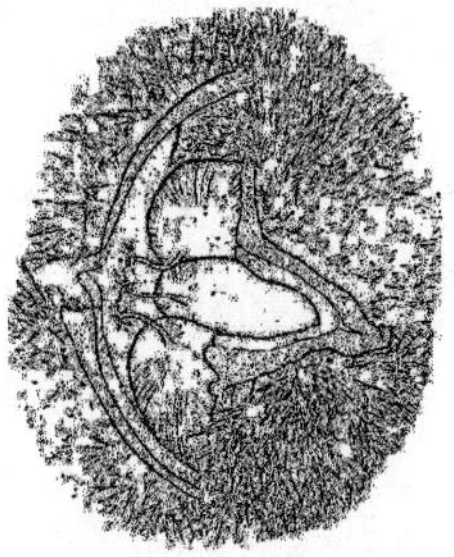

图 3-2　板栗总苞形状

7）刺苞

形状：分圆形、扁圆形、椭圆形、长椭圆形（图 3-2）。

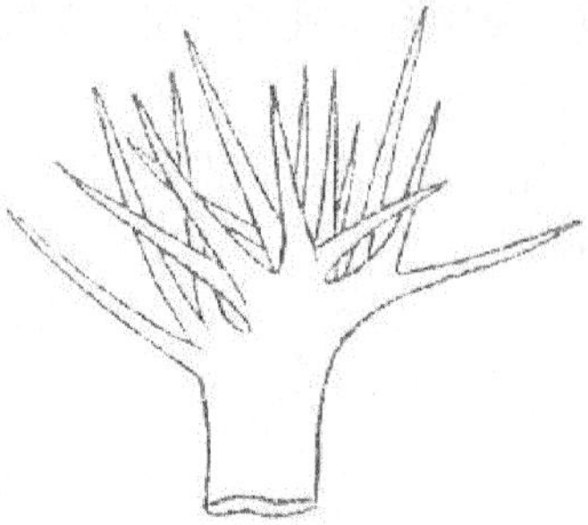
图 3-3 板栗的刺束

大小：随机取 20 个刺苞测其平均重量。特大，150 g 以上；大型，101～150 g；中型，50～100 g；小型，50 g 以下。

刺束：长度、稀密和颜色等。长度分长、中、短；密度分疏、中、密；硬度分硬、中、软；发生方向分斜生、直立；色泽分浅黄、黄褐、赤褐（图 3-3）。

刺苞皮厚度：测 20 个刺苞胴部的平均值。厚，在 0.25 cm 以上；中，0.16～0.25 cm；薄，0.10～0.15 cm；极薄，0.10 cm 以下。

苞肉厚度：厚、中、薄。

每刺苞的坚果数：20 个刺苞坚果数的平均值。含果数：1、2、3。

开裂性：一字开裂、三裂、十字开裂、多裂。

果梗：长度分长、中、短。

粗度：粗、中、细。

脱离性：良、中、不良。

图 3-4 板栗坚果形状

8）坚果

果形：分全形、椭圆形、圆形、三角形等（图 3-4）。

大小：以混合坚果样品测其单粒重。大，在 16 g 以上；中，11～16 g；小，5～10 g；特小，在 5 g 以下。

色泽：分淡红色、红色、褐色、红褐色、紫褐色、红棕色、黄褐色。

光泽：分油亮、亮、暗。

茸毛：极多，茸毛密布整个果面；多，分布于坚果中部以上，约占果面的 1/2；较少，散布于果肩以上范围；少，仅在果顶处有茸毛。

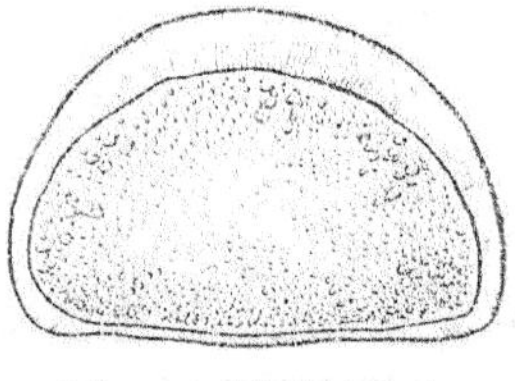
图 3-5 板栗的底座

涩皮剥离难易：分易剥、较易、难剥。

底座大小：以边果底座宽与外侧面弧长的比值表示。大，底座值大于 1/3；中，底座值为 1/4～1/3；小，底座值小于 1/4（图 3-5）。

外果皮厚度：厚、中、薄。

中果形状：整齐、不整齐、扁。

其他：纵线，明、中、不明；接线，直、弧线、波状；栗粒，有、无；大小，大、中、小；密度，疏、中、密；明度，明、中、不明；果肉色，淡黄、黄、白；肉质，粉质、黏质；甘味，多、中、少；品质，上、中、下。

2. 生物学特性

1）生长情况

生长势：分强、中、弱。

树高：自地面至树顶的高度。

冠径：测树冠投影东西、南北距离的平均值。

干高：自地面至第一主枝分枝处的高度。

干周：树干 1/2 处的周长。

生长习性：萌芽力，测 20 个枝条上芽萌发数的平均值（隐芽不记）；发枝力，测 20 个结果母枝抽生各类枝占发枝总数的百分率；结果枝百分比；雄花枝百分比；发育枝百分比；纤弱枝百分比（长度在 10 cm 以下的弱发育枝）。

2）结果习性

开始结果年龄：早（2）、中（1）、晚（0）。

每结果枝结刺苞数：20 个结果枝刺苞数的平均值。

连续结果能力：从当年的结果枝开始往前调查 3 年中的结果数，计算连续结果百分率。共调查 20 个结果枝。

结果能力：连续 3 年结果率；连续 2 年结果率。多（2）、中（1）、小（0）。

出实率：测 30 个始裂刺苞中坚果重量和刺苞重量比值的百分数。极高，50%以上；高，41%～50%；中，30%～40%；低，30%以下。

空蓬率：统计一个主枝或枝组的刺苞总数和空蓬数，求其比值的百分率。

大小年：计算公式如下。

$$产量变幅（\%）=\frac{大年产量-小年产量}{大小年产量平均值}\times 100$$

明显，年产量变幅大于 25%；不明显，年产量变幅小于 25%。

3）物候期　观测树冠外围枝的第一、第二芽。

萌芽期：鳞片开裂，5%的芽头变绿并显露出幼叶。

展叶期：约 5%的幼叶展开。

新梢停长期：新梢已明显停止生长。

盛花期：全树 50%以上的雄花已开放。50%的雌花柱头分开成 45°角。

成熟期：30%的刺苞自然开裂。极早熟，8 月中下旬成熟；早熟，9 月上旬成熟；中熟，9 月中下旬成熟；晚熟，10 月上旬成熟。

落叶期：50%左右的叶片产生离层而脱落。

3. 经济性状

1）始果期　开始结果的年龄。

2）盛果期　进入大量结果的年龄。

3）丰产性　①单株产量（kg/株）；②每平方米树冠投影面积产量（kg/m^2）。

4）品质　①坚果整齐度：高、中、低。②果肉质地：粗、细、粳、糯。③香味：浓、一般、淡。④总糖含量：用费林反应测其含量。⑤淀粉含量：用过氯酸法测其含量。⑥蛋白质含量：用凯氏法测其含量。⑦脂肪含量：用索氏浸提法测其含量。⑧水分含量：用烘干法测其含量。

5）抗逆性　①抗病虫性；②对土壤及地形的适应性；③对寒、旱、涝、风、盐碱等的抵抗能力。

6）耐贮藏性　①耐贮藏，在一般条件下，贮藏 4 个月腐坏率不超过 5%；②不耐贮藏，贮藏 4 个月腐坏率 50%以上者。

4. 成熟期的分类

板栗于初夏开花结实后，其果实渐行发育，最初刺苞果绿色，其后至夏秋渐转黄色，最后变为黄褐色，自中央开裂，其内部的坚果最初外果皮呈白色，渐转褐色，至刺苞果开裂时完全转为栗褐色，而果肉已充实，这就是栗的成熟期。成熟期依风土及品种大有差异，大致自开花后经 80～120 d 开始成熟。一般开花早者其成熟也早。目前无论华北还是华中，早熟种中最早的约在 8 月下旬成熟，晚熟种有至 10 月始成熟者。故在我国一般可依其成熟期分为 3 类：早熟种，8 月下旬至 9 月上旬成熟；中熟种，9 月中下旬成熟；晚熟种，9 月末至 10 月成熟。

5. 依果粒大小的分类

板栗依产地和品种不同，果粒大小大有差异。最小者仅为 4.5 g，最大者达 20 g 以上。按板栗果粒大小可分为以下 4 类：特大果种，鲜果平均重在 20 g 以上；大果种，鲜果平均重在 15 g 以上，20 g 以下；中果种，鲜果平均重在 10 g 以上，15 g 以下；小果种，鲜果平均重在 10 g 以下。

3.2　板栗杂交育种

杂交育种是指经济性状有差异的两个品种，通过人工授粉获得杂交种实生苗，从中选育良种的过程，是创造农作物良种的重要途径。实生选种固然是改良品种的有效方法，但不能充分满足生产上的要求。因此，为了广泛获得优良变异，必须大力开展杂交育种。

3.2.1　亲本的选择和选配

杂交育种仍是以高产优质、早熟、抗逆性强等主要经济性状为目标。为了达到育种的目的，应注重杂交亲本的选择与选配。

杂交育种中，亲本的组合方式很多，在实际工作中，可根据育种目标与其他具体情况灵活运用。将甲品种的花粉授到乙品种雌花的柱头上，使之受精结实，得到杂交种子，然后培育出杂种后代，这称为普通杂交育种。如果反过来将乙品种花粉授到甲品种雌花柱头上，得到杂种后代，称为反式杂交，简称反交。甲、乙两品种互作母本或父本，称为互为正反交。甲、乙两品种杂交获得的杂交后代再与甲品种或乙品种杂交称为回交。如果亲本是两个不同的种，则称为种间杂交，如板栗和茅栗或锥栗、美洲栗、日本栗等杂交就是这种杂交方式。两个不同属的种相互杂交，称为属间杂交。种间杂交和属间杂交又称远缘杂交，远缘杂交还包括地理上相距较远的两品种之间的杂交。这些不同组合方式的应用，可以将优良性状结合在一起，培育出符合人们意愿的新品种。

根据亲本性状在后代的表现来选择亲本，可大大提高杂交育种的效率。但是，至今对栗树杂交亲本的性状遗传动态了解不多。根据目前的经验，在亲本选择时应注重以下几个方面。

（1）以重要性状为主　丰产、稳产性比早果性重要，丰产优质但结果较晚者比结果早但产量低、品质差的类型更适合作杂交父本。

（2）亲本优良性状互补　现有板栗品种资源中，各有优缺点，在选择亲本时，应使两个亲本的优点相互补充，即两个亲本不能具有同一缺点。

（3）优点多于缺点　优良性状要突出，但从杂交亲本的综合性状上看，应是优点多于缺点。当然不排除具有突出抗性性状，但缺点较多的品种作亲本。这样后代中出现优良性状的概率高，有更多机会选育优良品种。

（4）选择地理相距较远、生态型差别较大的两种类型作亲本　该类型的亲本杂交，很有可能产生生活力强、适应范围广的优势后代。

（5）应考虑品种繁殖器官的能育性和交配亲和性　雌性繁殖器官不健全，不能正常受精或不能形成正常杂交种子的品种类型，不能作母本。雄性器官退化，不能形成健全花粉者不宜作父本。有时父母本双方生殖器健全，由于雌雄配子相互不相适应而不能结籽者，不能互为父母本。

板栗树杂交亲本性状在后代的表现，前人进行了有益探索。江苏省植物研究所用几个比较丰产、果形较大的品种与结果早、果形小的野板栗杂交，结果发现用'早庄''九家种'作母本，野板栗作父本，得到的杂交后代，进入结果期早，也就是说后代较大程度倾向于父本。日本研究者认为，用抗虫性强的品种作亲本，子代几乎全部具有抗虫性。国外有的资料认为，就栗果耐贮性而言，父本为隐性，母本为显性。

3.2.2　杂交育种技术

1. 花粉采集、贮藏与活力

要采集花粉，应事先对葇荑花序进行套袋，使花粉散落在袋内，然后将花粉倒在硫酸纸上，用先端插有软木栓条的小玻璃棒刮集花粉，最后将花粉放入玻璃试管内贮存。为了保持干燥，试管底部可先放入少量干燥剂（硅胶）。花粉在试管内经 4～8 h 的自然干燥后，将其贮存在 4～6℃的条件下，在 2 周内授粉，不影响生活力。如果贮存在－15℃的条件下，1 年后仍能保持其生活力。这种板栗花粉贮藏技术，对亲本花期相差悬殊或两个亲本各处异地的杂交来说，是很有价值的。

花粉活力可通过离体培育加以检验。然而据许多研究人员的经验，板栗花粉培养很难得到高于 60%的发芽率。优质的花粉在 0.5%蔗糖溶液中于 30℃条件下培养 1 h，通常可有 50%～80%的发芽率。

2. 去雄和授粉

有研究认为，在第 1 个雄花序开花之后的 5 d 内，雌花不能接受花粉，雌花的全部柱头充分发育之后的第 8 天才能授粉，而且其受精能力可持续 3 周。因此，进行人工杂交时，以在第 1 个雄花花序开花后的第 10～13 天授粉为最有效。在对雌花进行套袋之前，应先将该果枝上的雄性葇荑花序剪去，并将双性葇荑花序上的雄性部分加以摘除，以减少出现自花授粉的可能性。

套袋最好是用牛皮纸袋，以保证雌花与外界隔绝。牛皮纸袋应把整个果枝先端都套在里面，把袋的末端牢固地绑在去年生枝的部位上，以防止在其上萌发出新梢。扎袋口时，用一根小铁丝拧紧即可，以便于去袋。当雌花能受精时，可揭开纸袋，尽快授上花粉，并立即套袋、固扎。待过了自然授粉的危险期且栗蓬已开始发育的时候（2～3 周后）就可以去袋，并代之以纱布袋，套上纱布袋既可明示杂交授粉的所在，还可防止栗实混杂。授粉后，要挂牌标记，写明组合、杂交日期等。

3. 种子的采收和处理

新鲜栗实含碳水化合物 40%～50%，大部分以淀粉的形态存在，此外，还含有约 5%的脂肪和 50%的水分。采收后的栗实在自然温度条件下，会很快失水而腐烂，干燥可使栗实肉仁变硬而丧失萌芽力。因此，必须将栗实在 0～4℃条件下层积贮藏 1～3 个月，以打破胚的休眠期而保证均匀发芽。

当树上的栗蓬稍见开裂，某些栗蓬内的栗实开始由灰绿转为棕褐色时，即可将栗蓬摘下。采下的栗蓬可放入铁丝筐内，置于诸如地窖之类的湿润室内，温度保持在 18℃左右。采下的栗实在蓬内能继续后熟，5～10 d 球苞就能全开，然后挑出栗果，放入内盛少量风干泥炭苔的塑料袋内，置于冷处（1～2℃）保存。在装袋之前，要将栗实稍微风干一下。在入袋贮存期间，只要袋内不积存栗实的呼吸水，霉菌就不会大量发生。一般的贮存期是从秋季采收后到明春播种时，如果能保持适宜的贮存条件，栗实可保持其活力 3 年半。贮存过程中，要防止种子混杂。

4. 杂交种苗的培育和选择

得到了杂交种子仅仅是杂交育种工作的一部分，大量艰苦细致的工作，还在于对杂种苗的培育和选择。

1）杂种苗的培育　栗种宜播在土壤 pH 约 5.5 且排水良好的轻质土壤上。如有啮齿动物为害，最好是在秋季播种，柱行距 40 cm×50 cm。播后覆土 2.5～5.0 cm，土壤上冻之前，铺上约 5 cm 厚的秸草或落叶以防低温侵害。播种时施以基肥，出苗后在生长季节施入人粪尿 1～2 次，并及时松土除草，防治病虫害。实生苗在其第 1 个生育年内，每株必须有约 225 cm^2 的营养面积。在较好生育条件下，1 年生实生苗至少应高 30 cm，径基粗 0.6 cm。

2）杂种苗的选择　这是育种中非常重要的工作。实践证明，绝大部分杂种苗没有经济价值，这就需要选优去劣。为了节省人力、物力、财力，不能等到杂种苗结果以后才决定取舍，而是在苗期就要进行鉴定。这种早期鉴定一般是根据与经济性状相关的性状进行的。例如，叶形与果形、种子萌发早晚与成熟期迟早都有一定的相关性。

播种当年，主要根据幼苗的生长状况，选择生长健壮、栽培性状明显的幼苗，淘汰弱苗、畸形苗。保留径粗直立，表皮光滑，叶片大而厚，叶片在茎上呈螺旋状排列，以及叶面有茸毛的壮苗。杂交苗经过两年的观察选择后，将入选单株按 1 m×1 m 的株行距定植到选种圃，加强肥、水管理，抓紧病虫害防治，同时采取环割、拉枝、高接、喷激素等措施，使之提早结果。

经过果实鉴定的优株，可嫁接繁殖，进行生态试验、生产栽培技术试验。经过与当地优良品种对照比较，确实表现优良的优株，可申请鉴定，命名推广。

多倍体育种、辐射育种和芽变选种都是板栗优良品种选育的有效途径。芽变选种是选择优良变异枝芽，适合群众性选种，可结合实生选种进行。多倍体育种与辐射育种需要一定条件，尚在探索之中。

中国板栗的品种或类型多次被引入其他国家，用于与本国栗杂交，选育抗栗疫病的杂交后代，作为回交育种中的供体亲本。已有证据表明中国栗树对栗疫病的抗性是由 2 个不连锁的共显性基因控制的。美国农业部（United States Department of Agriculture，USDA）的“美洲栗抗栗疫病育种计划”曾于 1912～1917 年和 1922～1938 年 2 次从中国大规模引种中国板栗，并于 1910～1950 年以中国板栗为亲本与美洲栗杂交获得大量杂交后代。再培育美洲栗重返大自然的育种基础是利用中国板栗的抗病基因。成功挽救美洲栗的重要环节是选择最具抗栗疫病的中国板栗，并成功地用于再培育美洲栗的回交计划中。

3.3　板栗生物技术育种

3.3.1　组织培养

1. 组织培养研究进展

栗树是应用离体培养技术较早的木本植物，但开展研究的领域较少，仅局限于愈伤组织的诱导、微体繁殖、体细胞胚状体发生，而原生质体培养、细胞融合、基因导入等研究仍是空白。欧洲栗和美洲栗的组织培养比我国板栗稍有进展，我国许多科研工作者也曾进行过该项实验，但很少见有成功的报道。

1）愈伤组织的诱导　　大规模营养繁殖抗性栗的传统无性繁殖方法如扦插繁殖、空中压条、分蘖等遇到了困难，导致了栗组织培养研究工作的开始。栗组织培养技术研究从茎形成层培养开始，1947～1953 年，JaCquot 采用取自成年（100 年以上）栗树的形成层作外植体，在没有任何生长调节剂、化学成分的培养基上得到了形成层和愈伤组织的增殖。随后 Trippi 等分别用欧洲栗 5～45 年生树木的去皮 1 年生枝，欧洲栗枝条、萌条，日本栗×欧洲栗萌条、子叶片段，欧洲栗子叶片段、成年树木的茎尖，美国栗芽，日本栗×美国栗成年树的枝条，以及美国栗、日本栗、板栗等成年树木的形成层组织等作外植体进行培养，均只获得愈伤组织，未出现器官分化或只分化到"类芽结构"或至多分化到芽原基。

2）微体繁殖　由于栗树愈伤组织培养物中芽的分化较为罕见，往往只分化到"类芽结构"或至多分化到芽原基就停止了，由愈伤组织诱导成苗未获成功。20 世纪 70 年代末开始使用芽或茎尖作外植体，通过先把茎尖或腋芽诱导成苗，然后诱导生根再生小植株的微体繁殖技术，研究人员相继分别以欧洲栗胚、3～4 月生实生苗节、茎尖，美国栗胚、实生苗腋芽等为实验材料，在添加 1～2 mg/L 6-BA（6-BA 是一种细胞分裂素）的培养基上，不同的培养条件下诱导出不定芽，并在加 6-BA 和蔗糖的 MS 培养基上诱导生根，成功地获得了再生植株。在此基础上，以成熟的欧洲栗无性系、日本栗和欧洲栗×日本栗的腋芽尖和分生组织为外植体，以 MS 为基本培养基，添加 BAP（细胞分裂素类似物）、赤霉素和 IBA（吲哚乙酸），并加入一定量的抗坏血酸（维生素 C），正确选择外植体（部位、时间等，可部分解决组织培养过程中产生的酚类物质），用果糖作碳源，采用固液两相培养基成功地获得了栗树的再生苗。Yang 等用板栗幼苗腋芽作外植体，诱导产生丛生芽，在含有 9.8 mmol/L 或 14.8 mmol/L IBA 的培养基上诱导生根，并成功地转移到温室栽培。这一木本植物的微体繁殖技术目前被认为是有价值的，它可有效地进行离体营养繁殖优良品种，也标志着栗树组织培养技术已开始由探索阶段逐步走向应用阶段。

3）体细胞胚诱导　除由茎尖、腋芽直接诱导形成植株外，栗树器官培养的另一进展是由外植体诱导体细胞胚胎发生。由于产生的体细胞胚可以直接得到带有顶芽和主根的完整幼苗，从而避免了茎器官培养中试材衰老、复壮、生根及土壤转移难成活等一系列较难解决的问题。因此，这方面的研究早已成为木本多年生植物组织培养中的一个热点，但有关栗树体细胞研究的报道不多。

2. 板栗愈伤组织的诱导

1）材料与方法

（1）试验材料　试验材料来自于湖南省林业科学院板栗试验园的不同品种，于 5 月和 8 月初，2 次取成年树当年生嫩枝的无病虫害的茎段、叶柄和嫩叶作外植体；10 月初采成年树上不同品种的果实。

（2）试验方法　采用单因子试验法，每组实验重复 3 次。

A. 材料的消毒。

a. 种子的消毒：先用中性洗衣粉将种子洗涤，流水冲洗彻底，滤纸吸干表面水分。转移到灭好菌的超净工作台上，用 70%乙醇表面消毒 2 min，蒸馏水洗 3 次。再用 0.1%的氯化汞浸 12 min，用无菌水冲洗 8 次，每次 2 min，用解剖刀切开外表皮，取出种子（此种子带有种皮），再将剥去果皮的种子依次用 70%乙醇消毒 0.5 min，0.1%氯化汞灭菌 5 min，无菌水冲洗 8 次，每次 2 min。然后切开子叶，取出带少许子叶的胚接种于培养基中。

b. 成年树当年萌发幼嫩枝条的消毒：采回枝条后先在流水下反复冲洗 0.5～1.0 h，再用饱和中性洗衣粉液将枝条洗涤，流水冲洗彻底，滤纸吸干表面水分，转移到灭好菌的超净工作台上，用 70%乙醇表面消毒 30 s，0.1%氯化汞浸 10～12 min，无菌水冲洗 8～10 次。叶柄切成 0.5 cm 小段，叶片切成 0.5 cm^2 小块，接种到愈伤组织诱导培养基上。将嫩茎基部的一小段及其上部叶片和顶芽除去，并切成长 0.5 cm 左右的小段，每一小段均带有腋芽，垂直接种于茎段的培养基上。采用单因子比较法考察茎段、叶柄、叶片诱导愈伤组织的效果，以及基本培养基、激素配比对愈伤组织诱导的影响。

B. 培养基的制备：在 WPM、MS、Heller（大量元素）+Nitsch（微量元素）、White 等 4 种基本培养基中均添加蔗糖 3%，琼脂 0.8%，PVP（聚乙烯吡咯烷酮）2 g/L，调节 pH 为 6.0，在 0.1 MPa、121℃恒温条件下灭菌 15 min。

C. 培养条件：人工气候箱温度为（20±2）℃，接种初期置于暗处培养，2 周后给予 1500 lx 光强，每天光照时间为 12 h。

D. 试验处理。

a. 不同基本培养基的试验：采用‘韶 18’茎段培养于 WPM、MS、Heller（大量元素）+Nitsch（微量元素）、White 等 4 种不同基本培养基中，在同一激素水平 0.5 mg/L 6-BA、0.2 mg/L NAA（萘乙酸，一种生长素类似物）条件下培养，观察不同基本培养基对愈伤组织诱导的影响。

b. 不同品种试验：把 11 个板栗品种（‘檀桥板栗’‘新田’‘韶 18’‘华光’‘红栗’‘铁粒头’‘安 1’‘新田’‘焦扎’‘石丰’‘九家种’）的茎段接种于 WPM 和 MS 培养基中，在同一激素水平 6-BA 0.5 mg/L、NAA 0.2 mg/L 下，进行观察，比较外植体在这两种培养基中的诱导情况。

c. 不同外植体试验：采用‘韶 18’茎段、叶柄、叶片、胚芽培养于 WPM+0.5 mg/L 6-BA+0.2 mg/L NAA 培养基中，观察其诱导情况。

2）结果与分析

（1）不同基本培养基对板栗愈伤组织诱导的影响　根据不同基本培养基对愈伤组织诱导影响试验的比较分析，可知不同基本培养基对同一品种的诱导情况不同，其诱导率、生长速度和褐变程度都有很大的差异。其中 WPM 和 MS 对‘韶 18’的愈伤组织诱导较好，特别是 WPM 所诱导的愈伤组织色绿、大、生长量大，较适合其愈伤组织的诱导；而 Heller（大量元素）+Nitsch（微量元素）培养基最差，褐变也很严重；White 培养基虽然褐变很轻，但诱导率却很小，未形成愈伤组织的外植体最后死亡，此培养基不适宜板栗的诱导（表 3-1）。

表 3-1 基本培养基对愈伤组织诱导的影响

基本培养基	接种	污染	褐变	成愈	诱导率	诱导情况	色泽	体积
WPM	20	9	严重	13	65	细胞颗粒明显	绿	大
MS	20	4	严重	11	55	细胞颗粒明显	黄	一般
Heller＋Nitsch	20	7	严重	2	10	外植体不变	黄	小
White	20	3	轻	3	15	茎段膨大	黄绿	小

（2）基本培养基对不同品种的诱导情况　结果表明，不同品种板栗的最适基本培养基不同。有些品种较适宜在 WPM 基本培养基中诱导，如‘韶 18’‘檀桥板栗’‘华光’‘新田’，但在 MS 培养基中也能诱导，只是诱导率稍差于 WPM 培养基。‘红栗’最适培养基为 MS，其次为 WPM。另外，有些品种如‘焦扎’‘铁粒头’‘安 1’‘华丰’‘石丰’‘九家种’则在这两种基本培养基中诱导效果都不好，诱导率极低。由此可知，选择适宜的基本培养基是组织培养愈伤组织诱导能否成功的重要因素（图 3-6）。

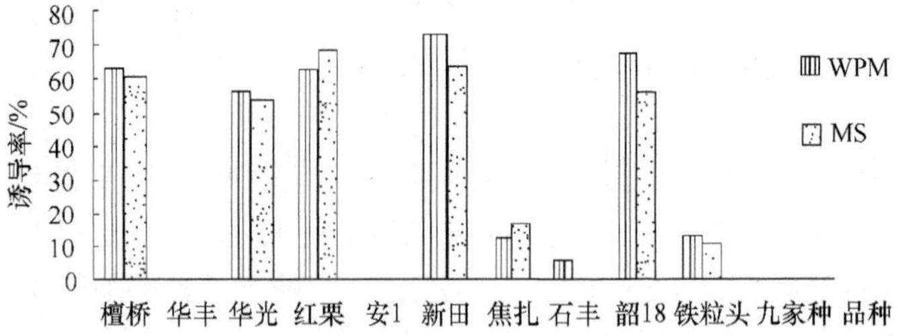

图 3-6 基本培养基对不同品种板栗愈伤组织的诱导情况

（3）不同外植体的诱导情况　一般认为外植体的来源不同，愈伤组织诱导率存在一定差异。因此，本实验考察了茎段、叶柄、叶片、胚 4 种外植体的诱导效果（图 3-7）。结果表明，胚的愈伤组织诱导率最高，主要是由于其污染率最小，且不发生褐变。野外材料以茎段的诱导率最大，为 65%；叶柄次之，为 25%；叶片的诱导情况最差，这是由于叶片的褐变情况极为严重，较难诱导出愈伤组织（表 3-2）。

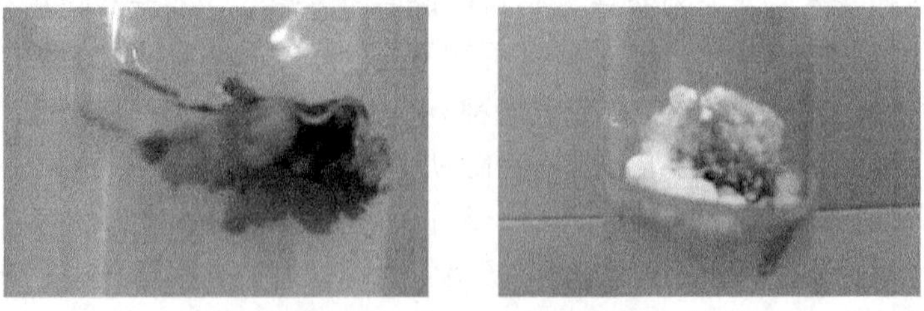

a　　b

图 3-7 不同外植体诱导的愈伤组织

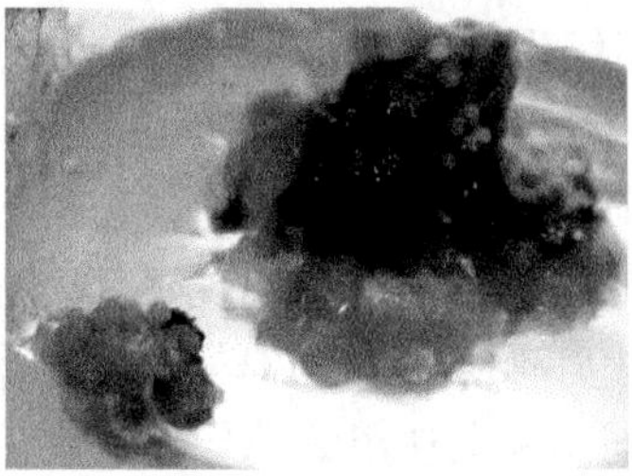

c

d

图 3-7　不同外植体诱导的愈伤组织（续）

a. 叶柄诱导的愈伤组织；b. 胚诱导的愈伤组织；c，d. 茎段诱导的愈伤组织

表 3-2　外植体来源对愈伤组织诱导的影响

外植体来源	接种数/块	成愈数/块	褐变	成愈率/%	愈伤组织产生量
茎段	20	13	＋＋	65.0	多
叶柄	20	5	＋＋＋	25.0	少
叶片	20	1	＋＋＋＋	5.0	少
胚	19	15	－	79.0	多

注：褐色深浅以"＋"多少表示，"－"表示无褐色，即愈伤组织为新鲜的淡黄绿色，以下同

（4）植物生长物质对愈伤组织诱导的影响

A. 细胞分裂素对愈伤组织的诱导：由表 3-3 可知，6-BA 浓度为 0.5 mg/L 时，诱导率较高，褐变程度较小，愈伤组织体积大，效果好，当浓度为 1.5 mg/L 时诱导率虽然也较高，但褐变程度较大，且愈伤组织的色泽较差，体积较小，不适宜板栗愈伤组织的诱导。

表 3-3　不同浓度的细胞分裂素对愈伤组织诱导的影响

6-BA 浓度 /（mg/L）	接种瓶数	褐变数	褐变程度	诱导瓶数	诱导率/%	诱导情况
0.2	24	7	＋	13	54.2	黄绿，体积大
0.5	24	6	＋	17	71.0	黄绿，体积大
1.0	24	5	＋＋	9	37.5	黄绿，体积大
1.5	24	6	＋＋	16	66.7	黄绿带褐，体积小

B. 类似生长素对愈伤组织的诱导：由表 3-4 可以看出，NAA 的浓度不同，诱导的效果也不同，当 NAA 的浓度为 0.2 mg/L 时诱导率最高，且褐变程度较小，愈伤组织为黄绿色，体积也较大。

表 3-4　不同浓度类似生长素对愈伤组织的影响

NAA/（mg/L）	接种瓶数	褐变数	褐变程度	诱导瓶数	诱导率/%	诱导情况
0	24	15	＋＋＋	6	25.0	黄褐，细胞小，体积小
0.1	24	4	＋	14	58.3	黄，体积稍大
0.2	24	6	＋	17	71.0	黄绿，体积大
0.5	24	6	＋＋	10	41.7	黄绿，体积稍大
1.0	24	4	＋＋＋	13	54.2	黄褐，体积稍大

由表 3-3、表 3-4 可知，‘韶 18’愈伤组织诱导的激素配比以 0.5 mg/L 6-BA＋0.2 mg/L NAA 为好。

（5）品种与愈伤组织诱导的关系　同样采用单因子试验，先将不同品种的茎端接种于相同浓度的 NAA、不同浓度的 6-BA 培养基中，观察其诱导情况，得到不同品种愈伤组织诱导较适宜的 6-BA 浓度，然后在此 6-BA 浓度下筛选较适宜的 NAA 浓度，经过多次筛选后，得到不同品种愈伤组织诱导的适宜培养基，结果如表 3-5 所示。

表 3-5　不同品种愈伤组织的诱导

品种	基本培养基	6-BA/（mg/L）	NAA/（mg/L）	PVP/（g/L）	蔗糖/%	琼脂/%	pH
檀桥	WPM	0.2～0.5	0.2	2	3	0.8	6.0
新田	WPM	0.5	0.1～0.2	2	3	0.8	6.0
华光	WPM	0.5～1.0	0.2	2	3	0.8	6.0
红栗	WPM	0.5～1.0	0.2	2	3	0.8	6.0
韶 18	WPM	0.5	0.2	2	3	0.8	6.0

由表 3-5 可以看出，不同品种的愈伤组织诱导的激素配比不同，故在组织培养过程中选择适当的激素配比尤为重要。

（6）继代培养　同样采用单因子试验，将不同品种的愈伤组织进行继代培养，筛选其激素配比，经过多次筛选，得到的结果见表 3-6。

表 3-6　不同品种继代培养激素配比

品种	基本培养基	6-BA/（mg/L）	NAA/（mg/L）	PVP/（g/L）	蔗糖/%	琼脂/%	pH
韶 18	WPM	0.5～1.0	0.2	2	3	0.8	6.0
檀桥	WPM	1.0～1.5	0.1～0.2	2	3	0.8	6.0
新田	WPM	0.5～1.0	0～0.1	2	3	0.8	6.0
华光	WPM	0.5～1.0	0～0.2	2	3	0.8	6.0
红栗	WPM	0.2～0.5	0.2	2	3	0.8	6.0
红栗	WPM	0.2～0.5	0.2	2	3	0.8	6.0

经过一系列试验可知，不同品种继代培养的培养基稍有差异，有些品种如‘韶 18’等在一定浓度范围内如 6-BA 为 0.5～1.0 mg/L，NAA 为 0.2 mg/L，愈伤组织生长良好，在这个范围之外，激素配比不同，愈伤组织的生长情况各有差异（图 3-8）。

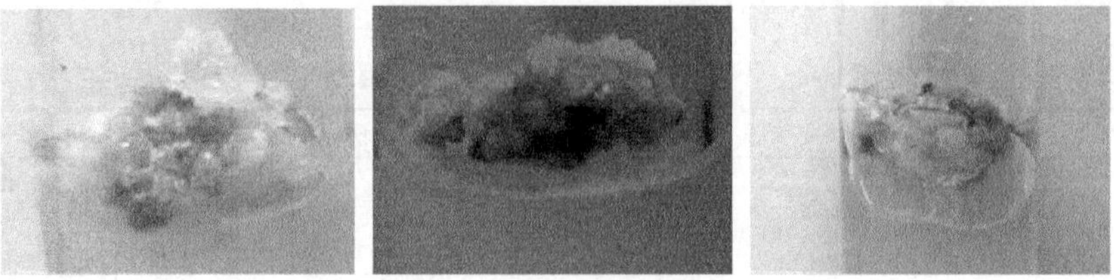

a　b　c

图 3-8　愈伤组织继代培养

d

图 3-8　愈伤组织继代培养（续）

a，b，c. 继代培养生长良好的愈伤组织；
d. 不同浓度的激素配比对‘华光’愈伤组织的影响

（7）不定芽的诱导　采用单因子试验，将不同品种的愈伤组织进行继代培养，筛选其激素配比，经过多次筛选，得到的结果见表 3-7。

表 3-7　不同品种不定芽诱导激素配比

品种	基本培养基	6-BA/（mg/L）	NAA/（mg/L）	PVP/（g/L）	蔗糖/%	琼脂/%	pH
檀桥	WPM	1.0～1.5	0.1～0.2	2	3	0.8	6.0
华光	WPM	1.0～1.5	0～0.2	2	3	0.8	6.0
新田	WPM	0.1～1.0	0.1	2	3	0.8	6.0
红栗	WPM	1.0～1.5	0.1～0.2	2	3	0.8	6.0

把生长情况较好的不同品种板栗愈伤组织接种于不同激素配比的培养基中观察其分化情况。结果：由于激素配比不同，所产生的不定芽的状态不同，如 NAA 浓度较小时，所诱导的不定芽细弱，太大则粗短（图 3-9b）；6-BA 浓度太小时，所诱导的不定芽往往不是丛生芽（图 3-9c）；6-BA 浓度太大则不诱导不定芽，而是继续产生愈伤组织；激素配比不当还会产生畸形芽（图 3-9d、e）。故根据不定芽的各种不同状态，可知最佳激素配比的大体范围。

a　　b　　c

图 3-9　不同激素下愈伤组织诱导不定芽的情况

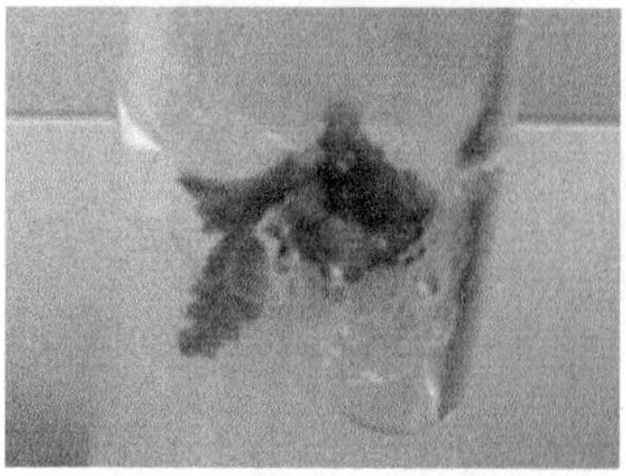

d

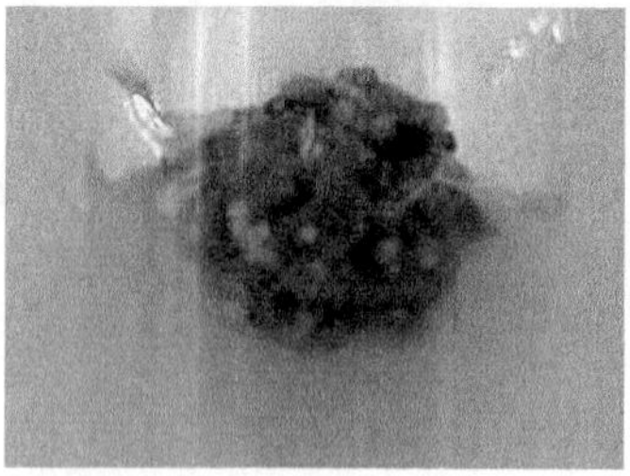

e

图 3-9 不同激素下愈伤组织诱导不定芽的情况（续）

a. ‘檀桥’愈伤组织于 WPM＋1.5 mg/L 6-BA＋0.2 mg/L NAA；
b. ‘红栗’愈伤组织于 1.5 mg/L 6-BA＋0.1 mg/L NAA，培养时间过长的细弱丛生芽，应加大 NAA 的浓度； c. ‘红栗’愈伤组织于 1.0 mg/L 6-BA＋0.2 mg/L NAA，诱导的 6-BA 浓度太低，NAA 浓度太大； d，e. 畸形芽

图 3-10 生长的不定根

（8）诱导生根 在培养过程中，曾从‘华光’愈伤组织中直接诱导出根（图 3-10），培养基配比为：WPM＋1.0 mg/L NAA，但其他品种（‘韶 18’‘檀桥’‘新田’‘红栗’）却未曾诱导出不定根。

3. 不同品种各状态过氧化物同工酶谱分析

1）材料与方法

（1）试验材料 野外材料：于 9 月采自湖南省林业科学院板栗试验园的不同品种板栗叶片，包括‘檀桥板栗’‘新田’‘韶 18’‘华光’‘红栗’‘铁粒头’‘安 1’‘华丰’‘焦扎’‘石丰’‘九家种’等 11 个品种，编号见表 3-8。愈伤组织：接种于 WPM＋0.5 mg/L 6-BA＋0.2 mg/L NAA 培养基中培养 5 d 左右长势良好的愈伤组织。

表 3-8 不同品种材料编号

品种	铁粒头	檀桥板栗	安 1	新田	焦扎	韶 18	华丰	华光	红栗
野外材料品种编号	1	2	3	4	5	6	7	8	9
愈伤组织品种编号		Y2		Y4		Y6		Y8	Y9

注：因为‘石丰’‘九家种’数据缺乏，故表中未列出

（2）试验方法 过氧化物同工酶分析方法：称取 1 g 叶片或愈伤组织于预冷研钵中，加入稀释 4 倍的浓缩胶缓冲液 5 mL 和 0.5%的 PVP 溶液 0.05 mL，冰浴中研成匀浆，1000 r/min 离心 15 min，取上清液进行同工酶分析。采取聚丙烯酰胺垂直平板电泳法，分离胶浓度为 7.5%，电极缓冲液为 Tris-甘氨酸缓冲液（pH 8.3），4℃、30 mA 下电泳 4 h 左右。过氧化物酶同工酶染液（2%联苯胺 40 mL，0.6% H_2O_2 40 mL，70.4 mg 维生素 C，然后加水至 50 mL）。室温下染色 2～10 min，

3%～7%乙酸中保存，并扫描。求出各谱带的迁移率 R_f（R_f=酶带移动距离/指示剂移动距离）及酶谱相似系数 S（$S=[2w/(a+b)]\times100\%$），其中 a、b 和 w 分别代表 a 材料、b 材料和 a 材料、b 材料相同的酶谱带。

2）结果与分析

（1）不同品种野外叶片过氧化物同工酶谱分析（图 3-11）　由图 3-12 可以看出，这 9 个品种的野外材料主要有 4 个区，且各品种成熟叶片过氧化物同工酶谱都有相同的 B 区中的 c、d 带，说明这两条带是板栗叶片的专一酶谱或酶带，各品种间又有差异，这反映了叶片过氧化物同工酶的品种专一性。另外，根据相似矩阵表（表 3-9），可以看出这 9 个品种的酶谱具有相似性，相似系数最小的为 0.364，最大的为 0.9333，品种间的相似性说明决定各品种间 POD（过氧化物酶）同工酶的结构基因具有相似性，各品种间具有较近的亲缘关系，相似性越大，两品种间的亲缘关系越近。

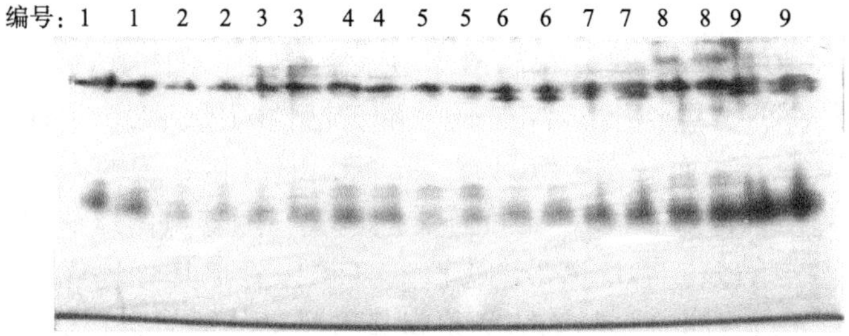

图 3-11　不同品种叶片过氧化物同工酶图谱

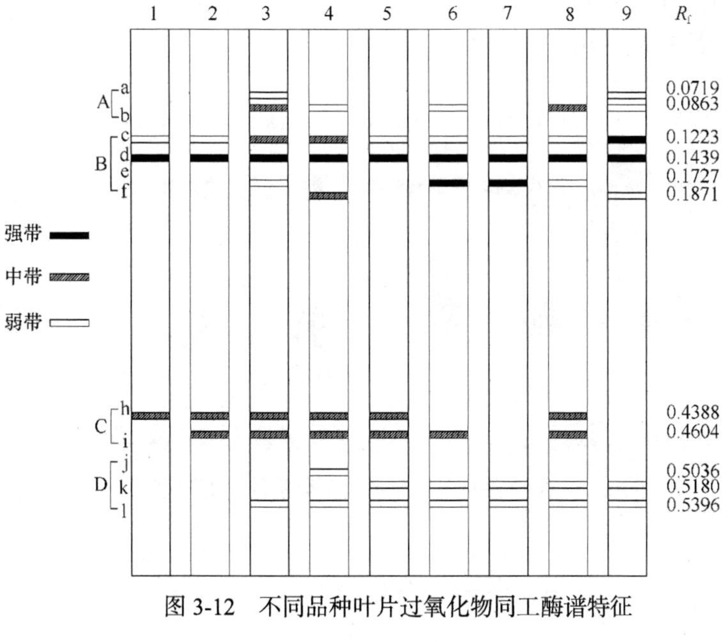

图 3-12　不同品种叶片过氧化物同工酶谱特征

表 3-9 不同品种叶片过氧化物同工酶谱相似系数矩阵表

编号	1	2	3	4	5	6	7	8	9
1	1								
2	0.857	1							
3	0.545	0.667	1						
4	0.545	0.667	0.750	1					
5	0.667	0.800	0.714	0.714	1				
6	0.400	0.545	0.667	0.667	0.769	1			
7	0.500	0.444	0.615	0.615	0.727	0.833	1		
8	0.545	0.667	0.875	0.750	0.857	0.933	0.769	1	
9	0.400	0.364	0.667	0.667	0.615	0.714	0.667	0.667	1

（2）同一品种不同材料过氧化物同工酶谱分析　由图 3-13、图 3-14 可以明显看出，野外材料与愈伤组织 POD 同工酶谱活性相差较大。野外材料酶带数目多，都具有 4 个区，而愈伤组织只有 1 个区，即 B 区，说明外植体脱分化为愈伤组织的过程中，伴随着一些 POD 酶带的消失，随着愈伤组织的分化，POD 也逐渐增强，谱带增多，故从谱带的多少，还可以看出其分化程度的差异。另外，由表 3-10 可知，同一品种不同的材料具有相同的酶带，相似性为 0.286～0.545，这是因这两种材料为同一品种，具有共同的遗传特征。而不同品种愈伤组织之间的相似性为 0.333～0.857，相似性较大，主要是因为虽然不是同一品种，但材料相同，都是愈伤组织，状态相似。

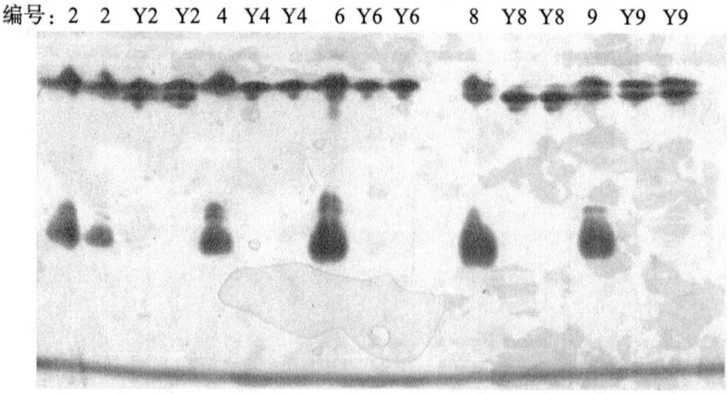

图 3-13 同一品种不同材料过氧化物同工酶图谱

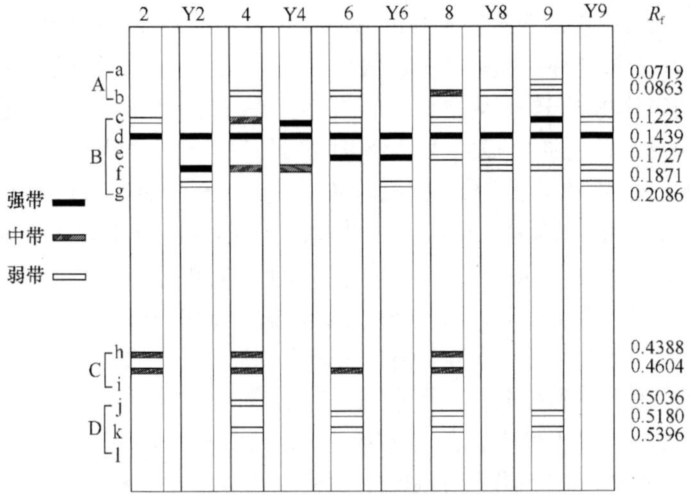

图 3-14　同一品种不同材料过氧化物同工酶谱特征

表 3-10　同一品种不同材料过氧化物同工酶谱相似系数矩阵表

编号	2	Y2	4	Y4	6	Y6	8	Y8	9	Y9
2	1									
Y2	0.286	1								
4	0.667	0.364	1							
Y4	0.571	0.667	0.545	1						
6	0.545	0.200	0.667	0.400	1					
Y6	0.285	0.333	0.182	0.667	0.400	1				
8	0.667	0.182	0.750	0.364	0.933	0.364	1			
Y8	0.250	0.571	0.500	0.571	0.545	0.571	0.500	1		
9	0.364	0.400	0.667	0.600	0.714	0.200	0.667	0.545	1	
Y9	0.500	0.857	0.500	0.857	0.364	0.571	0.333	0.500	0.545	1

4. 板栗组织培养过程中的褐变研究

1）材料与方法

（1）材料　本试验褐变研究材料为‘韶 18’继代培养的愈伤组织，培养基为 WPM＋0.8mg/L 6-BA＋0.2 mg/L NAA。

（2）方法　包括以下几种方法。

A. 过氧化物酶（POD）活性测定方法。过氧化物酶活性的测定按张志良（1990）的方法进行：称取愈伤组织 1 g 左右，加入 20 mmol/L KH_2PO_4 5 mL，于研钵中研磨成匀浆，以 4000 r/min 离心 15 min，倾出上清液保存在 4℃，残渣再用 5 mL KH_2PO_4 溶液提取 1 次，合并 2 次上清液，存于 4℃冰箱中备用。对照液为 1 mL KH_2PO_4 加入 3 mL 反应混合液（100 mmol/L pH 6.0 的磷酸缓冲液加入 28 μL 的愈创木酚，加热搅拌，冷却后加入 30%过氧化氢 19 μL 混合均匀，保存于冰箱中）。

反应体系为 3 mL 反应混合液加入 1 mL 酶液，在 UV-754 型分光光度计上测定 470 nm 下的 OD 值。以每分钟每克鲜样 OD 值变化 0.001 为 1 个酶活单位（U）。

B. 多酚氧化酶（PPO）活性测定方法。多酚氧化酶（PPO）活性的测定：分别称取各样品 1 g 左右，加入 0.25 g 聚乙烯吡哆烷酮（PVP）及少许石英砂和 8 mL（pH 6.0）磷酸缓冲液，在冰浴下充分研磨成匀浆。再加 2 mL 缓冲液，在 10 000 r/min 下冷冻离心 15 min，上清液为酶提取液。反应体系为 1 mol 0.1 mol/L 邻苯二酚，0.1 mL 酶液，2.9 mL 磷酸缓冲液。在 UV-754 型分光光度计上读取光密度值，测定波长为 420 nm，每 10 s 读 1 次数，共读 2 min，以每分钟 OD 值增加 0.001 为 1 个酶活单位（U）。

C. 总酚含量的测定。参考李焕秀的研究方法，进行改进。将所取得的供试材料在分析天平上精确称取，进行研磨提取，提取液为 5 mL 50%的乙醇（pH 3.0），充分提取后过滤，适当稀释后在 UV-754 型分光光度计上读取光密度值，检测波长为 430 nm。以邻苯二酚作标准曲线，计算每克样品中总酚的质量。

2）结果与分析

（1）不同浓度、不同种类的抗褐变剂对愈伤组织褐变的影响　在相同激素水平的同一种基本培养基中，加入不同浓度的抗坏血酸、活性炭（AC）及（PVP）。15 d 后观察愈伤组织褐变情况，并测定过氧化物酶和多酚氧化酶的活性。

由表 3-11 可知，板栗愈伤组织继代培养时，培养基中添加一定量的维生素 C、活性炭、PVP 等抗褐变剂能比较明显地抑制板栗的褐变，减轻愈伤组织和培养基的褐变，从而促进愈伤组织的生长。

表 3-11　不同浓度抗氧化剂和吸附剂对褐变的影响

抗褐变剂种类	抗褐变剂浓度	接种瓶数	褐变情况	褐变数	褐变率/%
维生素 C	100 mg/L	15	++	8	53.3
	200 mg/L	15	++	9	60.0
活性炭	1 g/L	15	+++	10	66.7
	2 g/L	15	+++	9	60.0
	4 g/L	15	++	9	60.0
PVP	2 g/L	15	+	11	73.3
	4 g/L	15	+	8	53.3
	6 g/L	15	+	6	40.0
对照	无	15	++	12	80.0

褐变剂种类不同，其效果不同，其中 PVP 对于防止外植体褐变效果最好，外植体褐变度最小，褐变率最小的仅为 40%，为对照 80%的一半。维生素 C 较差些，最小的为 53.3%。活性炭的效果最差，最小为 60%。

抗褐变剂浓度不同，效果也不同，PVP 浓度从 2 g/L 增大到 6 g/L 时，随着浓度增大，外植体的褐变率降低，浓度为 6 g/L 的效果最好，浓度为 4 g/L 的效果较好；100 mg/L 的维生素 C 比 200 mg/L 效果更好，褐变率分别为 53.3%和 60.0%；

对于活性炭来说，1 g/L 减轻褐变的效果最差，与 2 g/L 和 4 g/L 相比，褐变程度最大，褐变率最高，随着浓度的增加，褐变程度降低，褐变率变化较小。

在培养基中添加不同浓度的抗褐变剂，各处理的 POD 和 PPO 活性有所差异（图 3-15，图 3-16）。总体而言，活性炭的 POD 和 PPO 活性最大，特别是浓度为 1 g/L 时，这两种酶活性最大，随着活性炭的浓度增大，POD 和 PPO 活性降低。另外，从总趋势来说，POD 活性大的 PPO 活性也要大些，但也有个别的不同，如对照 POD 活性最小，可是 PPO 活性却处于中等水平。

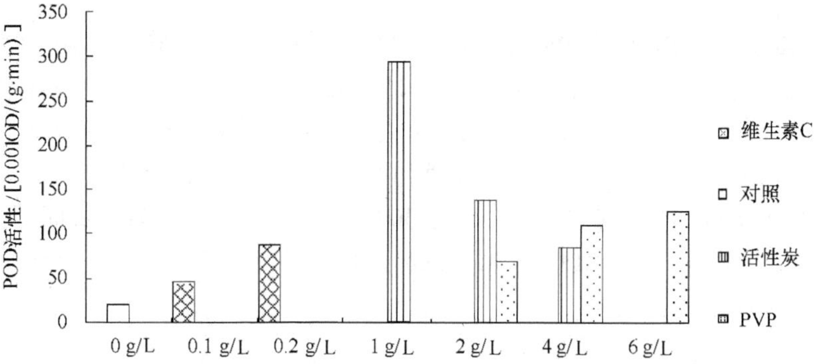

图 3-15　不同浓度抗氧化剂和吸附剂处理对 POD 活性的影响

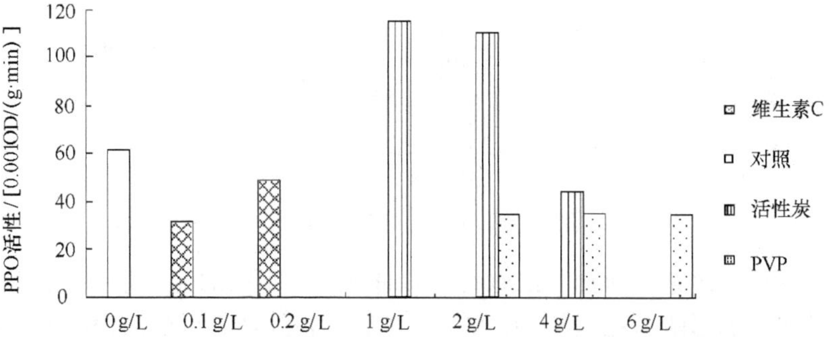

图 3-16　不同浓度抗氧化剂和吸附剂处理对 PPO 活性的影响

（2）不同浓度的 $AgNO_3$ 对愈伤组织褐变的影响　把‘韶 18’愈伤组织切成小块，接种于 WPM＋0.5 mg/L 6-BA＋0.2 mg/L NAA 培养基上，培养基中添加蔗糖 30 g/L，琼脂 8 g/L，调节 pH 为 6.0，并加入不同浓度的 $AgNO_3$，在光强 1500 lx、光照时间 12 h/d、培养温度（20±2）℃的条件下，培养 1 个月，观察愈伤组织的生长情况及褐变情况。

一定浓度的 $AgNO_3$ 有助于愈伤组织的分化，还在一定程度上降低了褐变率，当 $AgNO_3$ 为 10 mg/L 时，愈伤组织有分化现象，有 3 瓶愈伤组织产生了不定芽，并且褐变率最低；浓度增大，愈伤组织的褐变率提高，褐变程度加大，愈伤组织的体积小于对照，说明 100 mg/L 的 $AgNO_3$ 对细胞的分裂和生长产生了抑制作用。

因此，$AgNO_3$ 的使用浓度应该在一定的范围内（表 3-12）。

表 3-12　不同浓度的 $AgNO_3$ 对愈伤组织褐变的影响

$AgNO_3$/（mg/L）	接种瓶数	褐变数	褐变率/%	褐变度	愈伤组织生长情况	愈伤组织分化情况
0	30	11	36.7	++	愈伤组织黄褐色，体积大	无
10	30	9	30.0	++	愈伤组织微褐色，体积一般	3 瓶产生不定芽
100	30	17	56.7	++++	愈伤组织褐黄色，体积小，细胞小	无

不同浓度的 $AgNO_3$ 对 PPO 和 POD 活性的影响不同，培养基中 $AgNO_3$ 浓度为 10 mg/L 时，外植体的 PPO 活性最低；为 100 mg/L 时，PPO 活性最大，这与其褐变率最小是一致的，所以 PPO 活性与褐变率呈正相关（图 3-17）。但 POD 活性变化与褐变率不呈相关性，随着 $AgNO_3$ 的浓度的增大，POD 的活性也随之增大，$AgNO_3$ 的浓度为 10 mg/L 时，褐变率最小，为 30.0%，褐变程度也最轻，此时的 POD 活性并不是最小的，为 0.0181 OD/（g · min），比对照 0.0121 OD/（g · min）大。

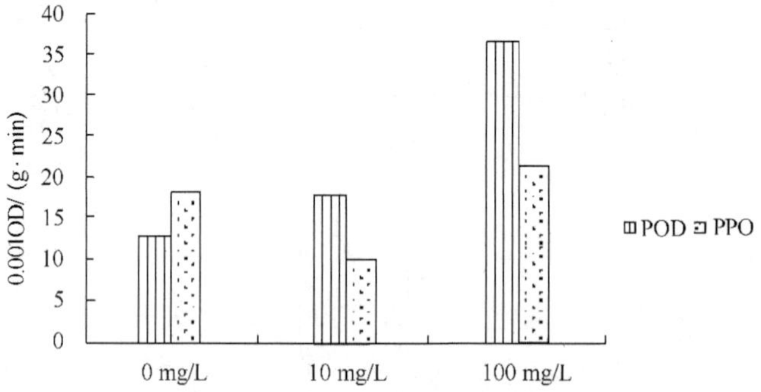

图 3-17　不同浓度的 $AgNO_3$ 对 POD 和 PPO 活性的影响

（3）不同光照条件对愈伤组织褐变的影响　不同的光照条件对愈伤组织的诱导及其褐变的影响存在差异，接种 1 个月后对各处理进行观测，结果见表 3-13，暗处培养有利于减轻褐变，但愈伤组织由于缺乏光照，叶绿素含量不足，呈黄白色，因此不能长期暗处理，而全光照下褐变最严重。

表 3-13　不同光照条件对褐变的影响

培养条件	接种瓶数	培养情况	褐变情况		POD 活性/［0.001OD/（g·min）］	PPO 活性/［0.001OD/（g·min）］
			培养基褐变情况	愈伤组织褐变情况		
黑暗	19	愈伤组织黄白色	4 瓶微褐，色度+	1 瓶微褐，色度+	991.4	24.5
12 h 光照	19	愈伤组织黄绿色	3 瓶微褐，色度++	3 瓶微褐，色度++	979.9	27.3
全光照	19	愈伤组织黄绿且有点褐色	6 瓶褐变较严重，色度+++	4 瓶褐变，色度++	1298.6	37.6

另外，由表 3-13 中 POD 和 PPO 活性对比可知，暗处理的 POD 活性高于 12 h 光照处理组，低于全光照组；PPO 活性都比其余两种处理低，这与其褐变较轻是一致的（暗处理愈伤组织的褐变程度比 12 h 光照处理和全光照处理的愈伤组织褐变程度轻）。

（4）不同温度对愈伤组织的影响　由表 3-14 可知，温度不同，愈伤组织的褐变率有很大的差异，温度降低，褐变率明显减小。19℃下褐变率仅为 6.67%，愈伤组织增殖体积较大，生长情况较好；而温度升高至 24℃时，褐变率增大到 25.0%，愈伤组织增殖体积较小，生长情况较差。所以，19℃较适宜板栗愈伤组织的培养。

表 3-14　不同温度对愈伤组织的影响

培养温度/℃	接种瓶数/瓶	褐变瓶数/瓶	褐变率/%	愈伤组织生长情况
19	60	4	6.67	黄绿色且增殖体积较大
24	60	15	25.0	黄绿带褐色，体积较小

（5）不同 pH 对愈伤组织褐变的影响　把‘韶 18’愈伤组织切成小块，接种于 WPM＋0.5 mg/L 6-BA＋0.2 mg/L NAA 培养基上，添加蔗糖 30 g/L，琼脂 8 g/L，调节 pH 为 5.2、5.4、5.8、6.0、6.2，在光强 1500 lx、光照时间 12 h/d、培养温度（20±2）℃的条件下，培养 1 个月，观察愈伤组织的生长情况及褐变情况。结果见表 3-15、图 3-18 和图 3-19。

表 3-15　不同 pH 对愈伤组织褐变的影响

pH	接种瓶数	褐变数	褐变率/%	褐变度	培养情况
5.2	20	13	65.0	+++	愈伤组织生长慢
5.4	20	12	60.0	++	愈伤组织生长较慢
5.8	20	11	55.0	++	愈伤组织生长较快
6.0	20	10	50.0	+	愈伤组织生长快
6.2	20	12	60.0	++	愈伤组织生长较慢

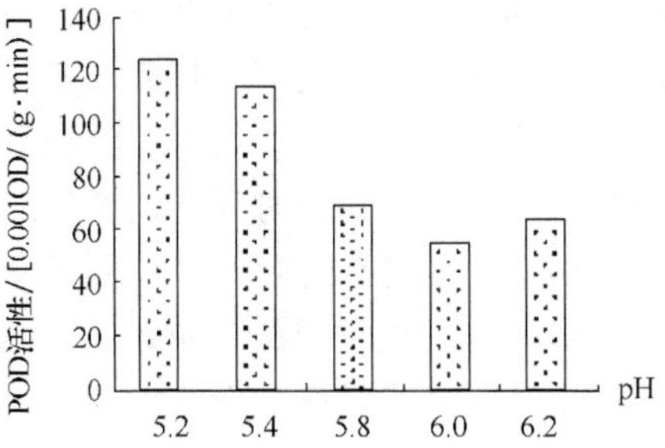

图 3-18　不同 pH 对 POD 活性的影响

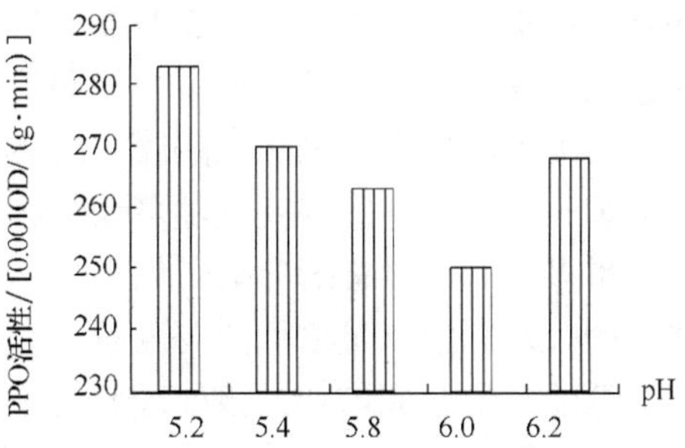

图 3-19　不同 pH 对 PPO 活性的影响

结果表明，pH 对愈伤组织的生长和褐变的抑制都有较大的影响。在 pH 为 5.2 时，愈伤组织生长很慢，且褐变率最高，褐变程度最重，POD 活性和 PPO 活性都最高。随着 pH 的升高，愈伤组织的生长加快，褐变率降低，POD 和 PPO 活性也降低，到 pH 为 6.0 时，褐变率最小，POD 和 PPO 活性最低，当 pH 为 6.2 时褐变率又增大，褐变程度加强，生长减慢。由此可知，在 pH 为 5.8～6.0 时，板栗愈伤组织的生长速度较高，且褐变程度也较小，特别是 pH 为 6.0 时最好。

（6）不同伤害程度对愈伤组织褐变的影响　把‘韶 18’接种于 WPM＋0.5 mg/L 6-BA＋0.2 mg/L NAA 培养基中，添加蔗糖 30 g/L，琼脂 8 g/L，培养温度为（20±2）℃。接种材料设 4 种处理：A 为对照，不进行切割；B 为切一刀处理；C 为切两刀处理；D 为切碎成小颗粒。接种后，从第 2 天开始每隔 5 d 观察愈伤组织的褐变情况，并测定总酚含量。

标准曲线的制作：配制 0 μg/mL、1.0 μg/mL、2.5 μg/mL、5.0 μg/mL、10.0 μg/mL、15.0 μg/mL、20.0 μg/mL、25.0 μg/mL 系列浓度的邻苯二酚溶液，在 UV-754 型分光光度计上，于 430 nm 处读取吸光值。结果表明浓度与其吸光值呈线性关系，并得线性回归方程为 $y=0.0003x+0.0081$，相关系数为 0.9896（图 3-20）。

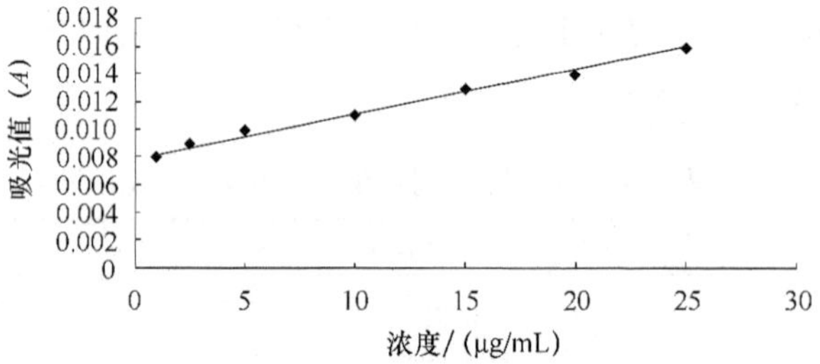

图 3-20　浓度与吸光值的关系

由图 3-21 和表 3-16 可知，4 种处理在组织培养期总酚含量都有随培养时间延长逐渐增高的趋势，而且在培养后期增高的幅度增大，同样，褐变度也随着时间的推移而加剧。其中，在 2 d 时各处理总酚含量都比对照处理总酚含量少，但此时愈伤组织和培养基的褐变度比对照严重，说明切割使细胞破碎，打破了多酚氧化酶与酚类物质之间的区域隔膜，酚类物质被释放出来，所以愈伤组织的酚类物质减少，而培养基的褐变度随着切割程度的增加而增加。随着时间的延长，总酚含量增多，而对照总酚含量变化不大。到 10 d 后对照的总酚含量最少，而切割越严重的处理总酚含量增加的幅度越大。到 15 d 后切碎的处理总酚含量最多，说明此时总酚含量合成增加，该处理此时的褐变程度最重。所以在培养过程中，总酚的合成与褐变度呈正相关。

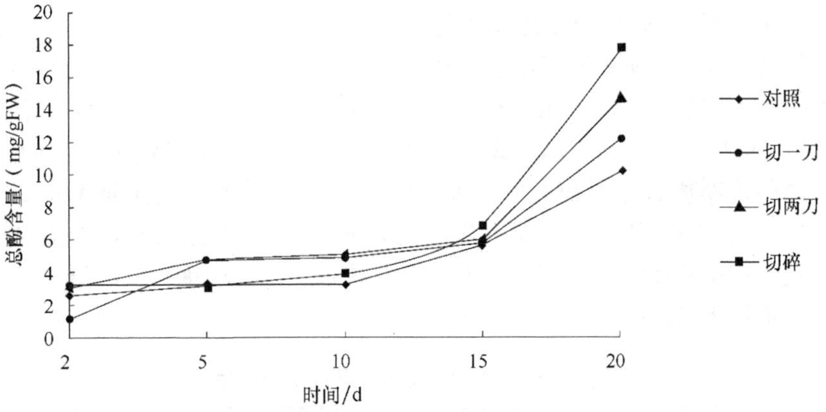

图 3-21　不同伤害处理总酚含量动态变化

表 3-16　不同伤害处理褐变度的动态变化

处理	2 d		5 d		10 d		15 d		20 d	
	愈伤组织	培养基	愈伤组织	培养基	愈伤组织	培养基	愈伤组织	培养基	愈伤组织	培养基
对照	＋	－	＋	－	＋	－	＋＋	－	＋＋	＋
切一刀	＋	＋	＋	＋	＋	＋	＋＋	＋	＋＋	＋
切两刀	＋＋	＋	＋＋	＋	＋＋	＋＋	＋＋＋	＋＋	＋＋＋	＋＋
切碎	＋＋	＋＋	＋＋	＋＋	＋＋	＋＋	＋＋＋	＋＋＋	＋＋＋	＋＋＋

5. 讨论

（1）培养基对愈伤组织诱导的影响　适宜的基本培养基对林木组织培养的成功起关键作用，通常不同植物所需的基本培养基不同。目前植物组织培养的基本培养基有很多，常用培养基有 MS、B_5、White 等。其中以 MS 应用最为广泛，无论是在液体条件下进行悬浮培养，还是在固体条件下进行愈伤组织诱导和形态分化建成的研究都有广泛的应用。但由于 MS 培养基含盐量较高，不适宜某些植物的生长与发育。近年来，WPM（Woody plant medium）培养基越来越多地应用于木本植物的组织培养中，MS 与 WPM 的主要差异是，前者具有相对较高的盐浓度。

研究发现基本培养基对板栗愈伤组织的诱导起着重要作用。在 WPM、MS、Heller＋Nitsch、White 等 4 种培养基的愈伤组织诱导试验中发现，不同品种板栗愈伤组织诱导的最适培养基有所差异，'韶 18''檀桥''华光''新田'最适培养基为 WPM，但在 MS 培养基中也能诱导，只是诱导率不如在 WPM 培养基中高。'红栗'最适培养基为 MS，其次为 WPM，而'焦扎''铁粒头''安 1''华丰'这些品种在 WPM 和 MS 培养基中诱导效果都不好。另外，据报道欧洲栗适宜培养基为 Heller＋Nitsch 培养基，但本试验所用的中国板栗品种在 Heller＋Nitsch 培养基中效果都不如 WPM 和 MS 培养基。

比较这 4 种培养基的离子浓度（表 3-17），可以发现：MS 培养基总氮量最高，是 WPM 培养基的 4.1 倍、Heller＋Nitsch 培养基的 8.5 倍左右、White 培养基的 18.02 倍；Heller＋Nitsch 和 White 都不含铵态氮；MS 和 WPM 的 Ca^{2+}浓度相近，而其他两种培养基的 Ca^{2+}浓度低得多；MS 培养基的有机物含量是 White 培养基的 10 倍。由此可见，不同品种栗树愈伤组织的诱导和细胞生长对培养基中氮的含量和形式、有机物质含量的要求有差异。总的来说，要求总氮量、Ca^{2+}浓度、有机物含量不能太低。

表 3-17　4 种培养基中离子浓度的比较

离子	单位	培养基			
		MS	WPM	Heller＋Nitsch	White
NH_4^+	mmol/L	20.610	4.940	—	—
NO_3^-	mmol/L	39.400	9.640	7.050	3.330
总 N	mmol/L	60.010	14.580	7.050	3.330
P	mmol/L	1.250	1.250	0.900	0.144
K	mmol/L	20.040	12.610	10.050	1.670
Ca	mmol/L	2.990	3.000	0.510	1.270
Mg	mmol/L	1.500	1.500	1.010	3.040
Cl	mmol/L	6.000	1.310	11.080	0.872
Na	mmol/L	0.224	0.224	7.966	2.958
S	mmol/L	1.730	7.440	0.996	4.500
Fe	μmol/L	100.000	100.000	100.000	12.500
B	μmol/L	100.000	100.000	161.800	24.200
Mn	μmol/L	100.000	100.000	112.000	22.400
Zn	μmol/L	30.000	30.000	112.000	10.400
Cu	μmol/L	0.100	0.100	0.100	0.040
Mo	μmol/L	1.000	1.000	1.000	0.007
I	μmol/L	5.000	—	—	5.000

注：“—”表示对应培养基不含这种离子

综上可知，不同品种的栗树所适宜的基本培养基不同，相比较而言，WPM 培养基对大多数中国板栗愈伤组织的诱导效果都较好。

（2）抗褐变剂对愈伤组织的影响　一般认为在自然条件下，酚氧化酶和其底物处在正常组织内的不同部位，细胞中的酚和醌之间保持一种动态平衡，醌类物质水平较低，当细胞受伤或衰老时，酚氧化酶释放或合成，在合适的 pH、温度等条件下，酚氧化酶、酚类（底物）和氧气发生氧化反应，形成有毒的醌类物质。当外植体组织被切割和接种时，损伤切面细胞中酚类物质被氧化成醌，切面迅速变成棕褐色或暗褐色，这些褐色物会逐渐扩散到培养基中，抑制其他酶的活性，毒害整个外植体组织。防褐剂一般可分为防止酚氧化的抗氧化剂和吸收醌类物质的吸附剂两大类。常用的抗氧化剂有硫代硫酸钠、苏糖二硫醇、维生素、间苯二酚、柠檬酸等。抗氧化作用通常有两种：一种是酚氧化酶抑制物，如维生素 C 将该酶的辅基 Cu^{2+} 还原成 Cu^{+}；EDTA 可以把 Cu^{2+} 从酶中螯合出来而抑制酶的活性。另一种是影响酚类化合物与酶结合的物质，如硫脲、亚硫酸氢钠、二乙基二硫代氨基甲酸钠等。常用的吸附剂有聚乙烯吡咯烷酮（PVP）和活性炭（AC）等。AC 和 PVP 均有较强的吸附能力，均能吸附外植体表面所形成的酚类物质，而起到抑制褐变的作用，这在核桃、苹果等植物的研究中都有报道。和抗氧化剂一样，不同吸附剂对不同植物的有效程度不同。例如，龙眼中 AC 比 PVP 有效，而对甜柿则 PVP 比 AC 更有效。

抗氧化剂对抑制板栗愈伤组织继代培养过程中的褐变现象有较明显的作用，在所用的几种抗氧化剂中，维生素 C 对于防止外植体褐变效果最好，适当浓度的维生素 C 能有效降低 PPO、POD 的活性，减轻板栗愈伤组织的褐变，促进愈伤组织的生长。其中，浓度为 100 mg/L 时，效果最好，浓度过高会对植物组织的生长产生不良影响。

吸附剂对板栗愈伤组织的褐变有抑制作用，其中以 PVP 的抑制效果最明显，而 AC 效果与之相比较差，AC 浓度不同，效果也相异，当浓度为 4 g/L 时，愈伤组织的 PPO 和 POD 活性均降低。活性炭对物质的吸附选择性差，它除了能从培养基中吸附酚类物质外，还会吸附无机盐、激素等物质。然而其浓度并非越高越好，随其浓度提高会使植物组织产生伤害，反而会提高 PPO 和 POD 的活性，生长速度下降。

（3）同工酶变化对愈伤组织的影响 同工酶是指具有相同或相似催化功能而分子结构不同的一类酶，同工酶谱可以反映基因产物的变化和生物生长发育的过程。在器官发生及体细胞胚形成过程中，一些酶活性及同工酶谱都有显著的变化，因而可作为研究分化和发育基础变化的灵敏指标。POD 是广泛存在于各种动物、植物和微生物中的一类氧化酶，催化由过氧化氢参与的各种还原剂的氧化反应：$RH_2+H_2O_2 \longrightarrow 2H_2O+R$。过氧化物同工酶是一种酶的多分子形式，它是生物体基因存在和表达的间接反映，参与植物体内各种生理代谢。Rewal 等研究了单倍体烟草形态发生中多种酶与器官发生的相关性，他们发现，在许多酶变化中，只有 POD 活性及其同工酶的变化可作为器官再生的一个有用标记。

从 20 世纪 50 年代发展至今，同工酶越来越广泛地应用在生理生化及遗传育种等方面，近年来，不少学者利用同工酶谱的变化对组织培养中的细胞脱分化与再分化、胚性愈伤组织与非胚性愈伤组织、再生植株与母体植株之间的差异进行了研究，并探讨其分子机制。

对菜豆、玉米、山新杨等的研究表明，在组织培养中，同一基因型不同来源的外植体一旦形成愈伤组织，就失去了原来器官所专一的同工酶带，而具有相似的属于愈伤组织所特有的同工酶带。因此，在同一基因型中，愈伤组织与野外材料之间的生化差异是它们本质上的差异。在本试验中，野外材料具有 4 个区，而愈伤组织则只有 1 个区即 B 区，由此可知，A、C、D 区为野外材料叶片所专一的同工酶带。

另外，愈伤组织的分化和形态建成是一个复杂的、受多种内外因素调控的过程，各种因子共同作用的结果，导致细胞内发生一系列的基因调节活动。有的基因表达得以开启或加强，而另一些基因表达得以阻遏或关闭，这以后才引起细胞结构、功能和生理生化特征的相应变化。通常情况下，细胞中的生理生化变化总是先于组织形态的可见变化，同工酶的变化往往是先于形态变化的，所以同工酶谱的变化可以用于组织培养中愈伤组织的鉴定和形态建成等方面的研究。研究人员以花椰菜为材料研究了分化、脱分化过程 POD 的变化，结果表明，分化过程中 POD 活性高于脱分化过程，分化与脱分化过程中 POD 同工酶谱上均有新的酶带出现。本试验的结果也表明，同工酶谱的变化可用来作为鉴别组织分化状态的指标。豌豆生长快的愈伤组织过氧化物酶带也多，另外，在大麦、小麦愈伤组织分化根芽的过程中，伴随着一些过氧化物酶带的消失，并有新的酯酶带出现。这说明过氧化物酶带的多少与生长速度有关，同时与形态发生也有一定的相关性。在本试验中同一品种愈伤组织与野外材料之间的同工酶谱差异，可能是不同分化与发育阶段上的差异，而不同品种野外材料之间同工酶谱的差异，则说明了其中的特异性。因此可由其同工酶谱带分析得知同一品种愈伤组织的分化程度及不同品种之间的亲缘关系，同时也能为探讨板栗形态发生的分子生物学机制奠定基础。

（4）$AgNO_3$ 与植物离体培养及褐变的关系　$AgNO_3$ 的作用主要表现在以下几个方面：促进愈伤组织的器官发生与体细胞胚胎发生；促进一些再生困难种芽的产生；增加外植体产生不定芽的数目及提高植株再生频率；可防止培养物的褐化与玻璃化。

植物组织培养是在密闭或半密闭的容器中进行的，因此植物细胞会产生乙烯并逐渐累积，累积的乙烯可使培养物的生长分化受到影响。受到伤害的外植体易产生较多的乙烯，特别是在切口处。$AgNO_3$ 是一种较好的乙烯活性抑制剂，因此大多数人认为 $AgNO_3$ 是竞争性地作用于乙烯作用部位而促进器官发生和体细胞胚胎发生的。

陈学好和赵有为（1993）认为，$AgNO_3$ 能降低 POD 的活性，而周群初等（1997）则认为 $AgNO_3$ 能提高 POD 的活性。沈同和王镜岩（1990）认为 Ag^+ 是大多数酶的不可逆抑制剂，因此，它能降低 POD 的活性。艾辛等（2000）

的试验证明，$AgNO_3$ 能提高 POD 的活性且能诱发产生新的同工酶，还能提高 PPO 和 SOD 的活性，认为这些氧化酶在 $AgNO_3$ 处理后活性增强和产生新的同工酶是植物对 Ag^+ 胁迫而产生的生理反应。李大辉等（1999）研究 Cd^{2+}、Hg^{2+} 对菱幼苗超氧化物歧化酶和过氧化物酶的影响时发现，较低浓度的 Cd^{2+}、Hg^{2+} 能提高酶的活性，并且认为重金属胁迫氧自由基增多，超氧化物歧化酶和过氧化物酶活性增强是氧自由基诱导的结果。Ag^+ 为重金属，同样也能使氧自由基增多。

本试验结果表明，随着 $AgNO_3$ 浓度的增大，POD 的活性也提高，当 $AgNO_3$ 浓度为 100 mg/L 时，POD 活性为 0.0373 OD/（g · min），约为 10 mg/L 时的 2 倍，为未添加 $AgNO_3$ 时的 3 倍左右。所以本试验认为 $AgNO_3$ 能提高 POD 的活性。

（5）伤害程度与褐变的关系　根据现有研究认为，褐变主要是因为膜结构的破坏或细胞中物质区域化分布的破坏，使分布在液胞内具有潜在毒性的酚类物质渗出，从而与分布在各种质体或细胞质内的多酚氧化酶相互作用，引起一系列反应，产生褐色物质。即膜的破坏使植物组织原来存在的酚类物质直接与 PPO 反应而产生褐变。本试验研究不同伤害程度与愈伤组织总酚含量之间的关系，并且提出，褐变不仅是因为原有的酚类与 PPO 反应，还由于伤害作用产生了新的酚类化合物，从而加剧了褐变。

酚类物质主要是由苯丙氨酸脱氨基形成的。当植物受伤或遭遇干旱时，植物呼吸代谢途径中的戊糖磷酸途径（PPP）增强，PPP 途径产生的中间产物在生理活动中十分活跃，莽草酸是 PPP 途径的中间产物，此途径增强则莽草酸合成也增多，由此酚类物质合成增多，褐变增强。

另外，由于 PAL（苯丙氨酸解氨酶）催化苯丙氨酸去氨，形成肉桂酸等，它是次生代谢中的一个重要的调节酶，受内外条件的影响，如植物激素、营养水平、光照长短、病菌、机械伤害等都可促进苯丙氨酸解氨酶的合成或提高活性。

因此，通过分析酚类物质形成过程中的影响因素可以知道，伤害程度增强，则使 PAL 活性提高，从而促进了总酚的合成，褐变加强。

（6）外植体褐变过程中总酚及 PPO 变化与褐变的关系　褐变主要是多酚氧化酶（PPO）与酚类底物作用而导致的。罗晓芳和田砚亭（1999）研究了阿月浑子、枣树和葡萄组织培养过程中多酚氧化酶活性和总酚含量的变化规律。结果表明，多酚氧化酶活性与组织培养材料的褐变指数相关不明显，总酚含量与材料的褐变指数有一定的相关性，即褐变严重、褐变指数高的材料多酚含量特别高。而 Meara 和 Halevy 在进行花卉组织培养时发现褐变程度与总酚含量、多酚氧化酶活力均呈正相关。晏本菊等研究了苍溪梨、金花梨外植体 PPO 活性、总酚含量和组织培养褐变率的变化规律及其关系表明，PPO 活性、总酚含量与组织培养褐变率都存在一定的关系，其组织培养褐变率的高低取决于 PPO 活性和总酚含量两种因素。褐变的发生与外植体组织中所含的酚类化合物多少和多酚氧化酶活性有直接关系。

本试验结果表明，褐变程度取决于多酚氧化酶活性和总酚含量。2 g/L 和 1 g/L

的活性炭处理褐变最严重，其 PPO 活性比其他处理大得多。当 $AgNO_3$ 为 100 mg/L 时，褐变特别严重，其 PPO 活性也最高。光照促进褐变，全光照条件下褐变比暗培养严重，PPO 活性也高些。适宜的 pH 能减轻褐变，对于板栗而言，pH 为 6.0 时较适宜愈伤组织的生长增殖，褐变度较低，PPO 活性最小，仅为 0.25 OD/（g·min）。伤害程度越严重褐变程度越大，其总酚含量也较高，总酚含量与褐变程度呈正相关。因此，针对各种品种采取适当措施降低外植体多酚氧化酶活力及酚类物质的含量将是防止组织培养外植体褐变的途径之一。

（7）培养条件对褐变的影响　将外植体接种后进行不同光照时间的培养，结果表明，前期暗培养对板栗褐变有一定的缓解作用。然而，暗培养时间过长则愈伤组织为黄色，且生活能力降低。光照时间过长，光刺激了多酚氧化酶活性提高，则在培养过程中更加容易褐变，褐变率升高。

温度对酶的影响很大，温度降低到 19℃时，褐变率只有 6.67%，而升高到 22℃则褐变率提高到 24.1%。但温度降低要在一定范围内，根据赵玉军的方法，在培养的最初几天置于 4℃冰箱中培养，发现最初褐变率相对较小，再在正常培养温度下，其很快又会发生褐变，且所培养的外植体受不同程度的冻害，成愈率几乎为零，存活率也随之下降。实验认为低温抑制了 PPO 活性，因而仅是延缓了褐变的进度，但是并不能改变发生褐变的事实。推测此法可能较适用于抗冻性较强的树种。

所以选择合适的外植体，采用最佳的培养条件是克服褐变的重要手段。外植体应该有很强的分生能力，适当的培养基和培养条件会使外植体处于旺盛生长的状态，从而减轻褐变的程度。

（8）POD 变化与褐变的关系　据盛长忠的报道，PPO 和 POD 活性的高低与红豆杉愈伤组织的褐变程度有着密切关系，即酶活性高。而在本研究中，POD 的活性与褐变的关系比较复杂，主要是由于植物在长期进化过程中形成一个完善的自由基清除防卫系统，使植物维持产生与清除自由基的动态平衡。在组织培养过程中氧代谢失调，动态平衡被破坏，影响了 POD 的活性，另外，在此过程中还有许多其他因素也同样影响 POO 的活性。本试验表明，POD 与褐变并无直接关系，其中的机制还需进一步探讨。

6. 结论

在本试验所采用的 4 种基本培养基中，不同品种适宜的基本培养基不同，主要以 WPM 和 MS 的效果最好。

适当浓度的细胞分裂素或生长素能显著促进板栗愈伤组织的形成和增殖，两者同时添加时效果最佳，细胞分裂素和生长素的浓度不同，其影响大小也不一样。不同品种所需的激素浓度也有差异，以茎段为材料，最佳诱导浓度配比为 6-BA 0.2～1.0 mg/L、NAA 0.1～0.2 mg/L；最佳增殖浓度配比为 6-BA 0.5～1.0 mg/L、NAA 0.0～0.2 mg/L。

外植体部位不同，诱导率也不一样，试验采用 4 种不同的外植体，表明胚是较好的组织培养材料，其诱导率最大。

不同品种的过氧化物同工酶谱有其相似性又各有差异，可看出它们之间亲缘关系的远近，还可看出其特异性。同一品种愈伤组织与野外材料的过氧化物同工酶谱的差异较大，外植体分化过程中，伴随着一些 POD 酶带的消失，从谱带的多少，还可以看出其分化程度的差异。

板栗愈伤组织培养过程中，培养基中添加一定量的抗褐变剂能抑制板栗的褐变，减轻愈伤组织和培养基的褐变，从而促进愈伤组织的生长。同时褐变剂种类和浓度不同，其效果不同，对于板栗而言，6 g/L 的 PVP 对于防止外植体褐变效果最好，维生素 C 比 PVP 差些，活性炭的效果最差。

一定浓度的 $AgNO_3$ 有助于愈伤组织的分化，还在一定程度上降低了褐变率，当 $AgNO_3$ 为 10 mg/L 时，愈伤组织有分化现象，并且褐变率最低。

光对外植体愈伤组织的形成有阻碍作用，并易产生黑色物质而加深愈伤组织颜色，一般认为，愈伤组织的颜色越浅越好。本试验表明，前期暗处理在一定程度上有利于缓解褐变。

低温处理对减缓褐变有一定的影响，特别是对板栗 PPO 活性影响较大，且对板栗愈伤组织的生长也有较大影响。试验表明，19℃有利于减轻褐变和愈伤组织的生长。

pH 对愈伤组织的生长和褐变的抑制都有较大的影响。在 pH 为 5.8～6.0 时，板栗愈伤组织的生长速度较高，且褐变程度也较小，特别是 pH 为 6.0 时最好。

PPO 活性与褐变正相关，PPO 活性高的处理，其褐变率高，褐变严重。POD 活性与褐变之间无相关性。

另外，总酚含量与材料褐变指数有一定的相关性，即褐变严重、褐变指数高的处理总酚含量特别高，说明褐变的发生，不只是因为区域性分布被破坏，使原来所存在的酚类物质与多酚氧化酶接触而进行反应的结果，而且由于伤害使组织产生更多的酚类物质，从而也促进了褐变现象的发生。

3.3.2　分子标记辅助育种

分子标记辅助育种主要应用于美国板栗回交后代的辅助育种方面。因为分子标记和相应的遗传连锁图谱可以明确栗疫病抗性相关的基因或基因家族，这样的标记和图谱在以后的回交后代中可以筛选出不希望的中国板栗 DNA。

利用 8 个同工酶位点、17 个 RFLP、216 个 RAPD 对 102 个美洲板栗和中国板栗种间杂交后代的 F_2 单株构建初级连锁图，将 2 个同工酶位点、12 个 RFLP、170 个 RAPD 定位于 12 个连锁图，覆盖了 530.1 Kosambi centimorgans 的遗传距离，通过对 F_2 植株的栗疫病抗性分析，定位了 3 个假定的抗性位点（$P<0.001$）。美洲板栗与中国板栗种间杂交的 1 个 F_2 代和 2 个回交一代进行同工酶基因与形态标记的遗传连锁关系，证明在多年生木本果树上同工酶基因可通过连锁关系

分析与形态基因整合为 1 个单一基因图，而无须另外的杂交（黄宏文等，1996）。根据双假测交理论应用 311 个 RAPD、65 个 ISSR、5 个同工酶等 381 个分子标记，对 F_1 全部后代家族的 96 个单株构建了欧洲板栗的遗传连锁图。其中母本和父本的图框分别为 720 cM 和 721 cM（Kosambi），分别覆盖了 76%和 68%的基因组。

利用欧洲板栗中分离到的 33 个简单序列重复（SSR）在品种‘Garrone Nero’的 5 个样品中筛选出 24 个多态性位点，每个位点检测到 2～7 个等位基因。在日本板栗中应用（AG）/（TC）富集的基因组文库发展了 15 个 SSR 位点，每个位点产生 1～16 个等位基因，其中 14 个具多态性。从中国栗（AC）/（GT）富集的基因组文库中筛选出了 10 个微卫星标记，并对 14 个品种进行了聚类分析。来自栎属和栗属的简单重复序列（SSR）标记用于夏栎［*Quercus robur*（L.）］和欧洲板栗的比较作图。47%（25）的栎属 SSR 和 63%（19）的栗属 SSR 在不同种中可获得较强的扩增产物，19 个（15 个来自栎属和 4 个来自栗属）被整合进先前所构建的分属 2 个属的遗传连锁图。通过对 SSR 位点的序列测定确认了这些标记的正确性。从 2 个连锁图的综合信息及序列分析证明 7 个连锁组有同源性，夏栎和欧洲板栗之间的保守位点可作为壳斗科（Fagaceae）锚定位点的比较作图研究。

1. 材料和方法

1）植物材料和 DNA 提取　以来自于国家果树种质泰安板栗圃的 24 个板栗（*Castanea mollissima*）品种（‘泰栗 1 号’‘燕红’‘泰安薄壳’‘红栗 1 号’‘华光’‘华丰’‘南甘林’‘板栗新 1 号’‘石丰’‘后韩’‘泰山板栗’‘燕山短枝’‘官厅 10 号’‘九家种’‘烟泉’‘蒙山魁栗’‘迁西 2399’‘山杂 35’‘处暑红’‘大红袍’‘青毛早’‘燕丰’‘焦刺’‘早丰’）为试材，用于检验 SSR 位点；亲本 CH98-2 和 CH00-7 及其 12 个后代个体来自湖南省林业科学院，用于检测等位基因的分离。

采用改良的 CTAB 法提取板栗叶片的基因组 DNA（艾呈祥等，2006），并进行 DNA 样品浓度和纯度的测定。

2）微卫星重复的分离、克隆和测序　根据 Edwards 等（1996）的方法构建和筛选含有小插入片段（250～700 bp）的基因文库。富含微卫星（GA）15、（CAA）10、（CTG）10、（CAG）10、（CAT）10、（ACT）10 和（GAC）10 的寡核苷酸片段，用 3×SSC［45 mmol/L 柠檬酸钠（pH 7.0）、450 mmol/L 氯化钠］溶液制备，并点样于 0.5 cm^2 大小的带正电尼龙膜，风干 1 h 后用 260 nm 波长的紫外线处理 30 s，每周连接 1 次的寡核苷酸用 10 mL 杂交液［50%甲酰胺、3×SSC、25 mmol/L Na_3PO_4（pH 7.0）、0.5% SDS］、45℃条件下每天洗 1 次（共 2 次），从膜上洗脱下来，膜保存于－20℃备用。

取 1 μg ‘燕红’板栗品种基因组 DNA，用 *Rsa* I 酶 37℃下消化 2 h，加入 T4

DNA 连接酶和 1 μg 的 *Mlu* Ⅰ 接头(由 1 个 20 碱基片段：5′-ATCAAGCTTGTGACTACGCA-3′ 和 1 个磷酸化的 22 碱基片段：5′-TAGTACCCTACGAGAGAGCACA-3′ 组成)，37℃连接 2 h。取 1 μg 连接混合物用于 PCR 扩增，用 20 bp 引物在以下条件下进行扩增：94℃ 3 min；94℃ 30 s，50～56℃ 30 s，72℃ 1 min，32 个循环；72℃延伸 5 min。

微卫星 DNA 通过 52℃杂交 48 h 富集，于 500 μL 杂交液［50%甲酰胺、6×SSC、25 mmol/L Na_2HPO_4（pH 7.0）、2.5% SDS］中连接变性，DNA 中含有 1 μg 的 20 bp 寡核苷酸和预先连接于滤膜的 SSR 寡核苷酸片段。杂交后，滤膜在 2×SSC、0.01% SDS 溶液中 60℃下洗涤 4 次，然后在 0.5×SSC、0.01% SDS 溶液中 60℃下洗涤 3 次。最后，杂交 DNA 用 200 μL 无菌水煮沸 5 min 洗脱。接着，1 μL 洗脱 DNA 用 20 碱基引物进行 PCR 扩增，反应条件：94℃ 3 min；94℃ 45 s，60℃ 60 s，72℃ 90 s，28 个循环；72℃延伸 7 min。接下来，富集的混合物用 *Mlu* Ⅰ 酶消化并进行纯化。取 1 μL 富集 DNA 与改良的 pUC 19 载体（含有 1 个 *Bss*H Ⅱ 酶切位点）连接，于室温连接 12 h。取 2 μL 连接混合物转化 DH5α 感受态细胞，平铺于含有氨苄抗生素（50 μg/mL）的 LB 琼脂平板上，37℃培养过夜。然后，将各菌落转移到微平板上保存备用。用试剂盒［Wizard Plus SV Minipreps DNA Purfication System Kit（Promega）］从各克隆中提取 70 个质粒，并进行测序。

本实验只有二核苷酸重复被用于 SSR 标记的分离。将各菌落转印到带正电尼龙膜与（CT）10 和（CA）10 放射性探针杂交以检测含有（GA）/（TC）和（CA）/（TG）的重复。

3）引物设计　以重复区域侧面相接的特异序列设计特异性引物，用于给定 SSR 的 PCR 扩增，进行 SSR 位点的鉴定。引物设计原则上要求扩增子大小为 80～300 bp，以保证 PCR 产物的精确大小；引物长度为 17～28 bp，GC 含量为 35%～60%，引物对间退火温度完全匹配或非常接近。

4）SSR 扩增和分析　引物最初通过化学荧光检测法用于 6 个 DNA 样品（‘华丰’‘泰栗 1 号’‘燕红’‘华光’‘魁栗’‘石丰’）的检测。SSR 位点的 PCR 扩增总反应体积为 25 μL，含 2.5 μL 10×Buffer（100 mmol/L Tris-HCl，pH 8.3，500 mmol/L KCl），2.0 mmol/L $MgCl_2$，各引物 0.5 μmol/L，250 μmol/L dNTP，0.5 U *Taq* DNA 聚合酶和 60 ng 模板 DNA。扩增循环反应：94℃ 5 min；94℃ 50 s，各引物对退火温度 45 s，72℃ 90 s，30 个循环；72℃延伸 7 min。取各样品 2 μL，用 2 μL 加样缓冲液（95%甲酰胺、20 mmol/L EDTA、0.05%溴酚蓝、0.05%二甲苯腈）94℃变性 3 min，用 50 cm 测序胶（6%聚丙烯酰胺、8 mol/L 尿素、1×TBE）进行分析。经过电泳，DNA 吸附在阳性标记的尼龙膜上，在含有 20 pmol 探针的 15 mL 杂交液［0.5 mol/L EDTA（pH 8.0）、20% SDS、1 mol/L Na_2HPO_4（pH 7.2）］中杂交过夜。探针（GA）13 和（GT）13 用生物素标记，于 45℃进行杂交，用

生物素检测试剂盒进行化学荧光检测。

24 个样品在 12 个位点用半自动系统进行分析，以评价 SSR 标记的多态性。正向引物用荧光染料（6-FAM、HEX 或 NED）标记，取 1 μL 含有 3 种不同标记位点的扩增产物混合物，加到 3 μL 含甲酰胺、内标准物（GeneScan-350 ROX size standard）和加样缓冲液（25 mmol/L EDTA，50 mg/mL 葡聚糖蓝）比例为 10：2：1 的混合物中。样品 94℃变性 5 min，经测序胶（4.25%丙烯酰胺、1×TBE Buffer 和 6 mol/L 尿素）电泳，ABIPRISM 377 DNA 序列应用基因扫描软件（Applied Biosystems）分析。

以上实验重复 3 次，以显示结果的可重复性。

5）数据分析　用 IDENTITY 1.0 软件计算每个位点等位基因的数目及频率，预期的和检测到的杂合性，无效等位基因的频率，亲缘关系鉴定概率和发现 2 个相同基因型的概率（Wagner and Sefc，1999）。预期的杂合性（H_e）通过公式 $H_e=1-\sum P_i$ 计算（Nei，1973），P_i 表示品种中 i 的频率。检测到的杂合性（H_o）通过直接计算获得。无效等位基因频率参照 Brookfield（1996）公式 $r=(H_e-H_o)/(1+H_e)$ 计算，H_e 为预期杂合性，H_o 为检测到的杂合性。亲缘关系鉴定概率参照 Weber 和 May（1989）的方法进行计算。发现 2 个相同基因型的概率通过公式 $PI=1-\sum P_{ij}+\sum(2P_iP_j)^2$ 进行计算（Paetkau et al.，1995），P_i 和 P_j 分别代表等位基因 i 和 j 的频率。

2. 结果和分析

1）基因组文库构建及引物的筛选　以‘燕红’品种为材料构建了含有小插入片段（250～700 bp）的基因组文库。该文库用 SSR 探针（CT）10 和（CA）10 通过杂交进行筛选。基因组文库（CT）10 和（CA）10 的阳性克隆率分别为 18%和 28%。对 70 个阳性克隆进行测序分析，46 个（66%）含有引物设计的侧翼区域的重复序列，24 个因缺乏 SSR 标记或由于微卫星末端插入片段相似而被弃除。

6 个样品通过化学荧光检测系统对所有的引物对进行预筛选，32 对引物（70%）对所有样品至少扩增出 1 个等位基因，而其他 14 对引物扩增失败。32 对引物中，有 7 对由于产生 3 个或更多的等位基因的基因型而被弃除。

2）杂交后代植株等位基因的分离　对所有位点进行孟德尔遗传类型研究，并在小范围的后代个体中检测等位基因分离（图 3-22）。等位基因在后代中分离符合孟德尔自由组合规律，但泳道 3 和泳道 10 所对应的后代个体具有亲本 CH00-7 的基因型，而无亲本 CH98-2 的基因型，这可能是由于花粉在受精过程中产生了刺激作用，形成无融合生殖类型，或者是由于亲本 CH98-2 的遗传物质与亲本 CH00-7 的代谢过程不相适应，以致完全被排斥等，从而使杂种后代出现亲本性状类型。

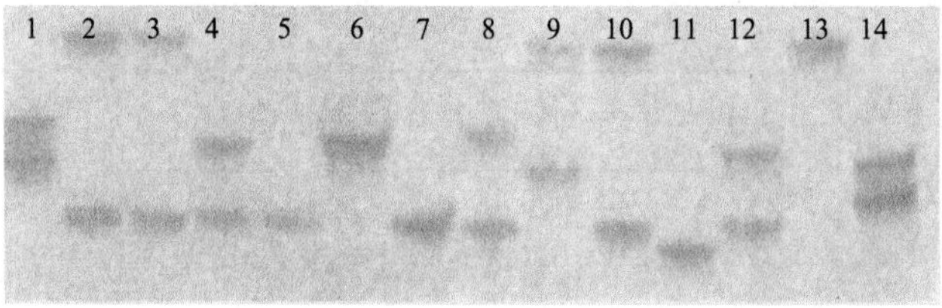

图 3-22　引物 CmTCR13 检测后代植株等位基因分离

3）SSR 位点的重复类型　25 个 SSR 位点中，14 个（56%）为完全类型，2 个（8%）为复合型，1 个（4%）介于不完全类型和复合型之间。25 个位点中，20 个（80%）位点在 6 个样品中表现出多态性，每个位点检测到的等位基因数目为 2～6 个：8 个位点显示 2 个等位基因，6 个位点显示 3 个等位基因，4 个位点显示 4 个等位基因，2 个位点显示 6 个等位基因（表 3-18）。

表 3-18　25 个 SSR 标记

SSR 名称		引物序列（5′→3′）	重复类型	预期片段大小/bp	退火温度/℃	等位基因数
CmTCR1	F	TTGGCTATACTTGTTCTGCAAG	完全类型（AG）15	175	58	4
	R	TTGGCTATACTTGTTCTGCAAG				
CmTCR2	F	ATCAGAGTGGGAAGCCAGAA	不完全类型（CA）23	224	55	3
	R	GGGTACAGTGGCAAGACA				
CmTCR3	F	GAATTAAGCAGTCCTCAATG	复合型（AC）4TT（TA）5	304	52	6
	R	CAAGTCTCACCTTCAGTTAG				
CmTCR4	F	CATAGGTTCAAACCATACCCGTG	完全类型（AC）21	120	52	6
	R	CTCATCTTTGTAGGGTATAATACC				
CmTCR5	F	TGAGTTCTTAGCTTATCAAAGAGTGG	完全类型（CA）11CG（TA）6	195	55	2
	R	ACTAGGAATAGAGGCATACATCAATAGG				
CmTCR6	F	CATTTTCTCATTGTGGCTGC	完全类型（AG）12	208	60	2
	R	CACTTGCACATCCAATTAGG				
CmTCR7	F	CGAATCTTTTGTGTGATCTAG	不完全类型（CA）2CT（CA）6CT	286	58	3
	R	CTCCACTCAAAGGATTAAG				
CmTCR8	F	TCGACTGACTTCACACAAGACCCT	不完全类型（TC）18	200	55	4
	R	TGGCCTGTCCTTTGGAATTGTGAC				
CmTCR9	F	CAATTTTAAGCACAGGGATC	完全类型（TG）11TA（TG）13	225	50	2
	R	CAATGTGAATTGGCCATCAC				
CmTCR10	F	CACTATTTTATCATGGACGG	完全类型（TG）18	195	50	1
	R	CGAATTGAGAGTTCATACTC				

续表

SSR 名称		引物序列（5′→3′）	重复类型	预期片段大小/bp	退火温度/℃	等位基因数
CmTCR11	F	AATAAGGGAGGAGAGAAAGGGTGC	不完全类型（GT）8（GA）17	207	50	1
	R	TCTAGCATTGTCCATCACGTCT				
CmTCR12	F	TGAAGGATGGCTCTGATACC	完全类型（CT）23	116	54	1
	R	AATTCATCTACTTCTTCCTCAAGC				
CmTCR13	F	GTAACTTGAAGCAGTGTGAAC	不完全类型（AC）7	212	55	2
	R	CGCATCATAGTGAGTGACAG				
CmTCR14	F	TGAGCAAGGATGGATGATGAG	完全类型（TG)4T(TG）18	176	55	2
	R	GGTGGTCATCATGACTGCATC				
CmTCR15	F	GAGAATGCCCACTTTTGCA	完全类型（GA）6GG（GA）8	180	50	3
	R	GCTCCCTTATGGTCTCG				
CmTCR16	F	CTCCTTGACTTTGAAGTTGC	不完全类型（CA）12	264	58	3
	R	CTGATCGAGAGTAATAAAG				
CmTCR17	F	TTGGAAACGGCCATAACACAAGCC	完全类型（AG）28	104	58	4
	R	ATGTGCGAATCTCGGGTCGAT				
CmTCR18	F	GGAACAACTAGAGAGAACCAAGTCAGG	完全类型（CT）9	180	54	1
	R	TTGCCTATCCTGCCCCGTATCAC				
CmTCR19	F	AAGTCAGCAACACCATATGC	不完全类型（AG）20	246	56	1
	R	CCCACTGTTCATGAGTTTCT				
CmTCR20	F	TTCTGCGACCTCGAAACCGA	复合型/不完全类型（GT）19	282	60	2
	R	GCTAGGGTTTTCATTTCTAG				
CmTCR21	F	CGAGGTTGTTGTTCATCATTAC	复合型（CA）7AA（CA）5	108	50	2
	R	GATCTCAAGTCAAAAGGTGTC				
CmTCR22	F	GAACATGATGATTGGCCTC	不完全类型（GC）18	172	50	3
	R	CCAAACATGACATATGTCCC				
CmTCR23	F	AAGCTCAATTGGCGTTGCTA	完全类型（AC）14	306	58	4
	R	CTTGCCTCGACGGTATGGTA				
CmTCR24	F	CTGCAAGACAAGAATTACAC	完全类型（GA）21	212	60	3
	R	GAATAACCTGCAGAAGGC				
CmTCR25	F	AGTGCTCGTGGTCAGTGAG	完全类型（AC）5TT（TA）9	94	52	2
	R	CAACTCTGCATGATAAC				

4）SSR 等位基因的频率及杂合性检测　从 20 个位点中选择 12 个（CmTCR1、CmTCR3、CmTCR4、CmTCR6、CmTCR8、CmTCR12、CmTCR14、CmTCR15、CmTCR18、CmTCR19、CmTCR22 和 CmTCR24），用于分析其多态

性。从国家果树种质泰安板栗圃种植的 24 个品种提取基因组 DNA，对 12 个位点进行扩增，并通过软件 ABI PRISM377 分析，每个位点至少显示 1 或 2 个等位基因。

总共发现 75 个等位位点，每个 SSR 位点的等位位点为 4～10 个（表 3-19），平均为 6.3 个。SSR 位点 CmTCR4 等位位点数高达 10 个，CmTCR15 达 9 个，CmTCR4 检测出的等位基因最大片段为 257 bp，最小为 180 bp，差异高达 77 bp。表 3-19 详细描述了 SSR 等位基因的频率，位点 CmTCR19 中等位基因片段大小为 135 bp 时，其等位基因频率高达 0.525，最低的等位基因频率为 0.025。表 3-19 显示，12 个 SSR 位点中，平均预期杂合性（H_e）为 0.743（0.680～0.845），观察值（H_o）为 0.829（0.730～0.930），CmTCR22 位点的预期杂合性和观察值差异最大，H_e为 0.845，H_o为 0.930；12 个 SSR 标记中，3 个位点的无效等位基因估算频率为正值，分别为 CmTCR3（0.103）、CmTCR6（0.003）、CmTCR18（0.009）；总的亲缘关系鉴定概率为 0.9999，其平均值为 0.497（0.449～0.652）；相同等位基因鉴定的概率，最小值为 CmTCR3（0.089），最大值为 CmTCR12（0.283），平均值为 0.181，根据无效等位基因频率结果，其相同等位基因鉴定概率为 7.01×10^{-11}。

表 3-19　12 个 SSR 位点的等位基因片段大小及频率

位点	等位基因片段大小/ bp	等位基因频率	位点	等位基因片段大小/bp	等位基因频率
CmTCR1-HEX	179	0.375	CmTCR4-6-FAM	223	0.050
	196	0.125		225	0.025
	204	0.150		231	0.175
	212	0.150		241	0.025
	220	0.200		243	0.025
				247	0.075
CmTCR3-NED	206	0.050		257	0.025
	213	0.500			
	215	0.175	CmTCR6-HEX	225	0.275
	221	0.025		233	0.175
	225	0.025		237	0.025
	229	0.125		247	0.025
	232	0.100		249	0.400
				251	0.100
CmTCR4-6-FAM	180	0.050			
	215	0.400	CmTCR8-NED	206	0.275
	217	0.150		221	0.250

续表

位点	等位基因片段大小/ bp	等位基因频率	位点	等位基因片段大小/bp	等位基因频率
CmTCR8-NED	223	0.025	CmTCR18-NED	130	0.040
	229	0.300	CmTCR18-NED	132	0.225
	235	0.150		137	0.125
				141	0.500
CmTCR12-HEX	198	0.075		146	0.175
	218	0.400		153	0.025
	222	0.050			
	224	0.425	CmTCR19-HEX	117	0.100
	234	0.050		122	0.125
				124	0.100
CmTCR14-NED	156	0.275		133	0.025
	165	0.050		135	0.525
	176	0.025		137	0.100
	179	0.150		147	0.025
	199	0.500			
			CmTCR22-NED	115	0.050
CmTCR15-6-FAM	195	0.075		117	0.350
	205	0.150		123	0.425
	210	0.250		127	0.050
	213	0.150		129	0.050
	215	0.025		133	0.075
	217	0.025			
	221	0.050	CmTCR24-HEX	210	0.375
	227	0.100		212	0.225
	229	0.200		214	0.200
				220	0.200

3. 讨论

1）微卫星标记的开发　　植物中最常发生的微卫星双核苷酸重复为（AT），其次为（CT）/（AG），再次为（CA）/（TG）（Wang et al.，1994）。然而，由于在筛选（AT）的过程中，自动互补寡核苷酸存在杂交技术方面的难度，本实验开发富含（CT）/（AG）和（CA）/（TG）重复的微卫星标记，结果发现（CA）/（TG）阳性克隆频率（42.1%）高于（CT）/（AG）（23.2%）。

本实验从最初筛选的 70 个阳性克隆中，设计了 46 对引物（66%），其中，25 对在每个基因型中扩增出预期的等位基因数目，7 对引物由于扩增出非预期片段而被弃除，15 对可能由于与退火位点不匹配或者在富集过程中人工插入等原因而导致扩增失败。25 个微卫星序列中，只有 2 个克隆（8%）含有复合重复类型。观察到的结果与其他研究相符合。实际上，只有 7%的大豆双核苷酸和三核苷酸重复为复合类型（Akkaya et al.，1995），而在 30 个拟南芥二核苷酸标记中未发现复合类型（Bell et al.，1994）。

2）微卫星序列的多态性　本实验根据（CT）/（AG）和（CA）/（TG）结构域的平均长度，有望得到丰富的多态性，这一点与 Weber 等（1990）的报道一致；在 25 个位点中，20 个（80%）经化学荧光检测显示多态性。为了明确定义那些用于板栗指纹图谱构建和基因作图的微卫星序列，本实验选择 12 个位点对 24 个板栗品种进行 SSR 分析。

首先，选择经化学荧光检测显示 3 个或更多等位基因的位点，然后考虑采用某些只有 2 个等位基因的位点，以确定其多态性对于大量样品的研究是否适用。实际上，位点 CmTCR8 显示 5 个等位基因，位点 CmTCR19 显示 7 个等位基因，因此，在前期分析中显示 2 个等位基因的位点对于指纹图谱的构建也可能有用。

3）无效等位基因的存在　本实验结果表明，无效等位基因的出现可能和微卫星标记的开发相关联（Callen et al.，1993），在未经检测的情况下，一个无效等位基因仅仅会使某些个体被认为是导致信息丢失的纯合子，当检测到的杂合性显著小于预期杂合性时，纯合群体中一定含量无效等位基因的出现可能受到质疑。位点 CmTCR6 和 CmTCR18 的无效等位基因频率为正值但有所偏低，因此，无法给出合适的结论；只有位点 CmTCR3 显示出较高的无效等位基因频率（0.103），纯合子过剩不一定是由非扩增位点所致，仍可认为该位点是一个可能出现无效等位基因的位点（O'Reilly and Wright，1995），相反，多数位点的无效等位基因频率为负值，这与人工选择培育的栽培品种存在必然的联系。

本研究从中国板栗中开发了栗属 25 个 SSR 标记。SSR 标记的获得，使得板栗家系检测、基因流动、群体变异、DNA 指纹图谱和遗传连锁图谱的构建、与目的基因连锁的 SSR 标记的获得等许多工作都有可能简化，借助 SSR 标记技术对板栗杂种后代进行早期鉴定及其遗传规律的探讨，将有助于推进板栗杂交事业理论及实践的发展。

主要参考文献

艾呈祥，余贤美，刘庆忠，等. 2006. 栗属植物基因组 DNA 的提取及 RAPD、SSR 分析［J］. 西北植物学报，（03）624-627.

艾辛，何长征，彭振春，等. 2000. 硝酸银诱导黄瓜产生两性花的效应及其应用研究［J］. 湖南农业大学学报（自然科学版），26（2）：93-96.

白建荣，郭秀荣，侯变英. 1999. 分子标记的类型、特点及在育种中的应用［J］. 山西农业科学，27（4）：33-38.

暴朝霞，黄宏文. 2002. 板栗主栽品种的遗传多样性及其亲缘关系分析［J］. 园艺学报，

29（1）：13-19.

陈建华. 2002. 板栗生物学及生理学研究［D］. 长沙：中南林学院硕士学位论文.

陈学好，赵有为. 1993. 硝酸银诱导对黄瓜雌性系茎端生化特性和形态的影响［J］. 园艺学报，（2）：197-198.

高翔，庞红喜. 2002. 分子标记技术在植物遗传多样性研究中的应用［J］. 河南农业大学学报，36（4）：356-359.

李昌珠，Jiri S，Blazek J. 2000. 不同基因型欧洲梨离体繁殖研究［J］. 果树学报，19（4）：227-230.

李作洲，郎萍，黄宏文. 2002. 中国板栗居群间等位酶基因频率的空间分布［J］. 武汉植物学研究，20（3）：165-170.

柳鎏，蔡剑华，张宇和. 1988. 板栗［M］. 北京：科学出版社.

罗晓芳，田砚亭. 1999. 组织培养过程中 PPO 活性和总酚含量的研究［J］. 北京林业大学学报，（1）：92-95.

邱芳，伏建明. 1998. 遗传多样性的分子检测［J］. 生物多样性，6（2）：5.

沈同，王镜岩. 1990. 生物化学［M］. 北京：高等教育出版社.

唐时俊，李润唐，李昌珠，等. 1992. 板栗丰产栽培技术［M］. 长沙：湖南科学技术出版社.

王中仁. 1996. 植物等位酶分析［M］. 北京：科学出版社.

翁尧富，陈源，赵勇春，等. 2001. 板栗优良品种（无性系）苗木分子标记鉴别研究［J］. 林业科学，（2）：51-55.

张辉，柳鎏. 1998. 板栗群体的遗传多样性及人工选择的影响［J］. 云南植物研究，20（1）：81-88.

张宇和，王福堂，高新一，等. 1987. 板栗［M］. 北京：中国林业出版社.

周而勋，王克荣. 1999. 栗疫病研究进展［J］. 果树科学，16（1）：66-71.

周群初，艾辛，刘志敏，等. 1997. 硝酸根对黄瓜植株过氧化物酶活性的影响［J］. 湖南农业大学学报，（03）：225-228.

Ai C X, Yu X M, Liu Q Z, et al. 2006. Extraction and RAPD and SSR analysis of genomic DNA in *Castanea* plants [J]. Acta Botanica Boreali-occidentalia Sinica, 26（3）: 624-627.

Akkaya M S, Shoemaker R C, Specht J E, et al. 1995. Integration of simple sequence repeat DNA markers into a soybean linkage map [J]. Crop Science, 35: 11439-11445.

Barbujani G. 1987. Autocorrelation of gene frequencies under isolation by distance [J]. Genetics, 117: 777-782.

Bell C J, Ecker J R. 1994. Assignment of 30 microsatellite loci to the linkage map of Arabidopsis [J]. Genomics, 19: 137-144.

Burnham C R, Rutter P A, French D W. 1986. Breeding blight-resistant chestnuts [J]. Plant Breeding Review, 76: 478-487.

Burnham C R. 1988. The restoration of the American chestnut [J]. Am Scientist, 76: 478-487.

Callen D F, Thompson A D, Shen Y, et al. 1993. Incidence and origin of"null"alleles in the（AC）$_n$ microsatellite markers [J]. American Journal of Human Genetics, 52: 922-927.

Dane F, Hawkins L K, Huang H W. 1999. Genetic variation and population structure of *Castanea pumila* var. *ozarkensis* [J]. Journal of the American Society for Horticultural Science, 124: 666-670.

Edwards K J, Barker J H A, Daly A, et al. 1996. Microsatellite libraries enriched for several microsatellite sequences in plants [J]. Biotechniques, 20：758-760.

Huang H W, Dane F, Kubisiak T L, et al. 1998. Allozyme and RAPD analysis of genetic diversity and geographic variation in wild populations of the American chestnut（Fagaceae）[J]. American Journal of Botany, 85：1013-1021.

Huang H W, Dane F, Norton J D. 1994. Genetic analysis of 11 polymorphic isozyme loci in chestnut species and characterization of chestnut cultivars by multi-locus allozyme genotypes [J]. J Amer Soc Hort Sci, 119（4）: 840-849.

Huang H W, Li Z Z, Li J Q. 2002. Phylogenetic relationships in Actinidia as revealed by RAPD analysis [J]. Journal of the American Society for Horticultural Science, 127（5）: 759-766.

Kubisiak T L, Hebard F V, Nelson C D. 1997. Mapping resistance to blight in an interspecific cross in the genus *Castanea* using morphological, isozyme, RFLP, and RAPD markers [J]. Phytopathology, 87: 751-759.

Levin D, Kerster H W. 1974. Gene flow in seed plants [J]. Evol Biol, 7: 139-220.

Nei M. 1973. Analysis of gene diversity in subdivided populations [J]. Proceedings of the National Academy of Science of the USA, 70: 3321-3323.

O'Reilly P, Wright J M. 1995. The evolving technology of DNA fingerprinting and its application to fisheries and aqua culture [J]. Journal of Fish Biology, 47: 29-55.

Paetkau D, Calvert W, Stirling I, et al. 1995. Microsatellite analysis of population structure in Canadian polar bears [J]. Molecular Ecology, 4: 347-354.

Santana C, Oliveira M, Valdiviesso T. 1999. Molecular typing of rootstock hybrids（*Castanea sativa*×*Castanea crenata*）and Portuguese *Castanea sativa* cultivars based on RAPD markers [J]. Acta Horticultural, 494：295-301.

Sokal R R, Oden N L. 1978. Spatial autocorrelation in biology 1[J]. Methodology Biol J Linn Soc, 10: 199-228.

Wang Z, Weber J L, Zhong G, et al. 1994. Survey of plant short tandem DNA repeats [J]. Theoretical and Applied Genetics, 88: 1-6.

Weber J L, May P E. 1989. Abundant class of human DNA polymorphism which can be typed using the polymerase chain reaction [J]. American Journal of Human Genetics, 44: 388-396.

Yamamoto T, Kimura T, Sawamura Y, et al. 2002. Simple sequence repeat for genetic analysis in pear [J]. Euphytica, 124: 129-137.

第4章　板栗的生物学特性

4.1　生 态 习 性

板栗对气候条件的要求一般年均气温为8～22℃，极端最高气温为35～43℃，极端最低气温为－35℃，年降水量为500～1900 mm。但在年平均气温为10～14℃，生育期的气温为16～20℃，花期气温为17℃，受精期的气温为17～25℃，年降水量为600～1400 mm的地方生长最好。

板栗对土壤要求不甚严格，但对碱性土壤特别敏感，在pH为4.5～7.0的土壤上生长良好，若pH大于7.6、含盐量大于0.2%时，生长不良。板栗是需锰的树种，生长良好的栗树叶片含锰量为0.25%，降至0.10%左右时发育不良，叶片黄化。无论是山地、丘陵或河滩冲积沙地均可栽培，但以土层深厚、富含有机质、质地疏松、排水良好的土壤为宜。板栗具有发达的根系，较耐旱、耐涝。一般来说，北方品种较南方品种耐旱，南方品种较北方品种耐涝。

板栗喜光，忌荫蔽。在每日光照不足6 h的沟谷，树冠生长直立，叶薄枝细，产量低。在开花期间，光照不足，易引起生理落果。如长期过度遮阴，会使内膛枝叶黄瘦细弱，甚至枯死，或枝条过多，影响产量。在栽培时应选择光照充足的阳坡，或开阔的沟谷地。

4.2　形态特征和特性

4.2.1　根

1. 形态特征

板栗树的根有主根、侧根和须根。根表皮淡黄褐色，韧皮部发达，表面常有皱状网纹。根尖附近根毛较少，但有共生的菌根。菌根将吸盘伸进幼根韧皮部的细胞内，从根中获得同化养分。菌根呈盘旋状，密生白色的菌丝体。

2. 根系的分布

板栗树为深根性的果树，垂直根和水平根都很发达。成年树根系的水平伸展范围可超过枝展1倍，甚至3～5倍，据观察，15年生的栗树，其水平根长达5.2 m，越近地表上层水平根扩展越远。20年生实生栗树，在深120 cm处尚有根的分布，其中20～60 cm的土层根系最多，在土层薄而砾石较多的地区，在表土15 cm处即有大根，并逐步有大根暴露出地面。12 年生的栗树，在土层深 1.5 m 处，距主干不同距离根的数量为：0.5 m 处占 72%，5.5 m 处占 28%。垂直分布的情况，受土层的深浅和土壤质地的影响变化很大。疏松肥沃的土壤，根系入土深度可达 2 m 以上，但主要还是分布在 80 cm 以内的土层中。由表 4-1 可看出，不同土壤、不同树龄的根系在土层的分布不同，但主要分布在 0～80 cm 的土层内，占总根重的 98%以上，其中以 20～60 cm 的分布尤为集中，约占总根重的 80%。细根主要分布在 60 cm 内的土层中，但相对来说比较分散，菌根的分布与细根的分布相吻合。

表 4-1　板栗根系垂直分布

树龄及冠幅	土层深度/cm	占总根/%	占细根**/%	树龄及冠幅	土层深度/cm	占总根/%	占细根**/%
50 年生	0～20	3.69	15.29	25 年生	0～20	6.02	12.10
东西 8.2 m	21～40	24.21	34.28	东西 3.9 m	21～40	48.10	42.21
南北 7.2 m	41～60	56.30	31.91	南北 4.2 m	41～60	29.27	29.69
	61～80	14.51	15.60		61～80	15.24	14.09
	81～100	1.15	1.95		81～100	0.86	1.91
	101～120	0.14	1.07		101～120	0.00	0.00

注：表中根的百分比是根重比；**指直径 5 mm 以下的根

郯城县林业局观察沙滩地板栗根系的分布，15 年生栗树 10～60 cm 土层内，各级根的质量占总根重的 89.5%，60 cm 以下的根只占 10.5%。细根主要分布在 10～60 cm 的土层中，占 85.1%。

板栗树根的水平分布范围很广，可超过冠幅的 2 倍。其分布同样受土壤和地势的影响很大。据有关单位调查，生长在山地的板栗树，根系水平分布在山上、山下和水平 3 个坡向生长情况不同（表 4-2）。

表 4-2　25 年生板栗树根系水平分布情况

离树干距离/m	上坡				横坡				下坡			
	总根		细根		总根		细根		总根		细根	
	质量/g	占比/%	质量/g	占比/%	质量/g	占比/%	质量/g	占比/%	质量/g	占比/%	质量/g	占比/%
1～2	397.7	90.53	337.3	89.02	299.4	42.15	177.3	35.09	1318.1	46.67	237.3	26.32
2～3	41.6	9.47	41.6	10.98	278.3	39.18	224.4	44.41	1014.1	35.91	344.6	38.23
3～4	0	0	0	0	121.9	17.16	92.9	18.39	283.3	10.03	152.8	16.95
4～5	0	0	0	0	10.7	1.51	10.7	2.12	208.8	7.39	166.8	18.50
合计	439.3	100	378.9	100	710.3	100	505.3	100.01	2824.3	100	901.5	100

调查资料表明，根系在下坡数量多，延伸的距离远，相对分散。上坡接近树干，分布集中。3 m 以外无根系分布。横坡根系分布比下坡少，比上坡多。

据调查资料，8～9 年生的栗树水平根系，树干 1 m 以外到树冠投影范围内，各类根水平分布占总根重的 66.62%，细根占 55.68%。不同的整地方式对根的垂直、水平分布也有很大影响，撩壕或挖穴整地的板栗园，壕或穴内根系分布集中。栗根穿透硬土层的能力不强。据调查，6 年生栗树，距树干水平距离 1.2 m、深 20～80 cm、厚 30 cm 的坚硬土层，无根系穿透。

3. 根的再生能力

板栗根切断后再生能力比较弱。断根后再生新根的方式及速度与根的大小有关，土、肥、水管理也对其有影响。粗大的根切断后，先长出愈伤组织，再从愈伤组织分化出新根。细根切断后，伤口附近一般可发出新根。

从新根的生长情况看，直径 2 mm 以下的细根发生新根的数量多，速度快，2 个月之内可长出大量须根。粗根的再生能力差，发生新根的数量少，速度慢，但后期恢复快，1 年后新根大量发生，还可长出徒长性根。

板栗树粗根愈伤力弱，苗木移栽、施肥应尽量少伤粗根。但根系切断后，发生须根的数量增加，且根系趋肥能力强，须根很快向有肥料的地方伸长。故适当断根，并加强肥、水管理，可促进根系的更新。

4. 菌根

栗树幼嫩根上常有和真菌共生的外生菌根，菌丝体成罗沙状，细根多的地方菌根也多。菌根形成期与栗根活动期相适应，而菌根在栗根长出新根后形成，栗根停止生长前结束，7～8 月菌根的发生达到高峰。菌根可使根系表皮层细胞显著增大，扩大吸收面积，增强根系的吸收能力，还可分解土壤中难以分解的养分，当土壤含水量达到萎蔫系数时，菌根还能吸收水分，促进栗根生长发育。据试验，圃地接种菌根，1 年生幼苗比对照区苗高 18%，径粗增加 5%。

板栗有外生菌根，真菌同板栗根有养分授受关系，真菌从根中获得同化养分，供自身生长发育的需要；同时菌根的分泌物可加速分解土壤中的有机质，还可活化磷素养分，使土壤中不溶性铁、铝和钙的磷酸盐活化成可利用态，又可产生某些生长素如维生素、赤霉素和细胞分裂素。菌根有繁多的菌丝，吸收大量的水和无机养分，促进板栗树的生长发育。

日本田中谕一郎曾用带菌的土壤和不带菌的土壤播种日本栗，比较其生长状况，结果见表 4-3。由表 4-3 可以看出，有菌根的苗高、根重、根数都比无菌根处理的有所增加。菌根促进了栗根对水、肥的吸收能力，促进了栗树的生长。同时根重占苗木全重的比例减少，说明菌根供给植株养分的能力强。

表 4-3 菌根对 1 年生苗木的影响（品种‘银寄’）

处理	全重/g	根重/g	根重占全重/%	细根占根全重/%
普通土无菌根	21.3	18.0	84.5	20.8
普通土有菌根	32.8	22.3	68.0	28.2
有机土无菌根	31.3	21.1	67.4	19.7
有机土有菌根	45.2	29.8	65.9	21.7

菌根在板栗树年生长周期内的生长规律与板栗树树体生长基本吻合，对水、肥的反应极为敏感。土壤有机质含量多，微酸性（pH 为 6.0～6.5），氧气充足，含水量适当（25%～35%），温度适宜（20～25℃），对菌根的生长最为有利。因此，对栗园增施有机肥料，接种菌根，加强土、肥、水管理，是促进栗树生长发育的有效措施。

5. 根系的生长

板栗的根系一般在地温 8.5℃时开始活动，23～26℃时生长最旺盛，土温降至 15℃时停止活动。活动开始的时间比树液流动早 7～10 d，活动结束比落叶晚一个月左右。活动的具体时间我国南北产区相差甚远，同一产区不同年份也有较大的差异。据观察，河北昌黎根系 4 月上旬开始活动，7 月下旬以后吸收根大量发生，8 月下旬达高峰期，以后逐渐下降，到 12 月下旬根系进入休眠期。在湖南根系 3 月上旬开始活动，一年有 3 个生长高峰期，第 1 个高峰期在一次枝结束生长、二次枝迅速生长以前，成年板栗树是在授粉受精后，合子迅速发育以前，一般是在 6 月下旬到 7 月中旬；第 2 个高峰期在二次枝结束生长后的 8 月上中旬；第 3 个高峰期在果实采收后的 10 月。

4.2.2　芽

板栗树的芽按其性质、作用和结构可分为混合芽、叶芽和隐芽 3 种。栗枝具自枯性，无真正的顶芽，其顶芽实际上是顶端第一个腋芽。

1）混合芽　　萌发后既可抽枝展叶，又能形成雌、雄花开花结果的芽，称为混合芽。混合芽着生在枝条的先端，芽体肥大饱满，发育充实，芽顶钝圆，呈扁圆形或短三角形，茸毛较少；左右两侧有四片鳞片，外层两片可覆盖整个芽体，解剖后可见 7～11 个花原基。粗壮的枝条先端数个混合芽能抽生出有雌、雄花序轴的枝并开花结果，其下部的混合芽及弱枝先端的混合芽因养分条件的限制，只能形成雄花枝。

2）叶芽　　萌发后只能抽生营养枝的芽称为叶芽。幼年板栗树叶芽数量多，常着生在旺盛生长枝条的上中部，成年板栗树常着生在枝条上中部，萌发后形成各类发育枝。叶芽比较瘦小，呈三角形或圆锥形，茸毛较多，外层两鳞片较小，不能完全覆盖芽体，内层鳞片常露出部分。

3）隐芽　　又称休眠芽，着生在枝条的基部，芽体瘦小，外覆 6～8 个鳞片。这类芽一般不萌发，呈休眠状态。板栗树的休眠芽寿命很长。可生存数十年之久；受刺激后，即可萌发成枝。隐芽的这种特性对板栗树的更新复壮十分重要。

栗在修剪时，要注意芽的位置和方向，以调节枝向和枝条分布。

4.2.3　枝干

1. 形态特征

板栗为乔木性落叶果树，自然生长的实生树，高达 22～24 m，胸径 1.0～1.5 m，冠径 15～20 m，树龄达百年以上。幼树树干表皮光滑，微带白色。老树树干灰白，皮厚，发生不规则的深纵裂。

当年新梢先端密披灰白色茸毛，多呈绿褐色，皮孔明显，其密度与形状，因品种而异。

2. 枝条的类型

板栗一年生枝可分为果枝、雄花枝、发育枝和徒长枝。

1）果枝　具有雌、雄花序轴的枝称为果枝，其开花后成果的称为结果枝，开花后落果者称为落果枝。果枝着生在粗壮基枝（或叫母枝）的先端。果枝自下而上可分为 4 段，基部 3～5 节为休眠芽，一般不萌发，中段 6～15 节为花节，花节前段 1～3 个着生混合花序轴，开花结果，开花结果后留下的痕迹称为果痕或果台。混合花序轴以下为雄花节。花节开花结果后不能再形成芽，成为空节，又称盲节。花节前段称为果前梢或尾枝，着生数个混合芽。果前梢的长度、芽的数量和质量决定果枝翌年能否结果。果枝依其长度分为长果枝（25 cm 以上）、中果枝（15～25 cm）、短果枝（15 cm 以下）。

板栗枝梢上的混合芽春季萌发后抽生新枝，形成两性花开花结果，产生这种结果枝的基枝称为结果母枝。就当年新枝而言，它们是 2 年生枝条。形成结果母枝的可以是强发育枝、去年的果枝、雄花枝。控制得当，徒长枝也可以成为结果母枝。

2）雄花枝　仅着生单性雄花的枝条。着生在强母枝的中部或弱母枝的上部。自下而上可分为 3 段，基部第 1 段有 3～4 个隐芽，第 2 段中部 5～15 节着生雄花序轴，花序轴脱落后成为空节。第 3 段前面若干花节具芽，多数瘦小，翌年抽生雄花枝或细弱枝，少数生长势强，发育充实，可称为结果母枝，翌年抽生果枝。

3）发育枝　由叶芽萌发而成，不着生雌雄花，所有的腋芽均为叶芽。幼年板栗树树势强旺，抽生强壮的发育枝数量多，是形成各级骨架枝和奠定树冠的基础。生长适中、发育壮实、长约 50 cm、翌年可抽生果枝的为强发育枝（北方产区称“果娃枝”），母枝中下部叶芽萌发而成的发育枝，因上枝的抑制，生长细弱，长度在 10 cm、粗在 0.3 cm 以下，称为细弱枝。这类枝条常因光照条件差，养分供应不足，2～3 年后即枯死。细枝是栗瘿蜂产卵的场所，过多时应予以疏除。但细枝春季萌发早，叶片迅速展开进行光合作用，对营养转换期的树体养分调节和正在生长着的花枝养分供应有利，可促进雌花芽的分化。

4）徒长枝　由隐芽受刺激后萌发而成，也可由生长势极强的壮枝叶芽抽生。长 1～2 m，节间长，芽体小，呈三角形；不充实，一般不易转化为结果枝。

3. 枝的生长动态

板栗树枝梢的生长具有明显的顶端优势和位置效应。母枝顶端第一芽萌发的枝生长最强，以下依次减弱，基部芽不萌发。同一树上，树冠上部枝条生长势强，中部稍弱，下部枝最弱。同一部位的枝，直立的生长势强，与直立枝形成的角度越大的枝，生长势越弱。

据观察：北京地区板栗 4 月上旬树液开始流动，4 月下旬新梢伸长展叶，5 月一次枝迅速生长，其生长量占全年生长总量的 80%以上。生长高峰期为 5 月上中旬，以后逐渐缓慢，加粗生长渐增，一直延续到 9 月。7～8 月开始二次生长。

湖南 3 月中旬树液流动，4 月初萌动展叶，4 月上旬至 5 月初为一次枝生长高峰期，其生长量占全年总生长量的 70%～80%。6 月中下旬为二次生长高峰，二次枝生长量占全年总生长量的 17%～25%。9～10 月少数强枝有 3～4 次生长，其生长量占全年总生长量的 3%～5%。

4.2.4　叶

1. 形态特征

板栗叶的形态依品种不同变异较大。同一品种不同部位也有变化。一般为椭圆形、卵状椭圆或倒卵状椭圆形，先端渐尖或急尖，基部为楔形或圆形、锯齿呈针状，叶背具星毛或单柔毛，气孔深埋于茸毛层之下。但叶在树冠的不同部位，枝梢不同种类、不同部位均有变化。着生在树冠中上部、枝梢先端的叶片，长而较窄，稍厚，茸毛多。树冠中下部及细弱枝上的叶较短而幅度广，锯齿明显。着生在枝条中部的叶片，大小居中，形状变化最小。

叶缘锯齿的方向有 3 种：凡与主脉平行者为上向，与侧脉同一方向为外向，锯齿的先端略向上反卷者为内向。多数品种为上向。

叶在枝上排列的方式称为叶序或芽序。芽下长叶，叶、芽同序。叶在枝条上的排列形式有 1/2 或 2/5，叶整齐地排列在枝条的两侧呈平面状的为 1/2；呈螺旋状排列，轮状着生，第 1 叶和第 5 叶方向相同，每 5 片叶片在枝上形成 2 圈为 2/5 叶序。叶序与品种、年龄有关，有些品种为 1/2 叶序，进入结果期变成 2/5 叶序，1/2 叶序是某些品种童期的特征。

2. 生长动态

板栗幼砧嫁接苗移栽后第 1 年着生 300～500 片叶，第 2 年增加到 1000 片左右，第 3 年增加较快，达到 3000～4000 片。以后大体上每年增加 1000～12 000 片，这种趋势可延续 10～15 年。

萌动后 5～10 d 展叶，同一树上基部最后展齐，同一枝上自下而上逐渐展开。细弱枝叶片短小，生长的时间较短，停止生长较早。叶的生长期和生长高峰期与枝条同步。

4.2.5　花

1. 花的形态

板栗花的形态描述，有关著作、文献资料很不一致。笔者经观察调查总结如下。

1）雄花　　板栗雄花为不完全的整齐花，雄花 3～10 朵为一丛，有 3～5 浅裂包被所包裹，雄花丛中，上部1～3朵较大，首先开放，两侧及下部的稍小，较后开放，呈聚散花序。每朵雄花有萼片6～8片，雄蕊10～14枚，花丝细，展开前向内弯曲。花药为卵形或肾形，开裂前为淡黄色，开裂后不久转为褐色。一个花丝上着生2个花药，成熟时沿腹缝线开裂，花粉小，圆形，常数个粘在一起。雄花中部有4～6个倒圆锥状的蜜腺，上部着生茸毛，中部无茸毛，内有花蜜。雄花序三道螺旋状排列在细长柔软的花序轴上，呈柔荑状，花序轴的长度一般为7～16 cm。花轴上的花丛数为60～120朵。但不同品种、不同树龄、不同生长势、不同年份花轴上雄花数变动较大。

2）雌花　　雌花通常3个，间或4～7个聚生于一个总苞内，外面有高出叶演变而成的线状鳞片密生。萼片6～8片，壶状浅裂，其内有退化雄蕊10～15枚，两轮排列，外轮与萼片合生，多数较萼片短，少数较萼片长，药内能产生花粉，但多数不能开裂。6～9个心皮构成复雌蕊，心室、心房同数，各室内有2个胚珠，但通常只有一个胚珠发育成胚，其他败育。花柱上部分叉，且突出总苞。分叉后的花柱数与心皮、心室同数，长约5 mm，下部密生茸毛，上部无茸毛。柱头圆柱状，着生在花柱的顶端。子房着生在封闭式的总苞内，子房壁并不与总苞内壁紧密愈合。子房着生在其他花部的下面，属下位子房。

综上所述，板栗树原为雌雄同花，在长期的进化过程中，逐渐演变成为雌雄同株异花。雄花序轴仅有雄花而无雌花，为单性花序轴。而着生雌花的花序轴兼有雌雄花，为两性花序轴。板栗树的雌雄异花是指器官的功能差异。

2. 花芽分化

由叶芽转变成花芽的过程称为花芽分化。它是一个复杂的生理和形态转变过程。包括生理分化、形态分化和性细胞形成3个时期。板栗花芽分化需要良好的营养条件、光照条件，适宜的温度、水分。

1）雄花　　板栗雄花的生理分化与初步的形态分化，主要在形成芽的当年完成。成年板栗树枝梢多只有一次生长，在新梢停止生长后，枝梢先端的芽逐步开始分化，芽内孕育着来年的“雏梢”，到7月雄花序的分化基本完成。此时对饱满大芽进行解剖可见6～7个雄花序原基。最早雄花原基一般直径0.34 mm、长0.7 mm。此后进入相对稳定期，果实成熟后的10月中下旬雏梢再一次伸长，雄花序原基增加1～4个。雏梢节间明显，托叶茸毛增多，11月中下旬进入休眠期。进入休眠期的混合芽，一般有7～11个原基。翌春随着气温回升，芽萌发嫩梢伸长5～6 cm，雄花序长达0.5 cm，其形态分化基本完毕，肉眼可见7～8枚雄花序轴。

2）雌花　　在萌芽时摘除强母枝的顶芽，抹除中下部的芽，在枝梢生长中疏除初生的雄花序轴，摘除果前梢等处理减少母枝营养消耗等技术措施，都能增加雌花序的数量；另外，早春摘除强母枝下部和弱枝上部的成熟叶片，减少了光合产物的供给，雌花序减少。种种现象表明，雌花的生理和形态分化是相伴进行的，是在 4 月底以前的一段时间完成的。

秋季落叶前短截强枝能促进剪口以下的小芽发育充实，翌年形成雌花。同时不同类型的枝条和芽，有不同的雌花形成能力。只有强母枝上部的芽形成雌花，其他枝条上的芽难以形成雌花，说明不同类型的枝条，在生理上有异质性。强母枝和弱母枝碳氮含量的测定（表 4-4）说明：强母枝的营养水平高于弱母枝，碳素营养和 C/N 显著高于弱母枝，营养水平高有利于雌花芽的分化。

表 4-4　不同母枝的碳氮营养比例

枝条类型	枝条数量	全糖/%	全氮/%	C/N
强母枝	20	33.80	1.667	20.3
弱母枝	20	25.64	1.643	15.6

雌花芽的形态分化是在春季芽萌动以后到 4 月底以前这一段时间完成的。各地解剖观察证明：不同品种雌花形态分化有相似的规律，时间上相对集中。在芽萌动期，生长锥进入活跃分化状态，其顶端与上一年分化的雄花序原则不同，生长点鲜嫩光亮。此时混合花序轴的原基见于生长锥旁的幼叶腋间，为一小凸起，不甚明显。当芽体膨大时，外面两枚大鳞片开裂，雄花序原基顶端明显伸长，生长锥出现众多明显小凸起。在新梢萌发长度达 2～3 cm 时，混合花序轴原基体积大小与生长锥相似，呈半圆形、光亮，与上年分化的雄花原基区别明显。新梢长到 3～4 cm 时，7～8 枚雄花序肉眼清晰可见，镜下可见混合花序轴基部被覆雌花序的大苞叶，同时还能见到果前梢的原基。

3. 开花

板栗雄花开放过程可分为花丝顶出、花丝伸直、花药裂开和花丝枯萎 4 个阶段，整个过程需 10～15 d。相对全树和一个雄花序轴而言，总是基部的先开，逐渐向上伸延。一个雄花序中，中部的花先开，周围的花渐次开放。混合花序轴上的雄花比单性雄花花期滞后 7～10 d。

雌花的开放过程，可分为以下 4 个阶段。

（1）雌花出现　混合花序轴基部的苞片内，出现雌花序（簇），与雄花序有明显的区别。

（2）柱头出现　雌花序中间一朵花的柱头首先突起总苞。

（3）柱头分叉　中间一朵的柱头相互分开成 30°～45° 角，同时两侧花的柱头相继突出总苞。

（4）柱头反卷　柱头分叉的角度成 60° 以上，并开始反卷，颜色由黄白色变成黄褐色。

据湖南长沙地区观察，雌花在 5 月 20 日左右出现，5 月底柱头分叉，6 月中旬柱头反卷，历时 20～30 d。5 月 28 日～6 月 12 日为授粉的最佳时期。南京地区 5 月中下旬出现雌花，6～10 d 以后出现柱头，8～12 d 柱头分叉，14～20 d 柱头反卷。据观察统计，两地开花物候期相差不大。

4. 授粉受精

1）花粉传播方式　板栗雄花基部有褐色的腺束，花盛开时散发出一种特殊的气味，且花丝、花粉鲜黄色，引诱各类昆虫，特别是蝇、金龟子、甲虫、金花虫等群集而来，这些是虫媒花的特点。

采用网罩隔离昆虫防止虫媒的试验表明：隔离昆虫的处理比不设隔离区的着果率、出籽率明显降低（表 4-5）。试验证明，昆虫是板栗传粉的媒介之一。

表 4-5　昆虫隔离区与对照区结实率比较

处理		供试雌花数/个	结实栗苞数/苞	结实率/%	栗苞平均出籽数/粒
隔离昆虫区	1	114	52	45.6	1.5
	2	118	20	6.9	1.3
无隔离区	1	239	206	60.8	2.5
	2	244	174	71.3	2.4

栗树雄花数量多、花粉粒小，可随风飘散，雌花的蜜腺退化，无艳丽的花瓣，这些又属风媒花的特征。

雄花盛开时，用涂抹凡士林的玻璃片收集不同距离空气中花粉数量的测定结果见表 4-6。

表 4-6　距授粉树不同距离花粉数量统计表

距授粉树距离/m	5	30	50	80	100	150	200	250
花粉粒数/粒	558	160	84	52	43	1	0	0

结果证明，离授粉树愈近，空气中的花粉密度愈大。花粉分散的状况与风向、风速有关，说明风也是栗树花粉重要的传粉媒介。上述情况说明栗树既是风媒花又是虫媒花。

2）授粉　板栗树是以异花授粉为主的果树，同时存在一定程度的自花授粉。山东省果树研究所、湖南省林业科学院进行了板栗品种不同授粉组合授粉试验，结果表明，不同授粉组合结实率相差悬殊。故丰产栗园栽植时，应选择亲和力强的品种作授粉树，才能获得提高结实率、提高产量的效果。生产上最好选择 2～4 个授粉力强的优良品种混种，以利相互授粉、提高产量。板栗树不同种和品种授粉有明显的花粉直感现象，父本花粉授到母本雌花柱头上，当年坚果表现出父本的某些性状，主要表现在坚果的肉色、风味、大小、涩皮剥离难易等方面。例如，把日本栗的花粉授到中国板栗柱头上，当年坚果表现为果肉变白色，风味变淡。

3）受精　板栗树雌花是多心皮构成的复雌蕊，子房着生在封闭式的总苞内，由维管束将子房与总苞相连，子房 6～9 室，每室内有 2 个胚珠。雄花开放后约 14 d，总苞的直径长到 0.8 cm 时，子房开始膨大，胚珠迅速发育，胚柄伸长，整个胚珠本体倒转，形成倒生胚珠。当胚珠被完全包围珠心时，珠心中一个孢原增大，发育成大孢子母细胞，继而发育成成熟的胚囊，胚囊中卵细胞发育，做好受精的准备。子房上部的心皮连合，突出总苞后分叉，花柱开放型，花柱道中空，内表皮披茸毛，柱头点状。在子房发育的同时，花粉传到雌花的柱头上，在柱头分泌物的刺激下萌发，形成心形胚、鱼雷形胚。子叶不断增厚，深埋于两片子叶之间的胚芽、胚也逐步分化、发育，9 月底 10 月初发育为成熟果。8 月底至 9 月底是果实迅速发育期。在坚果发育过程中，总苞不仅起着保护坚果的作用，同时还是养分贮存器官。

4.2.6　果

1. 形态特征

1）球苞　由变态叶演变而成，又称栗苞，幼时称为总苞。球苞由苞肉、刺束、茸毛、果梗 4 部分组成。球苞内含坚果，通常为 3 粒，球苞包裹坚果，有保护坚果的作用。成熟前，球苞、刺束含叶绿素，可进行光合作用，还可贮存养分。苞肉的厚度、球梗的长度及脱离果枝的难易，因品种不同而异。成熟时，坚果占球苞总质量的 40%～50%。球苞内侧着生茸毛的多少与坚果表面茸毛的多少呈正相关。球苞成熟时沿缝线开裂，开裂的形态因品种而异，大多 2～4 裂，但同一品种常常兼具 2～3 种不同的开裂形态。球苞开裂后坚果自然脱出，着生在苞肉上的刺束，由针状鳞片发育而成。数个刺针组成刺束，在球苞上呈菱形排列。刺针、刺束的长度、稀密、硬软、着生方向、色泽依品种而异。其形态特征可作为品种划分的依据之一。

2）坚果　板栗外果皮坚硬，果树分类上称为坚果。系子房发育而成，植物学上称为真果，又称种子。坚果的大小、形状、色泽、茸毛的多少等因品种而异，最大者 1 个达 50～80 g，1 个一般在 10 g 左右。南方板栗坚果较大，单果重 10～15 g，北方板栗坚果稍小，大多 6～10 g。同一品种坚果大小和色泽依树龄、结果多少、立地条件、栽培技术不同而变异幅度很大，营养条件好、树势强，坚果就大，反之则小。

坚果的形状以边果外形为准，分为圆形、椭圆形、三角形。球苞中的中果及边果与中果相接的内侧，因相互挤压均呈扁平形。果皮有外果皮（栗壳）和内果皮（又称种皮或涩皮）。外果皮木质化，坚硬；内果皮由柔软的纤维组成，含多量的单宁，味涩。涩皮的剥离有难易，板栗大多易剥离，日本栗涩皮剥离困难。外果皮色泽以褐色（栗色）为主，依品种而有褐、深褐、红褐、黄褐、灰褐之分。其色泽又因从球苞中脱出的时间迟早、长短而异，初时较浅，渐次转深。外果皮表面多具茸毛，一般胴部稍稀，果肩以上渐密。不同品种茸毛长短、稀密不同，灰板栗茸毛长而密；毛板栗则密、短；油板栗较稀疏。坚果表面光泽的强弱与色泽的深浅、茸毛的多少有关，色泽深、茸毛多，光泽较弱。

外果皮的基部称为果座，通过维管束与球苞相连，在生长发育期间，自此部供给养分。果座表皮的放射线是维管束的残迹，果座内粒状小突起，称为栗粒。胴部与果座的连接处称为接线，接线下部的突起带称为瘤带。果座的大小、形状，放射线的形状，栗粒的大小与疏密，接线的形状，瘤带的有无，是品种鉴别的重要依据。品种鉴别中果座的大小以果座的宽度占果面背弧线长度的比例区分较简便易行，即座的宽度大于背弧线的 1/3 者为大，小于 1/4 者为小，介于两者之间的为中。

坚果在植物学上称为种子，不具胚乳，有 2 片肥厚的子叶，即为供食部分，谓之果肉。坚果多由一个胚珠形成，一果中偶有 2～3 个胚珠，即 2 室或 3 室，而称为二子果或三子果。

2. 果实发育

从雌花受精到坚果成熟，约需 3 个月。果实的发育可分为 4 个阶段。

（1）合子形成期　　板栗授粉后约 24 d 发生受精作用（许慧玲等，1988a，1988b），花粉粒落到雌花柱头上，在柱头分泌物的刺激下萌发，形成花粉管。花粉管不断伸长，通过中空的花柱道，由珠孔的一个助细胞的丝状器进入胚囊，释放出精子，精、卵核仁融合，合子形成。

（2）幼胚发生期　　受精后 5～7 d，合子分裂为两细胞的原胚，约 21 d 后原胚经多次分裂形成球形胚。球形胚细胞继续分裂。胚体增大，顶端两侧出现子叶原基。子叶原基继续分裂形成心形胚，进一步成鱼雷形胚，浸于胚乳中。

（3）胚乳吸收期　　幼果迅速膨大，鱼雷形胚进一步发育，胚珠向子房下端发展。子叶形成，胚芽深埋于 2 片子叶中央，胚根和原形成层也分化出来。随着子叶的增大、增厚和胚的发育成熟，胚乳被消耗完毕。其他不发育的胚残留在子房的上部。

（4）果实增大期　　当胚乳消耗完毕后，正值板栗枝梢停止生长时期，此期光能充足，叶片光合功能强，同化产物主要供果实发育，是子叶增长最快的时期。

3. 落果与空苞的产生

板栗与其他果树相比较，坐果结实率很高，一般正常落果率不超过 20%。在果实发育的过程中有 2 个落果高峰：第 1 个高峰出现在受精后 7～10 d，这一次落果是受精不良和营养不足所致；第 2 个高峰在果实迅速膨大期。弱树、弱枝比旺树、强枝落果严重。采用主枝环割和剪去果前梢的措施可减少落果，说明此期落果由营养不足所引起。除正常的落果外，桃蛀螟、皮夜蛾、栗实象鼻虫对果实的危害常造成严重的落果，特别是桃蛀螟，危害严重时落果率达 40%～60%。

空苞，老百姓称“空蓬”“哑苞”“秕子”，即球苞中的坚果不发育或仅留种皮。果实发育的初期空苞与正常果无明显差异，在子叶迅速增重期停止发育，到成熟时仍保持绿色，不开裂。板栗空苞现象比较严重，有些地区由于空苞减产达 30%

以上。空苞徒耗养分，影响产量，是板栗生产中有待解决的问题。产生空苞的原因，其一是授粉受精不良。板栗异花授粉坐果率高，空苞少。栗园授粉品种搭配不当，或花遇长时间的阴雨天气，花器发育不良，昆虫活动受阻，都将影响授粉受精。其二是肥、水管理差，树体营养不良，土壤严重缺素如氮、磷、钾、钙、锰、硼、镁、锌等都会造成空苞。

主要参考文献

黄宏文. 1998. 从世界栗属植物研究的现状看中国栗属资源保护的重要性［J］. 武汉植物学研究，16（2）：171-176.

贾恩卡洛·波努斯. 1995. 欧洲的栗子业［J］. 柳鎏译. 植物资源与环境，4（2）：53-60.

江苏省植物研究所. 1965. 板栗［M］. 北京：科学出版社.

郎萍，黄宏文. 1999. 栗属中国特有种居群的遗传多样性及地域差异［J］. 植物学报，41（6）：651-657.

李昌珠，唐时俊. 1997. 板栗"三刀法"嫁接新技术研究［J］. 湖南林业科技，24（2）：11-13.

李昌珠，唐时俊. 2001. 板栗低产林成因及配套改造技术［J］. 中国南方果树，30（4）：40-42.

李昌珠，唐时俊. 2003. 南方板栗丰产栽培技术［M］. 长沙：湖南科学技术出版社.

柳鎏，周亚久，毕绘蟾，等. 1995. 云南板栗的种质资源［J］. 植物资源与环境，4（1）：7-13.

唐时俊，李润唐，李昌珠，等. 1992. 板栗丰产栽培技术［M］. 长沙：湖南科学技术出版社.

许慧玲，曹慧娟，李天庆. 1988a. 板栗（*Castanea mollissima* Bl.）的胚胎学研究 I 胚珠、胚囊发育、受精和胚发生［J］. 北京林业大学学报，（01）：10-16.

许慧玲，李天庆，曹慧娟. 1988b. 板栗（*Castanea mollissima* Bl.）的胚胎学研究 II 雌配子体的超微结构［J］. 北京林业大学学报，（03）：91-96.

张宇和，王福堂，高新一，等. 1989. 板栗［M］. 北京：中国林业出版社.

第5章　板栗的生理学特性及丰产的生理生态机制

5.1　板栗的生理学特性

5.1.1　水分代谢

没有水，就没有生命。水是植物的一个重要的“先天”环境条件。植物的一切正常生命活动，只有在一定的细胞水分含量的状况下才能进行。植物不仅吸水，还不断失水。维持水分平衡是植物正常活动的关键。植物的主要吸水器官是根，板栗根系较发达，根吸水的动力是根压和蒸腾作用。

水分蒸腾：是植物对水分吸收和运输的一个主要动力。由于矿质营养要溶于水中才能被植物吸收和在体内运转，因此，蒸腾作用对吸收矿物质和有机物及这两类物质在植物体内的运输都有帮助。蒸腾作用还能够降低叶片的温度。

气孔导度：气孔导度是气孔阻力的倒数。气孔导度与光合速率存在着高度的正相关。

5.1.2　矿质营养

矿质元素也和水分一样，主要存在于土壤中，被根系吸收而进入植物体内，运输到需要的部分，加以同化作用，以满足植物生长发育的需要。植物对矿物质的吸收、转运和同化，通称为矿质营养。利用溶液培养法或砂基培养法，了解植物生长发育必需的矿质元素至少有碳、氢、氧、氮、磷、钾、硫、钙、镁、锰、硼、铁、锌、铜、铝和氯等16种。

（1）*硝酸盐的代谢还原*　　高等植物不能利用空气中的氮，仅能吸收化合态的氮。植物可以吸收氨基酸、天冬酰胺和尿素等有机氮化物，但是植物的氮源主要是无机氮化物，而无机氮化物中又以铵盐和硝酸盐为主，它们广泛存在于土壤中。植物从土壤中吸收铵盐后，可直接合成氨基酸。如果吸收硝酸盐，则必须经过代谢还原才能利用，因为蛋白质的氮呈高度还原态，而硝酸盐的氮却呈高度氧化状态。

一般认为，硝酸盐还原是按照以下几个步骤进行的：首先，硝酸盐还原为亚硝酸盐，然后经过次亚硝酸和转氨，最后还原成氨。

$$HNO_3 \longrightarrow HNO_2 \longrightarrow H_2N_2O_2 \longrightarrow NH_2OH \longrightarrow NH_3$$

（2）硝酸还原酶　　硝酸盐还原成亚硝酸盐的过程，是由细胞质中的硝酸还原酶催化的。硝酸还原酶是一种诱导酶。所谓诱导酶是指一种植物本来没有这种酶，但在特定外来物质的影响下，可以生成这种酶。硝酸还原酶含有钼和辅酶FAD，故这种酶属于一种钼黄素蛋白。FAD 和钼在酶促反应中起电子传递的作用。由于硝酸还原酶含有钼，它起电子传递作用，因此当植物缺钼时，硝酸还原受阻，这时即使植物吸收大量硝态氮，也不能利用。

5.1.3 光合作用

1. 叶绿素和叶绿素荧光

（1）叶绿素　　叶绿素主要分为叶绿素 a 和叶绿素 b 两种。它们不溶于水，但能溶于乙醇、丙酮和石油醚等有机溶剂。叶绿素不参与氢传递或氢的氧化还原，叶绿素只以电子传递及共振传递的方式，参与能量的传递反应。叶绿素（a+b）和叶绿素 a 的含量的遗传表现为母性遗传，叶绿素含量不仅受遗传控制，还会因环境条件的影响而发生改变。

（2）叶绿素荧光　　叶绿素溶液在透射光下呈绿色，在反射光下呈红色。这种红色光是叶绿素分子受光激发后发射出来的，称为荧光。处于高能激发态的分子是极不稳定的，它能通过以下途径释放它的能量而回到稳定的基态：①进行光化学反应；②辐射成荧光；③以热能的形式耗散。以上 3 种过程是同时发生和相互竞争的。在稳定的光照条件下，光合强度大，荧光则弱；反之，当光合强度下降时，则荧光的发射就增强。

2. 光系统

随着近代研究技术的发展，直接从叶绿体分离出两个光系统，每一个光系统都具有特殊的色素复合体及一些物质。

PS Ⅰ（光系统Ⅰ）的光反应是长波光反应，其主要特征是 NADP（辅酶Ⅱ）还原。

PS Ⅱ（光系统Ⅱ）的光反应是短波光反应，其主要特征是水的光解和放氧。

3. 光合作用的限制因素

植物光合作用常常受到外界环境因素和植物自身生理生化因素的限制。

（1）光抑制　　光能不足和光能过剩都可成为光合作用的限制因素，一般认为光抑制 PS Ⅱ。

（2）温度　　在低温下，叶片光合作用的限制因素通常不是气孔导度，而是无机磷的再生。高温下，RuBP（核酮糖-1, 5-二磷酸）浓度的降低表明光合碳代谢受到能量供应的限制。

（3）气孔　　气孔的部分关闭，气孔导度的降低，一方面使通过气孔蒸腾损失的水分减少，另一方面使通过气孔进入叶片的 CO_2 减少，导致光合速率降低。

气孔关闭也是许多光合作用“午睡”的一个重要原因。

(4) 矿质营养　营养元素的不足会导致叶片光合速率的下降。有研究表明，氮、磷、钾引起的光合速率降低是由于非气孔因素的作用。氮营养状况不同的叶片的光合速率与其 RuBP 羧化酶活性密切相关。钾不足引起光合速率降低也被归因于羧化酶活性的下降。磷不足引起 PSⅡ天线色素向反应中心传递的激发能减少和激发能的热耗散增加。

铁不足引起的光合速率降低与叶绿素含量的减少有关。铁不足明显减少以单位叶面积计的光合单位数。最近的研究表明，铁不足引起有功能的 PSⅡ反应中心数减少、天线色素向反应中心传递的激发能减少和 PSⅡ光化学效率降低。钙也同光合作用有密切关系，它不仅参与光合放氧过程，还影响气孔的关闭运动。

5.1.4　呼吸作用

呼吸作用是所有生物的基本生理功能。植物的呼吸作用是指植物以碳水化合物为底物，经过呼吸代谢途径的降解，产生各种中间产物和能量，供给其他生命活动过程的需要。呼吸作用是 ATP 的主要来源。

5.1.5　生长发育

植物生长按传统方法可分为营养生长和生殖生长。营养生长和生殖生长是一对既相辅相成，又相互抑制的概念。人们始终认为“营养生长”是植物发育的基本状态。以开花为代表的生殖生长，是在营养生长的基础上被“诱导”的一个过程。

1. 植物生长物质

(1) 生长素　生长素是影响植物开花的重要激素。

(2) 赤霉素　赤霉素被认为是开花素的重要组成部分，对植物开花的作用不容忽视。

(3) 细胞分裂素　细胞分裂素影响植物开花因植物种类而异，其可促进板栗雌花分化及雌雄花转化。

2. 植物开花生理

(1) 光周期和光敏素　光周期对植物开花有重要作用。依据植物对光周期的反应，可将植物分为长日植物、短日植物、日中性植物、长短日植物和短长日植物。光周期影响植物开花与光敏色素有关。光敏色素是一种易溶于水的色素蛋白质。有钝化型和活化型两种形式，分别吸收红光和远红光而相互转化。植物主要通过这种色素接收外界的光信号来调节本身的生长和发育。

(2) 温度和春化　温度是植物生长发育的必要条件，也是植物成花的重要调节因素。春化是指低温能促进植物开花。

(3) 碳氮比理论（C/N）　Klebs 在 20 世纪初提出开花的碳氮比（C/N）理论。他认为，当糖类多于含氮化合物时，植株开花；糖类少于含氮化合物时，就不开花。即 C/N 大，开花，反之，C/N 小，延迟开花或不开花。

3. 花的雌雄性别分化

（1）光照　光照可以影响植物性别分化。一般短日植物在短日照下促进雌性发育，在长日照下促进雄性发育；长日植物则相反。

（2）温度　温度影响性别分化主要表现在低温，特别是夜间低温有利于雌性发育，高温诱导雄性。土壤中水分充足，氮肥丰富时有利于雌性分化；反之，促进雄性分化。

（3）激素　五大类激素对性别分化的表达都有影响，而且不同植物内源激素含量也不同；不同激素有不同的功效，而且同一激素对不同的植物效应也不同。

5.1.6　植物的抗性生理

（1）抗性　对不良的特殊环境的适应性和抵抗力，称为植物的抗性。

（2）逆境　逆境是指使植物产生伤害的环境，又称胁迫，如寒冷、冰冻、炎热、干旱、盐碱、病虫害等。任何逆境都会使光合速率下降。

（3）保护酶系统　在正常情况下，植物细胞内自由基的产生和清除处于动态平衡。可是当受到胁迫时，平衡被打破，自由基累积过多，伤害细胞。SOD（超氧化物歧化酶）、过氧化氢酶、过氧化物酶三者的活性协调一致，成为植物细胞的保护酶系统，可以清除有害的活性氧和自由基。

5.2　板栗丰产的生理生态机制

板栗丰产栽培的机制研究近年来取得较大进展，其主要特点体现在：早实丰产的生理研究受到重视，如板栗的雌花促成技术、空苞的形成机制及防治技术、开花结果特性等方面的研究逐步深入。光合生理、营养生理、菌根菌、密植园的环境调控、生态气候条件与生长、产量的相关研究得到加强。研究方法正从一般性调查向定位试验、动态观测发展，从一般的描述和定性阶段开始向定量阶段迈步，如板栗的营养诊断、光能利用效率、环境条件对生长、产量的相关分析，生物生产力估测模型的应用等取得进展。丰产栽培技术已从过去的零散研究与单项应用，开始进入综合研究和配套运用阶段。

5.2.1　板栗的光合生理

1. 板栗的光合生理特性

板栗属于光合能力较低的 C_3 植物，即使在适宜的条件下，叶片净光合速率（P_n）仍小于 C_4 植物和草本的 C_3 植物。由于受试验材料、所处生境、测定方法的影响，目前报道板栗净光合速率（P_n）的结果存在较大的差别。彭方仁和黄宝龙（1997）用 LI-COR 185B 光合量子辐射仪对 8 年生的‘九家种’品种密植

园测定的 P_n 为 4～10 $mgCO_2/(dm^2 \cdot h)$。据牟云官和李宪利（1988）利用 pH 比色法和红外线 CO_2 分析仪对实生板栗树测定的 P_n 为 4～11 $mgCO_2/(dm^2 \cdot h)$。白仲奎（1994）对 7～12 年生的板栗优良品系 107、3113、2399 的光合速率测定表明，不同品种的光合速率及其变化规律存在一定的差异，但大多在 8～12 $mgCO_2/(dm^2 \cdot h)$。姜国高等（1981）利用改良干重法测定'海丰'品种的平均光合速率为 4.24 $mgCO_2/(dm^2 \cdot h)$。上述数据明显低于苹果［10～30 $mgCO_2/(dm^2 \cdot h)$］、西洋梨［10～23 $mgCO_2/(dm^2 \cdot h)$］、桃［9～19 $mgCO_2/(dm^2 \cdot h)$］等果树，这可能是板栗经济产量较低的原因之一。

植物光合作用的日变化规律通常有 4 种类型：正规型、平坦型、变动型和中午降低型。关于板栗叶片光合作用的日变化规律有正规型、变动型和中午降低型 3 种类型的报道。姜国高于 1977～1978 年分别在山东果树研究所、麻城、诸城和海阳等地以 pH 小瓶法测定板栗成熟叶片净光合速率的日变化为正规型，日光合强度以上午 12 时最高，早、晚较低。牟云官和李宪利（1988）对板栗、苹果、柿子等落叶果树光合作用日变化规律的研究表明：板栗、苹果与柿子的光合作用日变化均为中午降低型。牟云官和李宪利（1988）对板栗密植园和稀植园的光合作用日变化经不同地点多点测定表明：密植园植株与稀植园植株的光合作用变化规律没有差别，稀植树的净光合强度日变化曲线有 3 个高峰（6 时、12 时及 18 时）和 2 个低谷（10 时和 14 时）（变动型），而密植树一般只有 2 个高峰（6 时及 14～15 时）和 1 个低谷（11～13 时）。

2. 生态因素及栽培措施对光合作用的影响

（1）光照　一般情况下，随着光强的增大，光合速率提高，在一定范围内，光合强度与叶片所接受的光强呈正相关。光合作用光补偿点和光饱和点指标可用作评价不同生态类型的板栗树的需光标准。李保国和王永蕙（1990）报道的板栗光合作用的光补偿点和光饱和点分别为 3000 lx 和 40 000 lx。文晓鹏等（1995）以'金沙油栗''镇远大板栗'等品种一年生嫁接苗研究的结果表明，光补偿点为 0.8～1.5 klx，光饱和点为 35～45 klx，不同品种之间的光-光合速率曲线存在一定的差别。

（2）空气　空气对光合作用的影响主要是 CO_2 浓度。CO_2 浓度过低时，不能满足光合作用的需要，还会加速光呼吸作用。改善 CO_2 浓度的措施主要有两个方面：一是施有机肥或喷布 CO_2 释放剂；二是合理整形修剪，促进 CO_2 的交换和流动，以维持平稳的 CO_2 浓度。

（3）水分　栗园干旱会同时影响气孔阻力和水势，从而抑制光合生理代谢。据李保国和王永蕙（1990）报道，在高温干旱条件，叶片温度升高，气孔阻力加大，开度缩小，光合速率降低极大。彭方仁和黄宝龙（1997）发现板栗在干旱的 7 月光合速率下降及日变化中的中午降低与高温干旱密切相关。短期干旱，浇水后其光合速率尚可恢复。

（4）栽培措施　栽植密度、整形修剪、环割及激素处理等各种栽培措施都会对板栗的光合作用产生影响。精细管理栗园的树木光合强度显著高于粗放管理栗园的树木光合强度。

5.2.2　板栗的营养生理

（1）板栗对养分的吸收动态　氮素的吸收是在萌芽前，即根系活动时就已经开始，以后，随着物候期的变化，由发芽、展叶、开花、新梢生长到果实膨大，吸收量逐渐增加，直到采收前还在上升。采收后吸收量急剧下降，从 10 月下旬（落叶前），吸收量已甚微或几乎不吸收，而在整个生长期中，以果实膨大期吸收最多。磷的吸收，在开花之前，吸收量很少，开花后到 9 月下旬的采收期吸收比较多而稳定，采收以后吸收量非常少，落叶前几乎停止吸收。

（2）板栗叶片中营养元素含量及营养诊断指标　板栗叶片中的营养元素含量，在年周期中是有波动的。夏仁学等（1989）对 13～14 年生板栗叶片矿质元素含量及年周期变化的研究表明，N、K 的含量随叶龄的增加而下降；Ca 的含量随叶龄的增加而增加；Zn、Fe、Mn 和 B 的含量也随叶龄的增加而增加，特别是 Mn 和 B 的增加更为显著。盖素芬等（1991）提出了辽东地区栗树叶片 N、P、K、Ca、Mg 含量的适宜指标分别为 2.100%～2.700%、0.076%～0.125%、0.390%～0.585%、0.632%～1.089%、0.205%～0.372%。陈顺伟等（1999）提出了生产上板栗大树 10 种元素的适宜范围：N：2.34%～2.68%；P：0.19%～0.25%；K：2.00%～2.90%；Ca：1.60%～2.60%；Mg：0.39%～0.55%；B：19.5～51.7 mg/kg；Fe：160.0～300.0 mg/kg；Mn：245.0～260.0 mg/kg；Cu：7.0～9.4 mg/kg；Zn：30.0～38.0 mg/kg。

（3）营养元素对板栗生长发育的影响　适期适量施用氮肥可使树体枝条生长充实健壮，促进花芽分化和果实的发育。王德永等（1991）研究表明，叶氮含量为 2.17%～2.30%时，施氮能提高叶片氮含量和果实产量，且叶片含氮量与主要产量因子（有效枝量、单株新梢生长量等）也存在显著的正相关。夏仁学等（1989）的研究表明，板栗树上一年结果多少严重影响下一年生长季初期叶片中氮的含量，而生长季初期叶中氮的含量又显著地影响当年的产量。庄瑞林和胡修文（1992）认为授粉期施氮比花原期施氮提高板栗产量的效果更明显，而且能增加单粒重，提高品质。陈在新等（1994）对高、低产栗树营养生理的对比研究表明，板栗高产树根际土壤速效磷含量、结果母枝和结果枝及雄花母枝含磷量、树体平均含磷量及结果母枝含氮量均显著高于低产树，并认为高磷中氮是板栗高产的矿质营养基础。硼在板栗的种实发育过程中起着决定性的作用，由于缺硼，双受精作用完成后，初生胚乳不能正常分裂，合子无法从胚乳中吸收营养，因此不能形成胚，导致空苞。

5.2.3　板栗的空苞机制及防治技术

据调查，生产中板栗空苞率一般为 5%～20%，高的达 90%以上，甚至全树空苞。对于造成空苞的机制，近10～20年进行了大量的研究，查明其主要原因为：①授粉受精不良；②生殖器官发育不良，不能形成正常胚囊；③总苞和子房中的有机养分、矿质水平（尤其是B、P）低下；④营养不良，子房内胚珠发育中途停止。克服板栗空苞的有效技术措施：①选择结实率高的板栗优良品种；②合理选配授粉树；③加强肥、水管理。

5.2.4 生长调节剂在板栗栽培中的应用

1. 抑制生长

研究表明，多效唑可显著抑制板栗枝条生长，叶片增厚，抗旱能力增强，产量提高，以6月中旬每株施4 g效果最好。陈凯等（1989）认为，PP_{333}能显著控制板栗树体旺长，促进分枝和加粗生长。喷后7～10 d叶色转绿，叶面积减少，叶片厚度、叶绿素含量、比叶重和光合速率都显著增加，光合作用的光补偿点和光饱和点分别比对照提高0.3～0.5 klx和5～10 klx。树体光能利用率及光合生产力都得到改善，树冠矮化紧凑，有利于矮化密植栽培。

2. 花芽分化与发育

研究人员应用中国林业科学院亚热带林业研究所研制的TDS调节素对板栗品种‘处暑红’‘魁栗’‘清丰’的4年生和30年生植株进行喷布试验。结果表明，TDS可抑制板栗雄花序的生长，促进雌花的发育，提高雌花比例，板栗产量与对照相比可提高20%以上。朱长进等（1992）研究了BA（6-咔基嘌呤）、MN（自行配制的生长调节剂）、GA_3（赤霉素）、乙烯利、多效唑、青霉素、RS（稀土制剂）对板栗生长、成花及结果的影响。结果表明，BA促进了结苞量、出实率及株产，抑制新梢加粗生长和叶片扩大；青霉素和RS均能增加出实率；MN对促进雌花形成，提高结苞量、出实率和株产均有显著作用；多效唑能一定程度提高结实率并减缓新梢加长生长，但抑制叶片扩大。

板栗的利用价值很高，坚果营养丰富，是重要的干果木本粮食。随着社会的发展和人民生活水平的提高，以及人口的日益增长，高产和高品质的板栗需求将愈来愈大。我国板栗丰产栽培机制研究虽取得了一定成果，从整体来看，研究工作尚不成熟，如板栗的性别分化及调控机制、菌根菌的开发利用、专用复合肥的研制、水分生理生态、微气候调控机制等研究。因此加强板栗的生物和生理学等基础性学科的研究，以及各学科的综合性研究，并且从分子生物学、生理学、发育遗传学水平上研究板栗的丰产机制，在花形态建成和光形态建成的基础上进一步了解板栗的性别分化和调控机制及影响板栗性别分化的主要因素；探寻营养生长和生殖生长的相互关系；寻找出具有高产、抗病虫、耐贮藏等优良遗传特性的基因型和生态型板栗品种具有重要的意义。

生理学特性是植物在各种环境条件下的生命活动规律和机制的表现。中南林业科技大学的陈建华（2002）通过对10个板栗品种（‘它栗’‘铁粒头’‘檀桥'‘安 1'‘新田优株'‘焦札'‘韶 18'‘华丰'‘华光'‘红栗'）的光合特性、叶绿素含量、矿质营养、组织培养、内源激素、水分代谢、荧光特性、硝酸还原酶、抗逆性等生理特性的研究得出：①光合作用是物质生产的基础，光合性状将直接或间接影响产量。不同板栗品种的光合性状具有显著差异。光合速率的日变化，以及光合速率与光照强度、气孔导度、水分代谢、CO_2 浓度等外部环境和内部生理因子的关系在不同板栗品种之间也存在显著差异性。②荧光特征参数反映了光系统（PS Ⅰ、PS Ⅱ）的光能转化、利用率、电子传递、光化学反应及光系统的潜在活性，在不同板栗品种之间存在显著差异性。光化学效率（Fv/Fm）、光合电子传递速率（ETR）是光系统中影响产量的两个主要因子，并与其他表观光合性状具有一定的相关性。③在逆境下，不同板栗品种 Fv/Fm 的变化反映了不同品种的抗逆性，其抗逆性与光合速率、硝酸活性成正比。④不同板栗品种的矿质营养二要素和微量元素的含量变化无一定的规律性。但是将矿质营养三要素 N、P、K 看成一个整体（N、P、K）作为一个复合元素时，其变化呈一定的规律性，并与单株产量和雌花数呈显著正相关。⑤碳氮比（C/N）调控开花结实，即 C/N 值大，有利于开花；反之，则延迟或不开花。不同板栗品种的碳氮比与雌花数和单株产量具有显著相关性。光合速率和叶绿素含量影响碳氮比，从而影响开花与结实。⑥不同板栗品种的硝酸还原酶活性的季节变化具有显著差异，变化规律具一定的相似性。5～8 月，硝酸还原酶活性日益增高，8 月后其活性开始直线下降。⑦硝酸还原酶活性加速了氮代谢，与光合速率成正相关，硝酸还原酶活性增加提高了碳氮比，促进了开花，与单株产量呈显著正相关，但是对光化学效率（Fv/Fm）影响不大，说明了光化学效率由遗传因素控制，在适宜环境条件下受其他因素的影响较小。硝酸还原酶活性与碳和复合营养元素（N、P、K）呈一定的正相关。⑧不同品种适宜的基本培养基不同，主要以 WPM 和 MS 的效果最好。外植体部位不同，诱导率也不一样，胚是较好的组织培养材料，其诱导率最大。⑨不同品种的过氧化物同工酶谱既有其相似性又各有差异，可看出它们之间亲缘关系的远近，还可看出其特异性。⑩适当浓度的细胞分裂素或生长素能显著促进板栗愈伤组织的形成和增殖，两者同时添加时效果最佳，细胞分裂素和生长素的浓度不同，其影响大小也不一样。⑪板栗愈伤组织培养过程中，培养基中添加一定量的抗褐变剂能抑制板栗的褐变，减轻愈伤组织和培养基的褐变，从而促进愈伤组织的生长。一定浓度的 $AgNO_3$ 有助于愈伤组织的分化，还在一定程度上降低了褐变率，光、pH、PPO 活性、温度、总酚含量等对愈伤组织的生长和褐变都有较大的影响。⑫内源激素对植物的生长和发育起重要作用。不同板栗品种内源激素含量具显著差异，但是除赤霉素外，其他内源激素含量变化并没有一定的规律性。外施激素能诱导单株产量较高的几个品种产生不定根或不定芽。大部分品种不能被诱导可能是因为激素受体的量不够或受体被抑制。⑬赤霉素和玉米素与产量和雌花数有显著正相关，但是生长素、脱落酸等其他内源激素的试验与分析结果与其实际功能作用不相符。外施激素对不定根或不定芽的诱导试验表明，很有可能与激素受体有关，当然也不排除是因为测试数据的误差引起的。⑭经主成分分析，可将生物学特性因子分成与产量相关的三个主成分，即光合与氮代谢因子、营养元素因子、荧光反应因子。将生物学特性因子和生理学特性因子两组变数进行典型相关分析，获得对产量影响最大、贡献最多的主要生理特性因子是蒸腾速率、光合速率、碳氮比和光化学效率（Fv/Fm）。通过聚类分析和判别分析，将 10 个板栗品种分为高产型、中产型、低产型，并得到判别函数。

高产型：'华丰''华光''红栗'。

中产型：'它栗''韶 18''新田优株''铁粒头'。

低产型：'檀桥''焦扎''安 1'。

主要参考文献

白仲奎. 1994. 板栗幼树光合特性研究 [J]. 河北果树，(3)：23-25.

陈建华. 2002. 板栗生物学及生理学研究 [D]. 长沙：中南林学院硕士学位论文.

陈凯，陈忠，柳鎏，等. 1989. 板栗幼树叶面喷布 PP_{333} 的效果 [J]. 果树科学，(03)：165-168.

陈顺伟，方新高，朱杭瑞，等. 1999. N、P 和调花丰产素对板栗生长及花性别调控研究 [J]. 林业科学研究，(03)：80-84.

陈在新，艾继洲，李昌周，等. 1994. 板栗高产树的枝梢特征及其与栗苞数的关系 [J]. 湖北农学院学报，(01)：45-48.

冯建灿，胡秀丽，毛训甲. 2002. 叶绿素荧光动力学在研究植物逆境生理中的应用 [J]. 经济林研究，20（4）：14-18.

盖素芬，王德永，郝忠颖，等. 1991. 栗叶营养诊断指标的初步研究 [J]. 林业科技通讯，(10)：18-20.

胡婉仪，涂炳坤. 1990. 板栗嫩枝扦插繁殖的研究 [J]. 华中农业大学学报，(1)：104-106.

姜国高，张毅，刘寄宪，等. 1981. 关于板栗雌花促成的探讨 [J]. 中国果树，(01)：3-6.

李保国，王永蕙. 1990. 果树光合作用研究进展 [J]. 河北林学院学报，(03)：254-261.

李树林，王永蕙，朱景柱，等. 1900. 果树叶绿素遗传规律的研究 [J]，河北农业大学学报，(1)：35-41.

牟云官，李宪利. 1988. 板栗密植园光合效能的探索 [J]. 山东农业大学学报，(02)：41-47.

彭方仁，黄宝龙. 1997. 板栗密植园树冠结构特征与光能分布规律的研究 [J]. 南京林业大学学报，(02)：29-33.

施必青，王学勤，颜务林，等. 2000. 我国板栗研究文献分析 [J]. 浙江林业科技，(5)：67-71.

王德永，盖素芬，郝忠颖，等. 1991. 栗树叶片分析中取样技术的研究 [J]. 林业科技通讯，(02)：13-16.

王志杰. 1996. 板栗的繁殖和建园技术研究 [J]. 河北林果研究，(s1)：127-130.

文晓鹏，罗充，樊卫国，等. 1995. 板栗光合生理的研究（Ⅲ）板栗叶片结构与光合速率［J］. 贵州农学院学报，（03）：48-52.
夏仁学，马梦亭，毛庆山. 1989. 罗田板栗主要品种与实生板栗雄花序及花粉主要性状观察［J］. 华中农业大学学报，（02）：189-191.
杨继红. 1997. 板栗中某些微量元素的测定及其营养研究［J］. 云南大学学报，19（4）：359-361.
杨镇，王志彦. 1990. 板栗嫩枝扦插育苗研究初报［J］. 林业科技通讯，（04）：32-33.
余叔文，汤章城. 1992. 植物生理与分子生物学［M］. 北京：科学出版社.
朱长进，刘庆香，赵丽华，等. 1992. 生长调节剂与板栗生长、成花及结果的研究［J］. 林业科学研究，（03）：311-316.
庄瑞林，胡修文. 1992. 板栗喷施板栗增产灵丰产试验［J］. 经济林研究，（02）：68-69.

第6章 板栗的遗传多样性

遗传多样性是重要的生物资源。随着现代工业和科技的不断发展，生态环境明显恶化，遗传多样性的研究、保护及可持续利用已成为全球瞩目的重要课题。

遗传多样性（genetic diversity）在广义上讲是指种内或种间表现在分子、细胞、个体3个水平的遗传变异度。狭义上则是指种内不同群体和个体间的遗传多态性程度。遗传多样性研究（genetic diversity research）的目的是更好地了解作物基因的起源、进化和变异类型，包括种的分布图、生态地理研究，以及用于研究优先作物基因源的野生近缘植物描述的生物化学方法，是生物生存质量的评价依据之一。遗传多样性是生物多样性的一个重要组成部分，是用一个种、亚种、变种或品种的基因变异来衡量它们内部变异性的概念。有许多因素能影响DNA复制的准确性，这些因素可能来自外界，也可能来自本身。内外因素导致不同程度遗传变异，随着遗传变异的不断积累，遗传多样性的内容得到不断丰富。例如，耕作制度的类型、农户种植不同品种的原因及影响作物育种和研究的政策等都会影响生产中品种的遗传多样性。植物遗传多样性丰富或差异较大可减少作物因病虫害造成的损失。

物种或群体的遗传多样性大小是长期进化的产物，是其生存（适应）和发展（进化）的前提。一个群体（或物种）遗传多样性越高或遗传变异越丰富，对环境变化的适应能力就越强，越容易扩展其分布范围和开拓新的环境。遗传物质的变异是生物多样性的核心，遗传多样性是生物多样性保护中最重要的一部分，物种保护策略和措施的制定必须建立在对物种多样性水平和群体遗传结构充分了解的基础上。另外，遗传多样性是保护生物学研究的核心之一。不了解种内遗传变异的大小、时空分布及其与环境条件的关系，我们就无法采取科学有效的措施来保护人类赖以生存的遗传（基因）资源，来挽救濒于灭绝的物种，保护受到威胁的物种。同时，遗传多样性是重要的生物种质资源，是改良作物遗传特性和培育新品种的基础。遗传多样性的测定对于了解种源的适应性、物种起源及其基因资源保护与利用等具有重要意义。

长期以来，作物、果树、畜禽和渔业生产不断发展和提高，在很大的程度上都与它们本身及其野生亲缘种遗传多样性的利用有关。同样，它们的遗传单一性造成疾病流行和暴发，说明了保护遗传多样性的重要性和迫切性，也显示出遗传多样性的丰富程度决定了物种对环境变化的适应能力。目前，遗传多样性的保护与利用已获得专利，成为生物多样性研究和生物资源管理的重要手段。在农、林、副、渔和医药等领域的价值是生物多样性持续利用经济效益最大的一个方面，并成为争论的焦点之一。但是，我国遗传多样性的基础研究十分薄弱，动植物遗传多样性的保护和持续利用得不到足够的理论指导，不但野生物种的遗传多样性得不到应有的保护，而且各地作物、果树和畜禽等品种资源因不受重视而大量流失，损失巨大。由于不了解物种种群的遗传结构，就很难制定有效的管理措施，也不能对已有措施的效率进行监测。保护物种要通过对生态系统和栖息地的保护入手，而评估物种受威胁的程度及是否已摆脱受威胁的状态必须建立在遗传多样性研究的基础上。

果树的遗传多样性研究与果树种质资源收集、评价和保护是联系在一起的。中国政府投入巨资在全国建立了 17 处国家果树种质圃。至 1992 年，中国共收集与保存苹果、梨、柑橘、葡萄、桃、李、杏、柿、枣、栗、核桃、龙眼、枇杷、香蕉、荔枝、草莓、山葡萄、山楂等 18 个主要树种和云南特有果树砧木资源、新疆名特果树及寒地果树，涉及 31 科 58 属的果树种质资源，共 11 835 份。

数千年来，栗属植物曾对亚洲、欧洲和北美洲的人类社会发展起过重要作用。栗属植物具有连年结实的稳定性，曾是人们赖以生存的食物来源之一，在中国、日本、法国、意大利、西班牙和葡萄牙的许多区域，栗曾是主要食物来源。

国内外学者关于板栗遗传多样性的研究主要集中在下述领域：①栗属植物地理分布及起源学说；②中国板栗的群体遗传多样性；③栗属中国特有种居群的遗传多样性；④分子标记技术研究板栗遗传多样性。而对板栗在某一区域内的表型性状的遗传多样性研究还很少，板栗的表型性状虽然会随气候条件和立地条件等生态条件的不同而改变，但同一品种在某一特定区域内的表型性状在某一时段内是一致的。

板栗具有丰富的优良遗传多样性资源。以其抗真菌能力强、抗欧美毁灭性病害栗疫病等优良遗传特性，值得全球栗树研究者重视。中国板栗科研工作起步晚、基础薄弱，许多产区至今仍保留着粗放经营的习惯。科研工作一方面过多强调筛选优质高产品种，另一方面对具有特殊遗传性状的品种任其自生自灭。长期以来，由于人为和自然因素影响，许多优良或具特殊价值的遗传资源遭到破坏，大量的优良地方品种未得到应有的重视和利用。20 世纪初美洲栗由广布种迅速沦为濒危种的现实，敲响了栗属种质资源保育的警钟。且我国部分地区的野生栗资源已遭到严重破坏。科学而有效的保育策略的制定与实施离不开对其遗传多样性、居群遗传结构、遗传分化程度、基因流及其形成机制的清醒认识。因此，研究栗属植物的资源现状，深入、系统地揭示我国现有栗属资源遗传多样性特征，是有效保护我国栗属资源和实现可持续利用的决策依据，也是当务之急，具有重要的现实意义和深远的历史意义。

6.1 中国板栗的群体遗传多样性及遗传变异空间结构模式

群体会由于选择、突变、迁移、隔离或随机遗传漂变等原因而出现分化，林木与其他生物相比，群体的遗传分化程度较低。群体之间的基因流（*Nm*）用群体大小（*N*）及每代迁移率（*m*）来度量，板栗的基因流（*Nm*）为 0.4529，属于中等较低水平。板栗的 *Nm* 水平可能主要与其种子传播方式、地理隔离有关。另外，群体间的基因流可能由于环境恶化和人类活动（过度砍伐、放牧）等造成的生栖地片段化而降低，生态环境片段化使各群体在空间上相对隔离。在个体、种子、花粉等的迁移能力不变的情况下，隔离距离越大，群体间的基因流越小，从而导致群体间的遗传分化增大。

根据群体间遗传距离聚类结果,可将中国板栗分为北方和长江流域两个大类，而且地理上较近的群体，在遗传上也聚在一起，这与其地理分布格局大致吻合，但群体间的遗传距离与地理距离无明显的相关关系。对 6 个种群 AFLP（扩增片段长度多态性，基于 PCR 技术扩增基因组 DNA 限制性片段）扩增谱带的分析表明，种群特异带及种群间共有带的差异与分布揭示了各群体的遗传差异及相似性。Nei 遗传多样性分析表明，板栗遗传多样性在群体间存在真实遗传差异，但遗传多样性分布主要存在于群体内，群体间占 7.28%。4 个群体遗传变异的分子方差分析（AMOVA）表明，遗传多样性主要分布在群体内，占 87.01%，群体间遗传变异占 12.99%。这与在望天树、海桑属红树、小毛茛等植物上研究得到的低水平的遗传多样性和较强的地区居群分化的结论相一致。

栗属植物为风媒异交植物，靠重力、风力等传播种子，花粉的长距离传播和后代有限的向外扩展能力，对形成群体遗传结构起着十分关键的作用，并与基因流的强度密切相关。AFLP 标记测得的 6 个板栗种群间基因流（*Nm*）为 0.4529，表明板栗种群间存在中等强度的基因流，但不同种群地理隔离大，群体间存在一定程度的遗传分化（Gst 为 0.4753）。板栗同一种群不同品种聚类结果的差异，可能是由于板栗是典型的雌雄同株植物，自然杂交很常见，而且生长在一起的种，可发生渐渗杂交,即由于杂交或回交使某一物种的基因渗入另一物种的基因库中，引起某一物种的遗传变异，而使发生这种杂交的种的群体比在地理上隔离的同一种的群体有更多的遗传变异。

6.1.1 材料和方法

（1）植物材料　　中国板栗的 21 个自然居群采集于我国自然分布区的华北、长江流域、西南主要地区。同时，在长江流域、西南自然分布区内采集到 6 个茅栗居群及 3 个锥栗居群（表 6-1）。每居群一般随机选取样 30 株野生或实生老树。

采集的样本为种子或一年生枝条。样本冲洗干净后装入塑料袋内，存入 4℃的冰箱，在 2 个月内完成电泳实验。

表 6-1　栗属中国特有种居群的遗传变异

编号	居群	N	A	P[①]	H_o	H_e[②]	F
板栗							
1	北京昌平	24	1.8（0.1）	76.5	0.250（0.046）	0.260（0.042）	0.038
2	北京怀柔	24	1.9（0.1）	76.5	0.245（0.045）	0.253（0.043）	0.032
3	湖北房县	24	2.1（0.1）	82.4	0.385（0.059）	0.338（0.039）	−0.139
4	湖北神农架	24	2.1（0.1）	82.4	0.381（0.055）	0.341（0.043）	−0.117
5	湖北宜昌	24	2.1（0.1）	82.4	0.377（0.056）	0.314（0.039）	−0.201
6	湖北秭归	24	2.1（0.1）	82.4	0.336（0.044）	0.324（0.040）	−0.037
7	湖北五峰-1	24	2.1（0.1）	82.4	0.348（0.042）	0.330（0.037）	−0.055
8	湖北五峰-2	24	2.1（0.1）	88.2	0.301（0.052）	0.293（0.039）	−0.027
9	湖北罗田	24	2.0（0.1）	76.5	0.306（0.057）	0.295（0.040）	−0.037
10	湖北通城	24	2.1（0.1）	82.4	0.306（0.056）	0.299（0.037）	−0.023
11	贵州毕节	24	1.9（0.1）	76.5	0.208（0.037）	0.265（0.044）	0.215
12	广西南丹	24	2.1（0.1）	82.4	0.287（0.050）	0.292（0.039）	0.017
13	云南禄劝-1	24	2.0（0.1）	82.4	0.301（0.046）	0.289（0.041）	−0.042
14	广西兴安	24	2.0（0.0）	93.8	0.214（0.038）	0.269（0.028）	0.204
15	广西资源	24	2.0（0.0）	81.3	0.274（0.050）	0.265（0.038）	−0.034
16	广西东兰	24	2.1（0.1）	87.5	0.253（0.050）	0.261（0.035）	0.031
17	湖南永顺	24	2.1（0.1）	93.8	0.310（0.041）	0.327（0.032）	0.052

续表

编号	居群	N	A	P[①]	H_o	H_e[②]	F
18	贵州玉屏	24	2.1（0.1）	93.8	0.302（0.039）	0.315（0.034）	0.041
19	云南禄劝-2	20	2.1（0.1）	93.8	0.262（0.044）	0.303（0.032）	0.135
20	云南宜良	25	2.0（0.0）	93.8	0.273（0.039）	0.293（0.036）	0.068
21	云南麻栗坡	24	2.0（0.0）	87.5	0.260（0.040）	0.264（0.037）	0.015
茅栗							
22	宜昌市	24	1.9（0.1）	64.7	0.252（0.074）	0.188（0.039）	−0.340
23	秭归县	24	1.9（0.1）	64.7	0.179（0.046）	0.169（0.030）	−0.059
24	通城-1	24	1.8（0.1）	70.6	0.230（0.052）	0.186（0.037）	−0.237
25	通城-2	24	1.8（0.1）	52.9	0.147（0.043）	0.130（0.031）	−0.131
26	罗田县	24	1.8（0.1）	64.7	0.206（0.059）	0.171（0.035）	−0.205
27	新干县	22	1.9（0.1）	64.7	0.131（0.023）	0.166（0.034）	0.211
锥栗							
28	宜昌市	21	1.9（0.1）	70.6	0.193（0.042）	0.219（0.037）	0.119
29	房县	24	1.9（0.1）	70.6	0.219（0.044）	0.247（0.043）	0.113
30	资源县	24	1.8（0.1）	58.8	0.238（0.055）	0.192（0.042）	−0.240
平均数（整个居群水平）							
1～2	华北地区	24	1.9（0.1）	76.5（0.0）	0.248（0.003）	0.257（0.004）	0.035
3～10	长江流域	24	2.1（0.0）	82.4（0.0）	0.343（0.033）	0.312（0.018）	−0.099
3～5	神农架及邻近地区	24	2.1（0.1）	82.4（0.0）	0.381（0.003）	0.331（0.012）	−0.151
11～21	西南地区	24	2.0（0.1）	87.9（5.9）	0.268（0.032）	0.286（0.022）	0.063
1～21	板栗	24	2.1（0.1）	84.7（6.0）	0.294（0.049）	0.295（0.027）	0.003
22～27	茅栗	24	1.9（0.1）	63.7（5.3）	0.191（0.043）	0.168（0.019）	−0.137

续表

编号	居群	N	A	P①	H_o	H_e②	F
28～30	锥栗	23	1.9（0.1）	66.7（5.6）	0.217（0.018）	0.219（0.022）	0.009
种类水平							
1～21	板栗	417	2.2（0.2）	90.0	0.284（0.028）	0.311（0.028）	0.087
22～27	茅栗	142	2.1（0.1）	82.4	0.192（0.030）	0.186（0.029）	−0.032
28～30	锥栗	69	2.1（0.1）	76.5	0.218（0.036）	0.261（0.041）	0.165

注：①如果最常见的等位基因频率不超过 0.95，其轨迹为多态性；②无偏估计

（2）电泳和同工酶染色　采用种子子叶作同工酶分析试材，部分居群（西南居群编号 14～21）（表 6-1）只有一年生枝为试材时，则采用与种子子叶具有同工酶表型及基因型一致的休眠芽。

等位酶提取、电泳和染色参照 Huang 等（1994a）报道的方法。每居群分析 ACP（酸性磷酸酶 EC3.1.3.2）、DIA（还原型辅酶Ⅰ心肌黄酶 EC1.6.2.2）、EST（酯酶 EC3.1.1.-）、FDH（甲酸脱氢酶 EC1.2.1.2）、IDH（异柠檬酸脱氢酶 EC1.1.1.42）、MDH（苹果酸脱氢酶 EC1.1.1.37）、ME（苹果酸酶 EC1.1.1.40）、PGD（6-磷酸葡萄糖脱氢酶 EC1.1.1.44）、PGI（磷酸葡萄糖异构酶 EC5.3.1.9）、PGM（磷酸葡萄糖变位酶 EC5.4.2.2）、PRX（过氧化物酶 EC1.11.1.7）、SKD（莽草酸脱氢酶 EC1.1.1.25）12 个酶系统的 20 个基因位点。

（3）等位酶的确定和数据分析　等位酶基因的确定参照 Huang 等（1998）报道。数据分析使用 Biosys-1 和 Genestat-PC 软件。应用 Biosys-1 软件计算出各等位基因在不同居群中的频率分布、酶位点等位基因平均数（A）、多态位点比率（P）、平均观察杂合度（H_o）、平均预期杂合度（H_e）、固定指数（F）、Nei's 遗传距离（D）和遗传一致度（I），并采用“Modified Roger's Distance”进行 UPGMA 聚类分析。应用 Genestat-PC 计算栗属 3 个中国特有种的遗传分化度（Gst）。按照 Wright（W）的 Fst 法计算反映基因流强度的居群每代迁移数（Nm），其关系为：Fst＝1/（1＋4Nm），Nm（W）＝（1－Fst）/4Fst，在此，Fst 可认为等同于 Gst。

6.1.2　结果和分析

1. 中国板栗、茅栗及锥栗遗传多样性

在 12 个酶系统的 20 个位点上共检测到 44 个等位基因。位点最大等位基因数为 5。卡方（χ^2）分析中国板栗 21 个居群等位基因频率的差异，发现在 20 个位点中 16 个表现显著；茅栗、锥栗被分析的 17 个多态位点中，分别有 10 个和 9

个位点表现差异显著。表明等位基因频率在居群间的分布存在显著差异，并且，不同的种和居群具有地方性的特有等位基因。例如，*Pgi-1*^{b}、*Pgi-1*^{d}只存在于中国板栗中，而且 *Pgi-1*^{b} 仅存于神农架居群；*Fdh-1* 在茅栗大多数居群中表现为单态位点，但在广西资源县的居群中表现多态性，具有等位基因 *b*；锥栗的 *Me-1* 和中国板栗、茅栗差异大，没有等位基因 *c*，而且 *Me-1*^{a} 也仅存在于广西资源县的居群中。房县锥栗居群中，还发现稀有等位基因 *SKD-3*^{c}。这些地方特有等位基因的存在既反映了种和居群的遗传组成差异，也对保育计划中取样策略的制定具有重要的参考价值。

中国板栗的遗传多样性显著高于茅栗和锥栗（表 6-1）：种水平上多态位点的比率为 90.0%，观察杂合度为 0.284，预期杂合度为 0.311。中国板栗种内存在较高的遗传变异，比较华北、长江流域、西南地区的遗传多样性参数值，以长江流域群体遗传多样性最高；而且长江流域各居群的遗传多样性，又以神农架及周边地区（房县、神农架、宜昌）最高，其等位基因平均数 *A*、多态位点比率 *P*、平均期望基因杂合度 H_e 的平均值分别为 2.1、82.4%、0.331。卡方测验 30 个居群的多态位点与 Hardy-Weinberg 平衡的偏离，中国板栗居群平均有 2.9（0～6）个位点显著偏离该平衡；茅栗、锥栗居群显著偏离该平衡的位点平均为 2（0～3）和 2.3（1～3）个。可见栗属居群基本上处于 Hardy-Weinberg 平衡状态。从表 6-1 还可看出，中国板栗各居群中，长江流域居群固定指数 *F* 均为负值，说明长江流域居群具有杂合基因型的个体数量多于 Hardy-Weinberg 期望值；而华北和西南地区居群 *F* 大多为正值，反映出杂合基因型的个体数量低于期望值。茅栗遗传变异虽最小，但分布在长江流域的居群也存在高于 Hardy-Weinberg 期望值的杂合体数量。锥栗居群总体水平的实际杂合度接近 Hardy-Weinberg 平衡的预期值。

2. 栗属中国特有种遗传结构比较

1）栗属中国特有种居群遗传分化程度和基因流　　中国板栗、茅栗、锥栗居群的平均遗传分化程度依次加大（表 6-2）。中国板栗的遗传分化最低，21 个居群的总遗传多样性（H_t）为 0.312，其中，居群内的遗传多样性（H_s）为 0.288，居群间的遗传多样性（Dst）为 0.023，分化度（Gst）为 0.075，表明总遗传多样性的 7.5%来源于居群间遗传变异，92.5%属于居群内的遗传变异。茅栗居群的总遗传多样性和居群内遗传多样性在 3 个种中最低，但居群间遗传分化度界于板栗和锥栗之间。锥栗居群的遗传分化度最高，Gst＝0.221，即居群间的遗传变异已达到 22%，表明锥栗居群间的隔离程度已经达到相当大的程度。中国板栗、茅栗和锥栗居群的基因流动程度依次减弱，基因流计算结果显示栗种分化程度较低的居群间存在较大的基因流。中国板栗和茅栗的 *Nm* 值分别为 3.20 和 2.05，说明居群间基因交流较频繁，防止了由遗传漂变引起的居群间的遗传分化。锥栗 *Nm* 值小于 1（*Nm*＝0.88），可能会因遗传漂变作用进一步加大锥栗居群间的隔离程度。

表 6-2　中国板栗、茅栗、椎栗的遗传多样性及遗传结构

位点	板栗				茅栗				锥栗			
	H_t	H_s	Dst	Gst	H_t	H_s	Dst	Gst	H_t	H_s	Dst	Gst
Pgm-1	0.069	0.070	0.000	0.000	0.050	0.049	0.000	0.007	0.043	0.043	0.000	0.000
Pgi-1	0.405	0.377	0.028	0.069	0.238	0.164	0.075	0.313	0.227	0.214	0.013	0.055
Mdh-1	0.318	0.299	0.019	0.060	0.371	0.304	0.067	0.181	0.415	0.418	0.000	0.000
Skd-3	0.309	0.281	0.029	0.092	0.082	0.079	0.003	0.030	0.620	0.293	0.327	0.528
Skd-4	0.367	0.262	0.105	0.287	0.106	0.106	0.000	0.000	0.357	0.253	0.104	0.292
Est-1	0.379	0.355	0.023	0.062	0.161	0.161	0.000	0.000	0.348	0.355	0.000	0.000
Est-2	0.390	0.367	0.023	0.059	0.230	0.225	0.005	0.021	0.228	0.208	0.019	0.084
Acp-2	0.463	0.419	0.044	0.095	0.522	0.385	0.137	0.262	0.376	0.356	0.021	0.056
Acp-3	0.412	0.395	0.017	0.042	0.256	0.244	0.012	0.047	0.376	0.354	0.022	0.057
Me-1	0.305	0.270	0.035	0.115	0.276	0.247	0.028	0.103	0.014	0.014	0.000	0.000
Fdh-1	0.022	0.022	0.000	0.003	0.007	0.007	0.000	0.000	0.055	0.054	0.001	0.016
Idh-1	0.288	0.285	0.002	0.008	0.138	0.132	0.006	0.042	0.146	0.149	0.000	0.000
Dia-1	0.316	0.296	0.020	0.063	0.213	0.202	0.011	0.052	0.217	0.221	0.000	0.000
Dia-2	0.315	0.303	0.012	0.039	0.179	0.181	0.000	0.000	0.586	0.300	0.286	0.488
Dia-3	0.462	0.422	0.040	0.087	0.168	0.165	0.003	0.017	0.174	0.163	0.011	0.064
Dia-4	0.322	0.292	0.031	0.095	0.090	0.088	0.002	0.024	0.574	0.302	0.272	0.474
Pgd-1	0.109	0.105	0.004	0.040	0.100	0.099	0.002	0.016	0.032	0.031	0.001	0.027
Prx-1	0.477	0.452	0.025	0.052	*	*	*	*	*	*	*	*
Prx-2	0.198	0.198	0.000	0.000	*	*	*	*	*	*	*	*
Prx-3	0.306	0.299	0.007	0.024	*	*	*	*	*	*	*	*
平均值	0.312	0.288	0.023	0.075	0.187	0.167	0.020	0.109	0.282	0.219	0.062	0.221

*表示数据缺失

2）栗属种间和居群间的遗传一致度和遗传距离　栗属 3 个中国特有种的种间遗传距离相对较小（表 6-3），中国板栗和茅栗间存在较近的亲缘关系（$D=0.110$），茅栗和锥栗亲缘关系最远（$D=0.122$）。等位酶分析结果与原有形态分类一致。在栗属分类上，中国板栗和茅栗以每栗苞内三坚果为代表特征分在真栗（*Eucastanon*）组，而锥栗栗苞内为一坚果，分在 *Hypocastanon* 组。栗属种间距离小，与栗属种间杂交亲和及栗属 3 个中国特有种存在大范围的同域分布有关，也可能是由于较大概率的种间基因交流或自然界存在一定数量的杂合个体所造成的。中国板栗居群间平均距离为 0.038，由表 6-4 可看出，华北与长江流域、西南居群的遗传距离呈逐渐增大的趋势，最大遗传距离（$D=0.110$）存在于华北居群和西南居群间。从居群分布的地理区域看，华北与长江流域、西南的地理距离渐远。遗传距离的逐渐增大，反映了地理距离和遗传距离有一定的相关性。锥栗居群间平均距离为 0.067，反映出种内遗传分化较大（表 6-3）。

表 6-3 栗属 3 个中国特有种间遗传距离

种类	种群编号	板栗	茅栗	锥栗
板栗	21	0.038 （0.000～0.110）		
茅栗	6	0.110 （0.055～0.173）	0.021 （0.001～0.054）	
锥栗	3	0.121 （0.042～0.241）	0.122 （0.076～0.192）	0.067 （0.055～0.073）

注：括号内为遗传距离的范围

表 6-4 中国板栗地理宗间遗传距离

地区	种群编号	华北地区	长江流域	西南地区
华北地区	2	0.008 （0.008～0.008）		
长江流域	8	0.056 （0.047～0.075）	0.013 （0.000～0.034）	
西南地区	11	0.078 （0.041～0.110）	0.038 （0.014～0.067）	0.030 （0.003～0.069）

3）聚类分析　UPGMA 聚类图（图 6-1）直观地显示出种间差别及种内地理宗间差别。以 D=0.23 为界，所有居群明显聚成 3 类：中国板栗（居群 1～21）、茅栗（居群 22～27）和锥栗（居群 28～30）。种间界限非常清楚。同时，若以 D=0.29 为界，板栗和茅栗聚为一组的格局也反映出这两个种同在栗属真栗（*Eucastanon*）

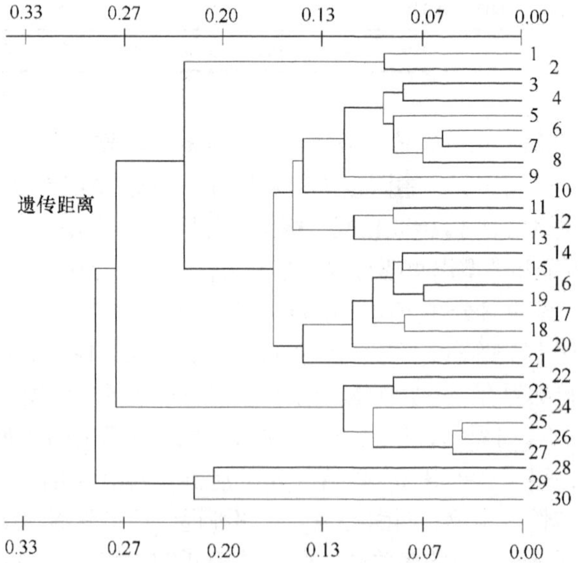

图 6-1 栗属中国特有种 30 个居群的 UPGMA 聚类

组的较近亲缘关系。聚类图还反映出锥栗居群间存在较大遗传分化及中国板栗居群聚类与其地理分布格局的大致吻合性。长江流域和西南地区地理距离最近，表现的遗传距离最小。在 $D=0.15$ 处，长江流域（居群 3～10）和西南居群（居群 11～21）聚成一组；华北和长江流域及西南的地理距离较远，在 $D=0.23$ 处，华北（居群 1、2）、长江流域和西南 3 个地理宗聚在一起。西南地区居群聚类突破了地理宗范畴，13 个居群聚成种子样本类（11～13）、枝条样本类（14～21）两组，而且两组距离远于均以种子样本分析的长江流域和西南居群。这种结果是不同的实验材料造成还是长江流域和西南地区频繁的基因交流结果，有待进一步研究澄清。

6.1.3　讨论

Hamrick 和 Godt（1989）曾对 655 种植物的遗传多样性进行总结：种水平的遗传多样性为 0.150，多态位点比率（P）为 51.3%；居群水平的遗传多样性为 0.113，多态位点比率为 34.6%。栗属 3 个中国特有种遗传多样性均高于植物的平均水平，是和其风媒异花授粉的繁育特性及长命、多年生等生活特征密切相关的，而广域分布更决定了板栗保持较高的遗传变异。关于栗属植物的起源和进化问题，世界各国学者从不同领域进行探讨，大多认为起源于中国，并提出一定证据，但对中国板栗、茅栗和锥栗的居群遗传学缺乏系统研究。本研究结果为栗属中国起源说提供了进一步佐证。比较同属姊妹种美洲栗、欧洲栗的研究结果，发现中国板栗的遗传变异水平高于欧洲栗，更高于美洲栗（表 6-5），并且栗属植物的遗传多样性由中国经小亚细亚向欧洲地中海依次递减。中国板栗具有高遗传变异性并且分布广泛，另外，在 3 个栗属中国特有种中，中国板栗和茅栗间遗传距离最小，茅栗和锥栗间遗传距离最大，由此可初步推断茅栗和锥栗起源于中国板栗。

表 6-5　5 种栗属植物的遗传多样性、遗传结构及基因流

种类	H_t	H_s	Dst	Gst	Nm
美洲栗	0.214	0.196	0.019	0.087	2.62
欧洲栗	0.284	0.248	0.036	0.127	1.72
板栗	0.312	0.288	0.023	0.075	3.20
茅栗	0.187	0.167	0.020	0.109	2.05
锥栗	0.282	0.219	0.062	0.221	0.88

表 6-1 还反映了长江流域居群遗传多样性高的特性，揭示了长江流域尤其神农架周边地区为中国板栗遗传多样性中心的可能性。长江流域（华中）地区地形复杂，气候差异显著，植物区系丰富、起源古老，与我国其他植物区系及日本、北美植物区系有较密切的联系。在历史上，由于第四纪冰川的作用，长江流域以南地区、特别是三峡河谷地带成为第三纪古老植物和许多特有植物的避难地，形成了一个巨大的基因库。同时，本区分布有栗属的 3 个种，在鄂西和鄂西北山区蕴藏着丰富的野

生资源；而且，全国六大板栗品种群中，长江流域板栗品种群以品种最多、形态及生理特征变异最大而富有特色。综上可初步认为长江流域为遗传多样性中心。与以前的研究相吻合，华北居群的遗传多样性较低。这可能是遗传“瓶颈效应”的影响，使华北居群的遗传背景相对简单；西南地区受冰川影响小，因此也保存了较丰富的资源和较高的遗传多样性。张辉和柳鎏（1998）通过对分属中国 5 个品种群的 9 个实生板栗居群进行等位酶分析测试，推断西南为板栗遗传多样性中心，和本研究结果相悖；显然是居群取样以江苏溧水和安徽合肥为代表的长江流域缺乏代表性所致。

栗属植物为风媒异交并靠重力、附着散播种子的物种，花粉的长距离传播和后代有限的向外扩展能力，对形成居群遗传结构起着十分关键的作用，并与基因流的强度密切相关。基因流可能由于环境恶化和人类活动（如过度砍伐）等造成的生栖地的片段化而降低。片段化的生境加大居群间的隔离程度，进而阻碍居群间的基因交流，加大居群间的遗传距离和物种的脆弱性。5 种栗属植物以中国板栗的多样性最高，分化度最小，基因流最大；锥栗遗传分化显著，Gst 是板栗的 2 倍以上，基因流测算结果为每代居群间迁移数目小于 1（$Nm=0.88$），反映出居群间的隔离程度较大，不足以防止遗传漂变导致的居群分化（表 6-5）。了解物种的遗传多样性与遗传结构，有助于我们制定有效的保护策略和措施。中国板栗居群间的遗传分化度低，说明其遗传多样性主要保持在每个居群内，因此，在迁地或就地保护取样时，可能只需要保护相对少的遗传多样性较高的居群就可以达到保护的目的，但每个点应采集尽可能多的植株，以涵盖物种的基因库。长江流域尤其神农架周边地区作为板栗可能的遗传变异中心，我们应对其遗传资源予以充分重视。同时，不可忽略各地理宗的地方特有及稀有基因的特殊价值。锥栗的分化程度高，群体间基因流动较弱，易受环境变化、遗传漂变等随机因素影响，应尽可能避免人为加速生境的片段化，同时，在迁地保护时需要对更多的居群取样以涵盖更大的居群间变异。我国有丰富的栗资源，但长期以来，我们对资源重视不够，以致大量野生林被破坏。据笔者最近对西南地区实地考察，发现栗属野生资源蕴藏量与原有记载相距甚远，西南地区资源遭破坏严重，野生资源面临着越来越贫乏的局面。美洲栗沦为濒危种的内在原因是贫乏的遗传多样性不能适应生存环境变迁的挑战。深入研究我国栗资源现状，为资源保护和可持续利用决策提供科学依据，是目前防止我国栗遗传多样性基础遭受侵蚀的当务之急。

6.2 中国板栗居群间等位基因频率的空间分布

物种自然居群基因频率的地理分布是其遗传分化程度的一个重要参数，能较好地反映其基因流及其形成机制，是探讨物种在环境选择压力下遗传变异分化机制和其他因素干扰影响作用的基础，也是居群遗传学和保育遗传学研究的一个长期目标。植物花粉和种子的有限传播及微环境选择，使其遗传变异在居群内和居群间常呈现一种非随机分布的空间模式。空间自相关分析（spatial autocorrelation analysis）可以用来描述基因频率的地理变异，概括度量某一变量（如基因频率、基因型）在某一地理区域的数值依赖邻近区域同一变量数值的强弱。它是研究遗传变异空间结构的一种有效方法，目前日益广泛地用于研究居群内、居群间的基因频率或基因型的空间分布。同时，研究也逐渐从等位酶标记深入到 DNA 分子水平。栗属植物中，以欧洲栗的遗传变异地理空间分布研究较为清楚，存在明显自东向西的渐变或双向渐变的非随机分布的空间结构，且表明其在次生起源中心（土耳其东部）的早期扩展是缓慢的自然散播；而随后是自东向西迅速扩散，主要受人类活动的影响，后期在地理隔离地方的微环境选择下进行分化。然而，作为栗属植物原生种的中国板栗在这方面的研究还是空白。

6.2.1　材料与方法

1）植物材料和等位酶数据分析　　中国板栗的 21 个自然居群采集于自然分布区中的华北、长江流域、西南主要地区。具体取样位置见图 6-2。

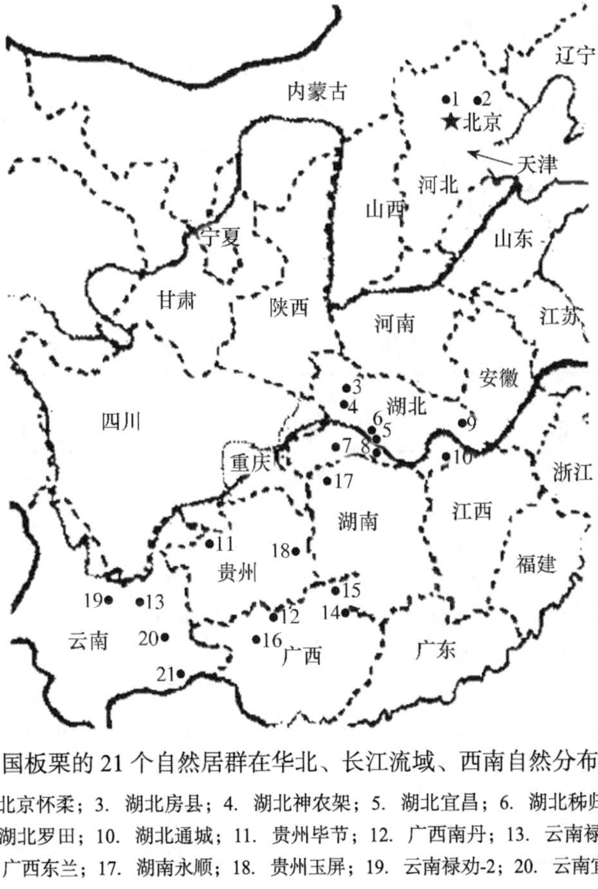

图 6-2　中国板栗的 21 个自然居群在华北、长江流域、西南自然分布区中的分布

1. 北京昌平；2. 北京怀柔；3. 湖北房县；4. 湖北神农架；5. 湖北宜昌；6. 湖北秭归；7. 湖北五峰-1；8. 湖北五峰-2；9. 湖北罗田；10. 湖北通城；11. 贵州毕节；12. 广西南丹；13. 云南禄劝-1；14. 广西兴安；15. 广西资源；16. 广西东兰；17. 湖南永顺；18. 贵州玉屏；19. 云南禄劝-2；20. 云南宜良；21. 云南麻栗坡

采用超薄平板聚丙烯酰胺凝胶等点聚焦电泳技术检测了中国板栗自然居群的12个酶系统20个基因位点：*Acp-2*、*Acp-3*、*Dia-1*、*Dia-2*、*Dia-3*、*Dia-4*、*Est-1*、*Est-2*、*Fdh-1*、*Idh-1*、*Mdh-1*、*Me-1*、*Pgd-1*、*Pgi-1*、*Pgm-1*、*Prx-1*、*Prx-2*、*Prx-3*、*Skd-3*、*Skd-4*。应用 Biosys-1 软件计算出各等位基因在不同居群中的频率分布及 Wright 的 F 统计量，同时对居群间等位基因频率的差异进行 χ^2 分析。

2）空间自相关数据分析　应用 Daniel Wartenberg 发展起来的 SAAP4.3 计算机软件对居群间差异显著的等位基因频率进行空间自相关分析。按照输入格式，将居群取样所处地理位置的经度、纬度转化为小数，即可建立起 21×21 的居群间距离矩阵。将居群间距离分成 5 组，每组平均分布居群对。计算得出每距离组每变量（等位基因）的空间自相关系数 Moran's I，并进行显著性检测。根据每一个等位基因以距离组为横坐标、每距离组下 Moran's I 值为纵坐标所构成的相关图形状及对不同位点相关图的比较可推断空间模式。

6.2.2　结果与分析

1）中国板栗的空间分布　根据 χ^2 分析结果，选择居群间等位基因频率差异显著的位点进行空间分布分析。对两等位基因的位点，选择任一个等位基因进行分析；对多等位基因位点，因无法根据一个基因的分布模式预测其他基因的空间分布，则对所有频率大于 0.01 的等位基因进行分析，选择了 16 个等位酶位点共 19 个等位基因用于本次分析（表 6-6）。根据居群间的地理距离分为 5 个距离组，其上限分别为：335 km、560 km、816 km、1105 km、2215 km。华北居群与西南居群相互间的地理距离最大，最小地理距离分布在华北、长江流域和西南各地理宗的居群间。

表 6-6　中国板栗 21 个居群 19 个等位基因频率的空间自相关系数

等位基因	距离等级					累积可能性
	335	560	816	1105	2215	
Acp-2^a	0.54**	0.25*	−0.11	−0.38**	−0.56**	0.000**
Acp-3^a	0.28**	0.18*	−0.21	−0.42**	−0.08	0.009**
Dia-1^a	0.14	−0.29*	−0.25	0.23*	−0.08	0.071
Dia-2^a	0.61**	0.32**	−0.52**	−0.47**	−0.19	0.000**
Dia-3^a	0.07	−0.23	0.04	−0.04	−0.09	0.408
Dia-4^a	−0.10	0.26**	−0.16	−0.13	−0.11	0.017*
Est-1^a	−0.24	−0.00	0.14	−0.17	0.03	0.335
Est-2^a	0.26*	0.03	0.03	−0.07	0.03	0.213
Mdh-1^a	0.09	−0.07	−0.13	−0.06	−0.08	0.695
Me-1^a	0.24**	0.08	−0.34**	−0.26*	0.03	0.019*
Me-1^b	0.18*	0.20*	−0.29*	−0.25*	−0.09	0.069

续表

等位基因	距离等级					累积可能性
	335	560	816	1105	2215	
Me-1[c]	0.20**	−0.10	−0.21*	−0.16	0.03	0.033*
Pgd-1[a]	0.12	0.10	0.09	0.03	−0.73**	0.000**
Pgi-1[a]	−0.22	−0.08	−0.32	0.18	−0.04	0.598
Pgi-1[c]	0.08	−0.54*	0.18	−0.37*	0.14	0.109
Pgi-1[e]	0.17	−0.62**	0.16	−0.39*	0.11	0.046*
Prx-1[a]	−0.41	−0.14	0.32	−0.34	−99.00①	0.513
Skd-3[a]	0.51**	−0.13	0.02	−0.39**	−0.25*	0.000**
Skd-4[a]	0.23**	0.12	0.05	−0.03	−0.62**	0.000**
平均值	0.12	−0.07	−0.14	−0.18	−0.13	

* 0. 01<*P*<0.05；** *P*<0.01；① 由于几个种群没有进行 *Prx-1* 同工酶分析导致数据缺失；*a*、*b*、*c*、*e* 为等位基因的不同位点

空间自相关分析结果表明：①在 19 个等位基因、5 个距离组区间的 95 个空间自相关系数中（表 6-6），Moran's *I* 值达 0.05 显著水平的仅 34 个［$E_{(I)}=-0.05$］，显著性 *I* 值比例为 35.8%，未能达到 50%，且在 5 个距离等级中未有一个等级的显著性 *I* 值达到 50%（表 6-7），反映出中国板栗居群间缺乏空间结构，多数等位基因在居群间为随机分布的空间模式。②各距离组间显著性 Moran's *I* 值的分布存在差异，第 1 距离组（0～335 km）显著性 *I* 值比例最高（47%），且均为正值，随着距离的增大，正值数减少，负值数增加，从第 3 距离组到最后距离组显著性 *I* 值几乎为负值，仅有一个正值位于第 4 距离组（表 6-7）。这表明在居群间地理距离为 0～335 km，居群部分等位基因频率均相似；随着距离的增加其相似性逐渐减少而差异性增加，当居群间地理距离超过 560 km 时，部分等位基因频率均不相似，反映出中国板栗的部分等位基因又存在一定的空间结构，呈现出渐变、双向渐变和不规则斑块的非随机分布模式。等位基因频率的显著性检测和相关图形，表明中国板栗居群间表现为多数等位基因缺乏空间结构和部分等位基因具特定空间结构的复合模式。③累计显著性分析表明：19 个等位基因频率分布中有 10 个达到显著水平（在某些情况下概率非常低），表现一定距离范围内非随机的空间分布；其中，7 个等位基因分布可明显分为两类，*Acp-3*[a]、*Dia-2*[a]、*Me-1*[a] 和 *Me-1*[c] 表现为在第 1 距离组为显著性的 Moran's *I* 正值，在随后 3 组表现为显著性的 Moran's *I* 负值，在最后一组 Moran's *I* 值非显著且接近于零，成不规则斑块分布，表现为衰退（depression）分布模式，可能是对称渐变或双向渐变（double cline）的结果；*Acp-2*[a]、*Pgd-1*[a] 和 *Skd-4*[a] 显示出渐变（cline）分布模式，即 Moran's *I* 值随地理距离的增加而降低，在较近距离内为较高正值，在较远距离内为较低的负值。比较单一等位基因频率所揭示的空间分布模式，平均空间自相关图更能反映出等位基因频率渐变的非随机分

布模式。

表 6-7 中国板栗居群各距离等级中表现出显著相关的等位基因数

距离等级/km	显著相关的等位基因数			显著相关性的等位基因比例/%
	正相关	负相关	合计	
335	9	0	9	47
560	5	3	8	42
816	0	4	4	21
1105	1	8	9	47
2215	0	4	4	21

2）中国板栗的遗传分化　Fst 值可用来度量居群间的遗传分化程度，是物种遗传多样性的重要参数之一。中国板栗等位酶位点的 *F* 统计量表明（表 6-8）：中国板栗平均遗传分化度 Fst 为 0.080，即总遗传多样性的 8.0%来源于居群间的遗传变异，92%属于居群内的遗传变异。表明居群间出现一定的遗传分化，有一定的隔离，但分化程度不大；但各位点间遗传分化差别较大：Fst 值最大为 0.295，最小为 0.006。位点 *Acp-2*、*Dia-3*、*Dia-4*、*Me-1*、*Pgi-1*、*Skd-3* 和 *Skd-4* 的遗传分化大于平均多态位点的 Fst 值。

表 6-8 中国板栗的 *F* 统计

位点	Fis	Fit	Fst
Acp-2	−0.208	−0.075	0.110
Acp-3	−0.090	−0.013	0.070
Dia-1	−0.065	0.019	0.079
Dia-2	−0.253	−0.181	0.058
Dia-3	−0.083	0.027	0.101
Dia-4	0.084	0.185	0.110
Est-1	0.168	0.234	0.079
Est-2	−0.083	0.001	0.077
Fdh-1	0.262	0.278	0.022
Jdh-1	−0.058	−0.034	0.023
Mdh-1	−0.242	−0.147	0.076
Me-1	0.127	0.238	0.127
Pgd-1	−0.061	−0.002	0.055
Pgi-1	0.007	0.096	0.089
Pgm-1	0.130	0.136	0.006
Prx-1	0.330	0.372	0.063
Prx-2	0.236	0.25	0.019
Prx-3	−0.102	−0.058	0.040
Skd-3	0.215	0.297	0.105
Skd-4	−0.031	0.273	0.295
平均值	0.014	0.095	0.080

注：Fis 为群体内近交系数；Fit 为群体总近交系数；Fst 为群体间基因分化系数

6.2.3　讨论

繁育机制和花粉、种子的散播决定居群内和居群间等位基因频率或基因型的初始空间分布。反之，空间遗传结构可揭示已发生的散播和繁育机制。空间分布分析近年来常被用来推断如突变、迁移、选择和距离隔离等微进化因子。在距离隔离模式下，有限的基因流不足以抵制地方繁殖群体的遗传漂变（genetic drift），从而表现位点的遗传分化加剧，显示一定空间结构；各向同性的居群运动（常指长范围的基因流）或依据环境梯度选择（常和微环境变异有关），会导致基因频率沿着与迁移发生或选择强度变化一致的方向呈现非随机的渐变分布模式。

栗属植物在第三纪始新世到中新世时几乎分布到了整个北半球，第四纪冰期的影响使其分布退缩到局部地区，随后逐渐形成现在分布格局。中国板栗作为现有栗属植物的原生种，其分布也应经历冰期前的广布和冰期的退缩及冰川过后再扩张，形成现在北起吉林、南至海南的广域分布，并经人们的驯化栽培产生了华北、东北、西北、长江流域、西南及东南六大品种群。已有的研究表明，中国板栗具有较高的遗传变异水平和丰富的遗传多样性，并按地理区域有一定的分化，与其广域分布、风媒异花授粉繁育、种子靠重力或附着的有限散播及其多年生且寿命长等特征相一致。然而，对其自然居群遗传变异的空间分布缺乏研究，其起源、迁移、分化的机制尚不清晰。本研究通过对中国板栗主要分布区（华北、长江流域和西南）的 21 个自然居群等位酶遗传变异的空间自相关分析表明：中国板栗的多数等位基因缺乏空间结构，其频率分布与居群间的地理距离无显著相关，呈现随机分布的空间模式；但也分别有近 16%和 21%的等位基因呈现渐变或衰退的、双向渐变的、非随机的梯度分布，以及极少数等位基因不规则分布，呈现出一定的空间结构。这与中国板栗居群内遗传多样性水平显著高于居群间的遗传多样性水平，遗传变异主要存在于居群内，少部分存在于居群间；居群结构差异不明显，但又略有分化形成 3 个地理宗（华北、长江流域及西南）的地理隔离规律相呼应。欧洲栗研究表明其为自东向西的渐变式或双向渐变式非随机的梯度分布模式，然而中国板栗的空间模式与其不同。虽然其进化都受到长距离基因流、自然环境、人类活动及地理隔离影响的综合作用，但地理、气候及人类历史活动规律的不同，其形成的遗传变异空间分布格局也会不同。我国西高东低的特殊地貌，使我国的西南地区和川东鄂西区域受第四纪冰川的影响较小，成为冰期后的物种多样性中心或孑遗中心。中国板栗的孑遗中心也应在这两个区域，与其遗传多样性在这两个区域相对较高的规律相吻合；从其遗传变异空间分布中 $Acp\text{-}3^a$、$Dia\text{-}2^a$、$Me\text{-}1^a$ 和 $Me\text{-}1^c$ 4 个等位基因的双向渐变来看，以神农架为中心的川东鄂西地区更像中国板栗的孑遗中心，并向北和向南双向迁移，形成遗传背景相对简单的华北居群和较高遗传多样性的西南居群。当然也不排除 2 个孑遗中心的可能，但以川东鄂西为主的长江流域应为其主要的孑遗扩展中心。等位基因 *Acp-2*^{a}、*Pgd-1*^{a} 和 *Skd-4*^{a} 呈现频率渐变的空间分布格局，反映出生态环境差异选择使中国板栗在华北、长江流域和西南地区随纬度的降低呈现一定的梯度分化。然而，中国板栗多数等位基因缺乏空间结构而呈现随机分布的空间模式及其遗传多样性主要存在于居群内，表明中国板栗居群间的分化并不强烈，其地理隔离作用并不显著，居群间存在较大基因流。中国板栗遗传变异的分布格局形成的机制可能主要是：①中国板栗的风媒异花授粉繁育使其在居群间形成长距离的基因流，而我国大陆的季风气候，特别是春夏之交的梅雨季节长江流域风向的反复变换促进了风媒植物不同地域居群间的花粉交流，从而大大地削弱了地理隔离的遗传漂变作用。②中国板栗的人工驯化栽培及人类的活动对其遗传变异的空间分布产生重大影响，我国板栗驯化栽培的历史悠久，地方品种繁多，而历史上不同地域人们反复迁移，促进了板栗等果树种质区域间的交流，中国板栗主栽品种的遗传多样性及其亲缘关系的研究反映了其交流的存在。板栗的风媒异花授粉机制使得栽培品种种质在一定程度上影响其自然居群的遗传变异，干扰遗传漂变。③中国板栗依靠重力或附着有限散播及地理的隔离则决定了居群间又存在一定的遗传分化。总之，中国板栗遗传变异空间结构模式的形成是长距离基因流、季风气候、人类活动、地理距离隔离及其本身的生活和繁育特性综合作用的结果，春夏之交风向反复变换和频繁的人类活动为主要影响因子；自然选择和人工选择相互影响，可能削弱遗传分化，选择压力的作用表现不明显。

Fst 值是测量居群间的空间分化及漂变和迁移累积效应的指标。基因流对核基因位点上的不同基因的影响力是有所差异的，这就造成在某些位点上居群分化强烈，而有些则分化程度很小。同时，某些基因的选择又会加剧居群间的分化，抑制基因流的作用。由表 6-8 可看出，位点 *Skd-4* 的 Fst 值是平均遗传分化的 3 倍以上，是最小遗传分化位点 *Prx-3* 的 7 倍以上。基于中性等位基因的散播涉及包括选择遗传漂变、近交衰退和其他的传粉后行为等影响遗传结构的诸多因素，表现遗传分化的位点不一定显示出一定的空间结构；居群间基因频率呈现渐变分布的等位基因，所在位点（位点 *Pgd-1* 因为缺失部分居群数据，表现的遗传分化较小）的遗传分化度较大；呈双渐变空间分布等位基因，可能因南、北居群等位基因频率相似，所以位点遗传分化度 Fst 值较小（表 6-8）。可见居群遗传参数 F 统计量与空间自相关分析有一定的关联，但不可相互替代。

根据中国板栗遗传多样性主要分布在居群内（92%，Fst＝0.080）的特征及其居群间等位基因频率的空间分布格局看，其种质资源的保育可能只需就地保护某些的遗传多样性较高（长江流域或西南区域）的居群，再结合特殊种质迁地保护（如建立主栽品种资源圃）就可以达到其保育的目的。但若要更有效地实施保育策略并为其育种服务，还需进一步进行涵盖物种基因库取样研究：一是要研究取样居群内等位基因频率的空间分布以确定个体取样间距；二是在居群间遗传变异研究中还需进一步扩展取样区域，如西北居群、东南居群及东北居群。

6.3　板栗砧木种类与类型（无性系）资源多样性

我国丰富的栗属植物资源，为砧木品种选育提供了较大潜力。目前在世界食用栗栽培品种的繁殖上，嫁接不亲和性的问题阻碍着栗产业化进程。利用中国栗丰富的资源，选育优良的砧本类型（品种）具有广阔前景。根据板栗生产的不同情况选择不同类型的砧木，可提高嫁接树适应不同环境的能力，使板栗品种在性状上保持一定的稳定性。另外，砧木的某些特性，如生长势、对不良环境的适应性、抗病虫能力也会影响果树生长、结果。

（1）本砧（又称实生板栗）　本砧是指用板栗种子繁殖而成的植株。采用本砧的优点是嫁接亲和力强，成活率高，根系发达，适应性强，树势生长旺盛，结实好。但树体较高大，结果稍迟，不耐水湿；而且也有少数有嫁接不亲和现象（表现为接口愈合不好，形成一个大疙瘩，树皮产生很深的裂口，病虫害易侵入），一般嫁接 2～3 年后即死亡（这种情况大约占 5%）。

目前板栗生产中采用的本砧还没注意区分品种。我国板栗分布地域广，品种繁多，不同的品种，形态特征、生物学特性不同，对环境条件的适应能力不同，砧本组合必然有不同的生产效果。这是一项很有意义的工作，只是目前研究得少，有待今后进一步的探讨。

（2）野板栗　野板栗（*C. mollissima*）广泛分布于长江流域一带。主要特征是：树冠小，为一种小乔木，叶形似板栗，叶背具星状茸毛。雌花形成力强，常成串出现，球苞含坚果 3 粒，坚果小。早果性特别突出，实生苗 2～3 年开始结果。在分类上被认为是板栗的原始种。

长江流域群众素有利用野板栗作砧就地嫁接的习惯，长期以来积累了许多成功的经验。野板栗适应性强，与板栗嫁接亲和力强，能矮化树体，结果早，适宜于密植，是良好的矮化砧。缺点是：野板栗种子小，播种后至少第 2 年才能嫁接，育苗时间长，成本高，嫁接成活后树势较弱。除利用现有资源嫁接改造外，很少用于育苗。

（3）锥栗　锥栗（*C. henryi*）分布于长江流域以南各地，为高大乔木。叶披针形，叶面光滑无毛，坚果单生、较小。锥栗适应性广、根系发达。用锥栗作砧木树体高大，耐旱、耐瘠，与某些板栗品种嫁接成活率高，生长结实良好，如‘它栗’‘薄壳’‘毛板红’‘铁粒头’等。1987 年秋，湖南省林业科学院在张家界市永定区茅岗乡一年生锥栗苗上嫁接‘铁粒头’‘它栗’两品种 3000 株，成活率达 80%，但与‘九家种’嫁接亲和力差。

（4）茅栗　茅栗（*C. seguinii*）在我国南北均有分布，为小灌木。根系发达，耐旱、耐瘠，抗病虫，实生苗当年可开花结果。雌花单生或生于混合花序的花序轴下部，坚果单生。茅栗与野板栗和板栗的区别最明显的特征是：茅栗叶片背面具有鳞片状腺点而不具星状茸毛。茅栗作砧木嫁接板栗，嫁接成活率一般只有20%～30%，但嫁接'它栗''广西7301'成活率高，嫁接成活后生长结实正常。湖南省永州市零陵区林业科学研究所有一片15年生的嫁接板栗林，砧木为茅栗，嫁接的品种为'它栗'，到目前生长结实正常。由于茅栗播种后苗木生长缓慢且嫁接成活率低，生产上很少采用。

（5）壳斗科的其他种　壳斗科的其他种，如栓皮栎（*Q. variabilis*）、槲栎（*Q. dentata*）、辽东栎（*Q. wutaishanica*）、蒙古栎（*Q. mongolica*）作砧木嫁接板栗都有不亲和现象。

主要参考文献

暴朝霞，黄宏文. 2002. 板栗主栽品种的遗传多样性及其亲缘关系分析［J］. 园艺学报，29（1）：13-19.

高捍东，黄宝龙. 2001. 板栗主要栽培品种的分子鉴别［J］. 林业科学，37（1）：64-71.

韩继成，王广鹏，孔德军，等. 2005. 河北省板栗品种（系）遗传多样性的RAPD分析［J］. 华北农学报，20（增刊）：181-183.

郎萍，黄宏文. 1999. 栗属中国特有种居群的遗传多样性及地域差异［J］. 植物学报，41（6）：651-657.

李建强. 1996. 山毛榉科植物的起源和地理分布［J］. 植物分类学报，34（4）：376-396.

李作洲，郎萍，黄宏文. 2002. 中国板栗居群间等位酶基因频率的空间分布［J］. 武汉植物学研究，20（3）165-170.

柳鎏，蔡剑华，张宇和. 1991. 板栗［M］. 2版. 北京：科学出版社.

秦岭，刘德兵，范崇辉. 2002. 陕西实生板栗居群遗传多样性研究［J］. 西北植物学报，22（4）：970-974.

沈永宝，施季森. 2004. 中国栗属特有种保守RAPD片段分析［J］. 南京林业大学学报（自然科学版），28（4）：51-53.

翁尧富，陈源，赵勇春，等. 2001. 板栗优良品种（无性系）苗木分子标记鉴别研究［J］. 林业科学，37（2）：51-55.

项艳，朱苏文，程备久. 2003. 14个板栗品种遗传多样性的RAPD分析［J］. 激光生物学报，12（4）：259-263.

杨剑，唐旭蔚，涂炳坤，等. 2004. 栗属中国特有种——板栗、茅栗、锥栗RAPD分析［J］. 果树学报，21（3）：275-277.

张辉，柳鎏，Villani F. 1998. 板栗在6个同工酶位点上的遗传变异［J］. 生物多样性，6（4）：282-286.

张辉，柳鎏. 1997. 板栗贮存蛋白多样性的研究［J］. 园艺学报，24（4）：319-324.

张辉，柳鎏. 1998. 板栗群体遗传多样性及人工选择的影响［J］. 云南植物研究，20(1)：81-88.

张新叶，黄敏仁. 2004. 湖北省主栽板栗品种的分子鉴别［J］. 南京林业大学学报（自然科学版），28（5）：93-95.

Alvarez J B, Munoz-Diez C, Martin-Cuevas A. 2003. Cotyledon storage proteins as markers of the genetic diversity in *Castanea sativa* Miller [J]. Theor Appl Genet, 107(4): 730-735.

Dane F, Hawkins L K, Huang H W. 1999. Genetic variation and population structure of *Castanea pumila* var. *ozarkensis* [J]. J Amer Soc Hort Sci, 124(6): 666-670.

Dane F, Huang H. 1997. Evaluation of the genetic diversity *Castanea pumila* var. *ozarkensis* through isozyme analysis an DNA amplification fingerprinting [J]. Hortscience, 32: 441.

Dane F, Huang H. 2002. Variability and inheritance of diaphorases in American and Chinese *Castanea* species [J]. Silvae Genetica, 51(2-3): 128-130.

Dane F, Lang P, Huang H, et al. 2003. Intercontinental genetic divergence of *Castanea* species in eastern Asia and eastern North America [J]. Heredity, 91(3): 314-321.

Fineschi S, Taurchini D, Villani F, et al. 2000. Chloroplast DNA polymorphism reveals little geographical structure in *Castanea sativa* Mill. (Fagaceae) throughout southern European countries [J]. Molecular Ecology, 9(10): 1495-1503.

Fornari B, Taurchini D, Villani F. 1999. Genetic structure and diversity of two Turkish *Castanea sativa* Mill. populations investigated with isozyme and RAPD polymorphisms [J]. Genet & Breed, 53: 315-325.

Frascaria N, Maggia L, Michaud M, et al. 1993. The *rbcL* gene sequence from chestnut indicates a slow rate of evolution in the Fagaceae [J]. Genome, 36(4): 668-671.

Fu Y, Dane F. 2003. Allozyme variation in endangered *Castanea pumila* var. *pumila* [J]. Ann Bot (Lond), 92(2): 223-30.

Galderisi U, Cipollaro M, Bernardo G D, et al. 1998. Molecular typing of Italian sweet chestnut cultivars by random amplified polymorphic DNA analysis [J]. J Hort Sci & Biotech, 73(2): 259-263.

Hamrick J L, Godt M J W. 1989. Allozyme diversity in plant species. *In*: Brown A D H, Cless M T, Kahler A L, et al. Plant Population Genetics, Breeding, and Genetic Resources [M]. Sunderland: Sinauer: 43-63.

Huang H W, Dane F, Jiang Z W. 1999. Inheritance and diversity of PGI in chestnut (*Castanea*) [J]. J o Wuhan Botanical Research, 17(1): 1-4.

Huang H W. 1998. Review of current research of the world castanea species and importance of germplasm conservation of China native *Castanea* species [J]. Wuhan Bot Res, 2: 171-176.

Huang H, Dane F, Kubisiak T L. 1998. Allozyme and RAPD analysis of the genetic and geographic variation in wild population of the American chestnut *Castanea dentate* (Fagaceae) [J]. Amer J Bot, 85(7): 1013-1021.

Huang H, Dane F, Norton J D. 1994a. Allozyme diversity in Chinese, Seguin and American chestnut (*Castanea* spp.) [J]. Theoretical and Applied Genetics, 88: 981-985.

Huang H, Dane F, Norton J D. 1994b. Genetic analysis of 1 polymorphic isozyme loci in chestnut species and characterization of chestnut cultivars by multilocus allozyme genotypes [J]. J Amer Soc Horti Sci, 119: 840-849.

Huang H, Dane F, Norton J D. 1995. Seguin chestnut: a precocious, dwaft chestnut species for chestnut breeding program and food source for wildlife [J]. Northern Nut Growers Association, 86: 121-123.

Jaynes R A. 1975. Chestnuts. *In*: Janick J, Moore J N. Advances in Fruit Breeding [M]. West Lafayette: Purdue University Press: 137-155.

Lewis P, Whitkus R. 1989. Genestat for microcomputers [J]. Amer Soc Plant Taxonom Newslet, 2: 15-16.

Nei M. 1987. Molecular Evolutionary Genetics [M]. NewYork: Columbia. University Press.

Pigliucci M, Villani F, Benedettelli S. 1990a. Geographic and climatic factors associated with the spatial structure of gene frequencies in *Castanea sativa* Mill. from Turkey [J]. J Genet, 69(3): 141-149.

Pigliucci M, Villani F, Benedettelli S. 1990b. Spatial patterns of genetic variability in Italian chestnut (*Castanea sativa* Mill.) [J]. Can J Bot, 68(9): 1962-1967.

Rutter P A, Miller G, Payne J A. 1990. Chestnuts. *In*: Moore J N, Ballington J R. Genetic Resources of Temperate Fruit and Nut Crops [M]. Wageningen: The International Society for Horticultural Science.

Seabra R C, Simoes A M, Baeta J, et al. 2001. Evolution of portuguese chestnut stands by RAPDs [J]. Forest Snow and Landscape Research, 76(3): 435-438.

Swofford D L, Selander R B. 1981. Biosys1 Users Manual [M]. Urbana-champaign: University of Illinois.

Villani F, Benedettelli S, Paciucci M, et al. 1991a. Genetic variation and differentiation between natural populations of chestnut (*Castanea sativa* Mill.) from Italy. *In*: Fineschi S, Malvoti M E, Cannata F. Biochemical Markers in the Population Genetics of Forest Trees [M]. The Hague: SPB Academic Publishing: 91-103.

Villani F, Pigliucci M, Benedettelli S, et al. 1991b. Genetic differentiation among Turkish chestnut (*Castanea sativa* Mill.) populations [J]. Heredity, 66: 131-136.

Villani F, Pigliucci M, Lauteri M, et al. 1992. Congruence between genetic, morphometric, and physiological data on differentiation of Turkish chestnut (*Castanea sativa*) [J]. Genome, 35: 251-255.

Villani F, Sansatta A, Cherubini M, et al. 1997. Genetic structurof natural populations of *Castanea sativa* Mill. in Turkey: evidence of a hybrid zone [J]. J Evol Biology, 12: 233-244.

Wright S. 1978. Evolution and the Genetics of Populations. vol. 4. Variability within and among Natural Populations [M]. Chicago: University of Chicago Press: 79-103.

Wright S. 1995. The genetical structure of populations [J]. Ann Eugen, 15: 323-354.

Yamamoto T, Shimada T, Kotobuki K, et al. 1998. Genetic characterization of Asian chestnut varieties assessed by AFLP [J]. Breeding Science, 48(4): 359-363.

Yamamoto T, Tanaka T, Kotobuki K, et al. 2003. Characterization of simple sequence repeats in Japanese chestnut [J]. J Hor Sci and Biotech, 78(2): 197-203.

Zheng Z. 1983. The characteristics of the flora and an outline of the distribution of plants in Hubei Province, People' s Republic of China [J]. J Wuhan Bot Res, 1: 165-175.

第7章 板栗品种资源多样性

中国板栗品种资源丰富，不包括板栗的类型和实生变异单株，全国板栗品种近500个。地方品种群甚多，一般划分为6类，即东北品种群、华北品种群、西北品种群、西南品种群、长江流域品种群和东南品种群。中国板栗现有栽培品种中具有极丰富的抗栗疫病基因，并分布于各栽培品种群，选择抗性亲本潜力很大。

丰富的品种资源，是我国劳动人民千百年来辛勤创造的宝贵财富。板栗多实生繁殖，异花授粉，品种类型多样，优劣混杂，名、物混乱，家底不清。全国各地板栗品种同名异物和同物异名现象非常普遍。例如，毛栗、油栗、迟栗几乎每个省（自治区、直辖市）都有。为摸清品种资源，澄清品种混乱，20世纪50年代开始，中国各板栗生产区开展了群众性的板栗品种资源普查和单株选优工作，取得了显著成绩。完成的主要工作有：①地方品种资源普查、品种评价和资料整理；②整理板栗实生产区板栗类型（实生类型有待经过若干育种程序，大面积推广后上升为品种）；③建立优良品种种质资源圃和采穗圃。例如，1981～1983年湖南省林业科学院与中南林学院、邵阳市林业科学研究所等单位合作开展湖南板栗品种资源考察，先后考察了17个板栗品种资源丰富、产量多的县（市），57个乡（镇），218个村，采集5500份标本，分析110个样本，获得调查数据5万余个。通过3年的努力，摸清了湖南品种资源的数量与分布，统一划分、命名了湖南16个品种，澄清了过去品种名、物上的混乱；考察了地方良种经济性状，适生环境，栽培特点。1991～1992年，柳鎏、周亚久、毕绘蟾等通过对云南省14个板栗产区的调查与种质收集、观察和测定，基本摸清了云南省板栗的分布和种质资源，发现云南省板栗种质多样性十分丰富，坚果总体品质优良，并从生物学和生态地理学上分析了云南省板栗多样性形成的基础，认为云南省板栗品质兼有暖温带地区板栗的甜糯、美观的色泽及亚热带地区板栗含水量较高的特点，是我国亚热带板栗分布区的一个独特产区。在调查分析基础上初选出了30个优良单株。

我国板栗主要产区遗传多样性较高，如山东、江苏、湖北和浙江。在遗传多样性的分布格局上，栽培品种群和野生居群既有相同又有不同的地方。郎萍等研究表明长江流域地区野生板栗的遗传多样性较高，如长江流域的湖北、江苏板栗品种群遗传多样性较高；另外，山东、浙江板栗品种群的遗传多样性也较高，这些地区共同的特点就是板栗生产量大，品种资源丰富。湖北、江苏板栗品种群较高的遗传多样性除了与湖北、江苏丰富的栽培品种资源有关外，还可能来自该地区野生板栗丰富的遗传多样性。山东板栗品种群遗传多样性较高首先是因为山东板栗栽培历史悠久，过去长期采用实生繁殖，群体庞大，单株性状纷杂多样；其次，品种类型变异较大，该品种群中需求量为实生单株大量选优的产物，归根结底是性状各异的天然杂交种，还有极少数人工杂交种造成了其遗传多样性。浙江板栗遗传多样性高可能还与浙江的生态地域有关，浙江板栗由浙西、浙中和浙南三大产区组成，各地自然条件、繁殖方式和品种资源各有特点；另外，浙江除板栗外，还有锥栗栽培，并且有板栗和锥栗的天然杂交种。

7.1　材料和方法

7.1.1　试验材料

试验材料取自北京市怀柔区板栗试验站、密云和昌平板栗主产区，河北遵化市及迁西县板栗主产区，山东日照、泰安板栗主产区，浙江上虞、诸暨，湖北麻城、罗田，江苏宜兴、新沂，以及陕西长安，共 6 个群体。包括北京（33 个品种）、河北（20 个品种）、山东（21 个品种）、浙江（2 个品种）、陕西（3 个品种）、湖北（7 个品种），共 86 个品种（表 7-1）。每品种取 3～5 片幼嫩叶片装入做好标记的自封袋，迅速放入冰壶，带回实验室，于－80℃冰箱中冷冻保存。

7.1.2　生化试剂

板栗品种和主要试剂的配制列于表 7-1，表 7-2。*Eco*R Ⅰ接头、*Mse* Ⅰ接头及引物由引物合成中心合成。

表 7-1　供试板栗品种材料

品种号	品种	来源地	品种号	品种	来源地
1	燕山红栗	北京	22	燕山短枝	河北
2	怀九	北京	23	燕泉	北京
4	六渡河 1 号早栗	北京	24	南 5 号	河北
8	六渡河 2 号早栗	北京	25	下庄 1 号	北京
9	短丰（后 20）	河北	26	下庄 2 号	北京
10	山东红光	山东	27	兴隆城 1 号	河北
11	2399	河北	28	短花	北京
12	燕奎	河北	30	铜台 1 号	北京
13	919	河北	31	怀黄	北京
14	银丰	河北	32	无花	北京
16	84-3	北京	33	早丰	河北
17	遵化短刺	河北	34	明拣	陕西
18	青丰	北京	35	灰拣	陕西
19	替马珍珠	北京	36	怀丰	陕西
20	魁栗	浙江	37	大明栗	北京

续表

品种号	品种	来源地	品种号	品种	来源地
38	虎爪栗	北京	67	沂蒙短枝	山东
39	石丰	山东	68	团泉河 1 号	北京
40	遵达栗	河北	69	莱西油栗	山东
41	塔丰	河北	70	京山红毛早	北京
42	北峪 2 号	河北	71	撞道口 2 号	北京
43	东陵明珠	河北	72	燕红麦变	北京
44	金丰	山东	73	浅刺大板栗	湖北
45	泰安薄壳	山东	74	毛栗	湖北
46	九家种	山东	76	湖北油栗	湖北
47	玉丰	山东	78	塔丰	河北
48	上丰	山东	79	毛板红	浙江
49	107	河北	80	大板红	河北
50	3113	河北	82	半毛栗	湖北
51	黄花城早栗	北京	83	中刺板栗	湖北
52	山东红栗	山东	84	九月寒	湖北
53	垂枝栗	山东	89	燕山早丰	河北
54	遵优 5 号	河北	90	雄性败育株	北京
55	风 2	北京	91	华丰	山东
56	乌壳里	北京	92	红光	山东
57	玉厂沟	北京	93	尖头油栗	山东
58	薄壳油栗	山东	94	郯城 207	山东
59	六月暴	山东	95	宋家早	山东
60	早燕	北京	96	红苞	山东
61	银红	北京	99	羊毛栗	湖北
62	银资	北京	100	四渡河早栗	北京
63	银知	北京	101	垂枝 2 号	山东
65	早昌	北京	102	桂花	山东
66	银苗	北京	103	银红丰产芽麦	北京

表 7-2 部分试剂的配制

名称	配制试剂	配制剂量	备注
6%丙烯酰胺贮存液	尿素（Urea） 丙烯酰胺 甲叉 10×TBE	420.42 g/L 60.00 g/L 3.16 g/ L 50 mL	定容至 1 L，溶解过滤在不透光的瓶子里备用

续表

名称	配制试剂	配制剂量	备注
Loading Buffer	100%甲酰胺（Formamide）	45 μL	4℃保存
	10 mmol/L EDTA（pH 8.0）+0.25%溴酚蓝（Brph Blue）	3 μL	
	Rox-Size Standardizes（500）	2 μL	
10×TBE Buffer	Tris Base	108 g	搅拌溶化，定容至 1 L，室温保存
	硼酸（Boric acid）	55 g	
	5 mol/L EDTA（pH 8.0）	40 mL	

7.1.3　试验方法

采用 CTAB 法提取 DNA。分子标记实验利用 AFLP 试剂盒（*Eco* R Ⅰ/*Mse* Ⅰ型）。AFLP-荧光法分析板栗种质资源分子水平遗传多样性。

7.1.4　数据分析

运用 POPGENE 1.32 软件计算 6 个板栗群体多态位点数目、多态位点比率、Nei 基因多样性指数（H）、Shannon 信息指数（I）、总的遗传多样性（H_t）、群体内遗传多样性（H_s）、群体间遗传多样性（Dst）、遗传分化度（Gst，Gst=Dst/ H_t）、基因流［Nm=0.5（1−Gst）/Gst］、遗传一致度及遗传距离。将 6 个板栗群体进行 UPGMA 聚类。

7.2　结果与分析

7.2.1　板栗种群遗传多样性水平

运用 POPGENE 1.32 软件测得 86 个板栗品种总的 Nei 基因多样性指数（H）=0.1299，Shannon 信息指数（I）=0.2296，结果说明板栗品种的遗传多样性较为丰富。比较北京、河北、山东、湖北、陕西、浙江 6 个板栗群体的遗传多样性参数值（表 7-3），可以看出浙江群体虽只有 2 个品种，但遗传多样性最高，其 Nei 基因多样性指数（H）=0.1614，北京群体次之，为 0.1368，而山东群体的品种数虽达 21 个，但遗传多样性最低，其 H=0.0995。板栗群体遗传多样性的高低受地区地形、气候、品种的分布等多方面因素的影响。浙江群体、湖北群体分布于长江流域，该地区地形复杂、气候差异显著，为我国板栗品种分布遗传多样性的中心，因而具较高的遗传多样性。

表 7-3　供试板栗群体遗传多样性水平

群体名称	品种数	多态带数	多态位点百分率/%	Nei 基因多样性指数	Shannon 信息指数
北京	33	652	80.89	0.1368	0.2372
河北	20	542	67.25	0.1153	0.2007
湖北	7	381	47.27	0.1101	0.1823
山东	21	522	64.76	0.0995	0.1772
陕西	3	226	28.04	0.1051	0.1565
浙江	2	314	38.96	0.1614	0.2356
平均			86.23	0.1299	0.2296

7.2.2　板栗群体遗传分化

供试板栗群体内的遗传多样性（Dst）为 0.0804，群体间遗传多样性（H_s）为 0.0728，群体分化度（Gst）为 0.4753，基因流（*Nm*）为 0.4529。表明板栗群体内遗传分化大于群体间分化。

7.2.3　板栗群体遗传一致度和遗传距离

遗传一致度和遗传距离分别是从相同和相反方面度量群体间遗传关系的指标，遗传距离反映居群亲缘关系的远近。从表 7-4 可以看出，北京种群和河北种群之间的遗传距离最小（为 0.0022），与山东之间的遗传距离次之（为 0.0042），而与浙江群体遗传距离较大（为 0.1089）。说明北京种群、河北种群和山东种群的遗传相似性更加一致，甚至可能是相同的来源。

表 7-4　各群体间的遗传一致度和遗传距离

群体	北京	河北	山东	湖北	陕西	浙江
北京		0.9978	0.9958	0.9892	0.9813	0.8968
河北	0.0022		0.9965	0.9902	0.9804	0.8943
山东	0.0042	0.0085		0.0078	0.9770	0.8903
湖北	0.0109	0.0098	0.9922		0.9670	0.8913
陕西	0.0189	0.0198	0.0233	0.0335		0.8766
浙江	0.1089	0.1118	0.1162	0.1150	0.1317	

注：上三角为遗传一致度，下三角为遗传距离

7.2.4　板栗群体遗传一致性

根据板栗群体的遗传一致度进行 UPGMA 聚类分析，如图 7-1 所示。其中，北京、河北与山东种群遗传距离较近，聚为一个亚类，湖北、陕西分别列为两个亚类。浙江种群与其余的 5 个种群遗传距离较远，单独聚为一大类。

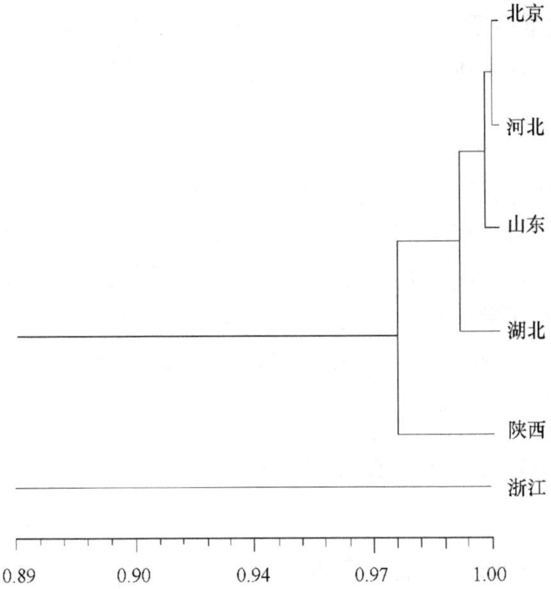

图 7-1　板栗种群遗传一致度 UPGMA 聚类分析

7.3 讨　　论

7.3.1 板栗 DNA 分子水平的遗传多样性

板栗种群间扩增谱带及谱带频率的差异和群体间各遗传参数［平均每个位点等位基因数（A）、平均有效等位基因数（A_e）、Nei 基因多样性指数（H）、Shannon 信息指数（I）］的差异揭示了群体遗传多样性的差异。从板栗种群 AFLP 检测结果看，板栗的遗传多样性水平偏低，平均 Shannon 信息指数为 0.2296，平均 Nei 基因多样性指数（H）为 0.1299，多态带百分率平均为 86.23%，群体内的平均遗传多样性（H_s）和总遗传多样性（H_t）分别为 0.0804 和 0.1229。板栗 DNA 水平遗传多样性低于蒙古栎、松树、玉米等其他植物，可能与板栗本身的授粉方式有关。另外，遗传标记只反映了整个植物基因组的一部分信息，也可能是板栗 DNA 标记遗传多样性偏低的缘故。

7.3.2 遗传多样性分析方法比较与评价

表型与 DNA 两种水平的遗传标记结果表明，两种标记的多样性参数差异较大，但评价结果大体一致。这主要由于两类标记的测量手段与计算方法都存在较大差异。DNA 标记能够检测基因组任何区域的多态性，包括编码与非编码、单拷贝或重复的 DNA，表明 DNA 标记能够检测到更多的遗传信息，从而保证 DNA 标记更加灵活与多样，使研究者有更大的选择余地。作为检测遗传变异的工具，

DNA 分子标记比蛋白质（包括同工酶）标记更加敏锐，检测位点多，且不受发育时期、生理状态和环境等因素的影响，能直接反映 DNA 水平的变异情况，是目前研究群体遗传变异比较有效的方法。由于 DNA 标记成本高等因素，而且只能判读谱带，不能直接标记基因位点，在遗传多样性研究中应用还不够广泛。用 AFLP 标记测得的板栗种级水平的多态带百分率高达 86.23%，Nei 基因多样性指数为 0.1299。DNA 水平检测的位点最多，而表型测定的性状（可能受多个位点控制）有限。从稳定性来讲，DNA 的稳定性高，表型易受环境影响，因此稳定性低。表型标记最直观且通常可与经济性状的选择联合进行，对于经济树的研究意义尤为重大，因此是不容忽视的标记手段；AFLP 标记灵敏性高，检测效率高，不失为研究遗传多样性的好方法。

7.3.3 遗传多样性保护与核心种质构建

根据对板栗遗传多样性及其基因捕获的综合分析，分布区内重点保护多样性富集的 2 个群体，即浙江、北京群体。在 DNA 分子水平上的研究表明，浙江参试的 2 个品种均有特异带；北京群体有 4 个品种具有独一无二的特异带，其中，'六渡河 1 号早栗' 特异带数目达 4 条。各群体检测到程度相近的特异带比例，可以作为这几个群体基因资源保护的依据。因为稀有等位基因在育种上可能具有重要意义，等位基因的稀有性暗示了它们对目前适应的重要性。

对板栗 DNA 分子水平 AFLP 遗传多样性的检测结果表明，各群体内品种有不同遗传结构及特异位点或多态带，大多数遗传多样性存在于群体内品种间（90% 以上），因此群体及群体内个体的保存、保护很重要，尤其是特殊生境群体、具有特殊性状的品种和在分类与遗传上具有不可替代的独特群体及品种的保护尤应引起重视。

主要参考文献

李巧明，何田华，许再富，等．2003．濒危植物望天树的遗传多样性和居群遗传结构［J］．分子植物育种，1（6）：819-820.

宋婉，续九如，杨凯，等．1998．AFLP 技术在中国枣优良品种鉴定中的应用［C］．北京：首届全国干果生产与科研进展学术研讨会论文集.

汪小凡，廖万金，宋志平．2001．小毛茛居群的遗传分化及其与空间隔离的相关性［J］．生物多样性，9（2）：138-144.

王彩虹，王倩，戴洪义，等．2001．与苹果柱型基因（*Co*）相关的 AFLP 标记片段的克隆［J］．果树学报，18（4）：193-195.

易干军，于晓英，霍合强，等．2001．香蕉种质资源的 AFLP 鉴别与分类中 DNA 模板的制备［J］．果树学报，18（6）：345-348.

张峰，宋文芹，陈瑞阳．1999．AFLP-银染法检测植物基因组多态性［J］．细胞生物学杂志，

21（2）：98-100.

周涵韬，林鹏. 2002. 海桑属红树植物遗传多样性和引种关系研究［J］. 海洋学报，24（5）：98-106.

Ajmone M P, Castiglioni P, Fusari F, et al. 1998. Genetic diversity and its relationship to hybrid performance in maize as revealed by RFLP and AFLP markers [J]. Theor Appl Genet, 96: 219-227.

Cervera M T, Remington D, Frigerio J M, et al. 2000. Improved AFLP analysis of tree species [J]. Can J For Res, 30: 1608-1616.

Smith J S C. 1988. Diversity of United States hybrid maize germplasm: Isozymic and chromatographic evidence [J]. Crop Sci, 28: 63-69.

第8章　板栗品种经济性状遗传多样性

我国板栗具有丰富的优良遗传多样性资源，板栗在长期的自然变异和人工选择下，已形成许多优良的地方品种群（类）。它们在性状上各具特色，栽培上有其适生的环境条件。研究板栗品种主要经济性状遗传多样性，对确定不同品种的适生环境和区域，合理利用这些地方良种，充分挖掘各地的土壤、气候资源，促进板栗生产的发展具有重要意义。

自1972年以来，湖南省林业科学院先后引进了114个板栗品种（长江流域和华北部分地区），收集了21份地方品种或类型，并在湖南省林业科学院试验林场建立了品种收集圃。对品种收集圃的28个板栗初选良种早实丰产性状遗传多样性和初选良种16个品种（类型）（'沅28''铁粒头''短刺毛板红''九家种''青扎''西沟2号''它栗''新杭迟栗''金刚''上步家''薄壳''大底青''石丰''粘底板''沅优一号''浙江油板红'）进行多点区域性（湘北石门县十九峰林场、湘中长沙市郊天际岭林场、湘南桂阳县太和林场、湘西南城步苗族自治县南洞林场）大田试验研究。本研究在此基础上，采用大田试验，形态学标记的方法，对板栗品种早实丰产、果实成熟期性状、坚果性状、坚果品质等经济性状遗传多样性进行了系统的研究，为探明板栗品种性状间的遗传关系、板栗品种资源的保存和利用提供科学依据。

8.1　16个参试品种经济性状描述

1. '铁粒头'

【来源】 原产江苏宜兴。1975年引入湖南。

【特征特性】 树冠稍开张，树型圆头形。树干、老枝深褐色，新枝绿褐色，阳面浅褐色。叶椭圆形或卵状椭圆形，绿色或淡绿色，叶背茸毛稀疏，长16～18 cm，宽6～8 cm，叶缘波状，短锯齿。叶尖急尖，叶基心形或楔形。下部叶片先端略向下卷，概为1/2叶序。总苞椭圆形，黄绿色，成熟时黄褐色，苞肉厚0.4～0.5 cm。针刺长1.3～1.5 cm，中等密度，直立，稍软。籽粒圆形，籽顶突，果皮红褐有油光，表面茸毛稀疏，籽顶茸毛集中。籽座中大，接线波状。嫁接苗营养生长期短，雌花芽形成能力强，丛果性好，萌芽力强，成枝力中等，枝条较稀疏。在湖南不同气候、土壤和海拔的地域生长结实良好。萌芽期3月下旬至4月上旬，果实成熟期9月下旬至10月上旬，落叶期11月中下旬，全年生长期230～240 d。适应性强，抗病虫，耐旱，耐瘠薄。

【产量与品质】 嫁接苗栽植后 1～2 年始果，2～3 年投产，4～5 年可进入丰产期。一般亩产 150～200 kg，集约经营可达 300～400 kg。籽粒中等偏大，单粒重 8～10 g。品质细腻、糯性，味甜，外观艳丽，耐贮性强。出仁率 78%～80%。种仁含水分 48%～50%。含总糖 15%～16%、粗蛋白 8%～9%。

【分布及利用】 1975 年引入长沙，经品比、区试，被评定为优良品种。1986 年开始在湖南省推广，现已推广到 70 多个县，栽培面积达 6 万～8 万亩。

【栽培特点】 适当密植，亩栽 60～70 株。适当控制强母枝留量，成年树每平方米冠幅面积留强母枝以 10～12 根为宜。

2. ‘九家种’

【来源】 原产江苏宜兴。1975 年引入湖南。

【特征特性】 枝干较直立，树冠较小，树体结构紧凑，树型高圆头形。树干、老枝黑褐色，新枝绿褐色。叶椭圆形或长椭圆形，多 2/5 叶序，也有 2/5、1/2 兼具者，节间短。叶色浓绿，叶表面蜡质层厚。新梢前端叶片略向上卷，叶背茸毛密，长 15～17 cm，宽 6～7 cm，叶缘缺刻较深，长锯齿。叶尖渐尖，叶基心形或楔形。总苞椭圆或扁椭圆形，苞肉厚 0.2～0.3 cm。针刺极稀，可透过针刺见到苞肉。针刺长 1.1～1.3 cm，硬，斜展。籽粒椭圆形，籽顶平，褐色，胴部茸毛稀，籽肩稍密，籽顶集中。籽座大，接线平直或微波。结实过多时，部分雌花自枯，且雌、雄花异熟。品种内授粉坐果率、结实率不高。在长沙 3 月下旬至 4 月中旬萌动，果实成熟期 9 月下旬，落叶期 11 月中下旬，全年生长期 220～240 d。较耐旱，不耐瘠薄，园地要求砂性壤土，土层深厚肥沃。抗虫性较差，尤其是对桃蛀螟和栗实象鼻虫的抵抗能力差。

【产量与品质】 一般亩产 100～200 kg，集约经营可达 400～500 kg。籽粒中等大小，单粒重 10～13 g，整齐一致。出籽率特高，一般 50%～52%，高的可达 60%。出仁率 79%～81%。种仁含水分 49%～51%。含淀粉 53%～54%、总糖 12%～16%、粗蛋白 8%～9%。品质糯性，味甜，成熟期早，国庆节可以上市。

【分布及利用】 1975 年引入长沙，经品比、区试，被评定为优良品种。20 世纪 80 年代中期开始在湖南全省推广，栽培面积为 4 万～5 万亩。

【栽培特点】 适当密植，一般亩栽 41～70 株。注意病虫害防治。宜在城镇附近或交通方便的地方适当发展。幼树生长旺盛，枝叶易徒长，宜轻剪，并加大主枝角度，以削弱营养生长，促进早果。成年树母枝留量应稍多，一般每平方米冠幅面积留 10～14 根。强母枝不宜在萌芽前重短截，否则影响当年产量。因雌雄花异熟，栽植时应配置适当数量的授粉品种。

3. ‘青扎’

【来源】 原产江苏宜兴。1975 年引入湖南。

【特征特性】 树冠开张，树体高大，树型圆头形。树干、老枝深褐色，新枝绿灰色，阳面略带黄褐色。叶椭圆或倒卵状椭圆形，绿色或淡绿色，长 16～22 cm，宽 7～9 cm。叶缘波状，短锯齿。先端渐尖，叶基心形。总苞椭圆或圆形，苞肉厚 0.4～0.5 cm。针刺绿色，密、直立、软。籽粒椭圆或圆形，籽顶微凸，红褐色，有油光。籽面茸毛稀，籽顶分布集中。籽座中大，接线微波状。萌芽力强，成枝力稍弱，枝条稀疏。雌花芽形成能力极强，丛果性极好。一果枝着果 3～4 个，多的达 12～16 个。在长沙 3 月下旬至 4 月上旬萌动，果实成熟期 9 月下旬至 10 月上旬，落叶期 11 月中下旬，全年生长期 220～240 d。适应性好，对土壤无苛求。在红壤、紫色土壤上生长结实良好。较耐旱，耐瘠薄。抗桃蛀螟、栗实象鼻虫的能力强。

【产量与品质】 嫁接后 2～3 年结果树率达 80%～85%，一般亩产 150～300 kg，高产栽培可达 400～500 kg。籽粒中大或偏大，整齐度高，单粒重 6～11 g。品质糯性，味甜，外观艳丽，耐贮运。出籽率 35%～39%，出仁率 80%～86%。种仁含水分 48%～49%。含淀粉 53%～55%、总糖 16%～18%、粗蛋白 8%～9%。

【分布及利用】 1975 年引入湖南，经品比、区试，被评定为优良品种。20 世纪 80 年代中期开始在全省推广，栽培面积为 4 万～5 万亩。

【栽培特点】 栽植密度不宜过大，一般亩栽 33～41 株。成年树修剪时要控制强母枝的留量，每平方米冠幅面积留强母枝 8～10 根。注意疏花疏果，加强肥培，以增大单粒重，提高产量。

4. '它栗'

【来源】 原产湖南邵阳、武岗、新宁等县。

【特征特性】 树冠半圆头形。果浅灰色。叶长椭圆形，叶基心形。叶缘短锯齿，缺刻较深。叶尖渐尖。球苞椭圆，黄棕色，苞肉厚 0.7 cm。针刺密、硬，长 1.42 cm。出籽率 36.0%。坚果中大椭圆形，坚果平均重 13.8 g，赤褐色，少光泽。籽面茸毛中等，果顶平。3 月下旬萌动，5 月中旬至 6 月上旬开花，果实成熟期 9 月下旬，落叶期 11 月中下旬，全年生长期 230～240 d。

【栽培特点】 本品种树体较矮，枝条开张，发枝力强，与多种砧木嫁接亲和力强，产量稳定。对干枯病、栗瘿蜂抗性强。

5. '石丰'

【来源】 原产山东海阳。1978 年引入湖南。

【特征特性】 树冠较开张，树冠圆头形或半圆头形。树干、老枝深褐色，新枝绿褐色，阳面红褐色。枝上部茸毛多，枝细长，节间稀。叶长椭圆形或椭圆形，浓绿色，叶背茸毛多，灰绿色，长 17～19 cm，宽 6～7 cm，枝条先端叶片两边上卷，概为 1/2 叶序。叶缘深缺刻，长锯齿。叶尖渐尖，叶基心形或楔形。总苞椭圆形，黄绿色，针刺短，稍密、硬，长 0.9～1.1 cm。籽粒椭圆形，栗褐色，有油光，胴部具有深褐色条纹，是本品种显著的特点。籽面茸毛少，籽顶集中。籽座中大，接线平直。在长沙 4 月上旬萌动，果实成熟期 9 月上旬，落叶期 11 月中旬，全年生长期 210～220 d。较耐旱，耐瘠薄，抗虫，但不耐湿热，抗病力一般。适宜砂质土壤栽培，在过黏的红壤、紫色土及湘南高温多雨区种植，产量、品质稍差；在气温较低、土壤为砂质黄壤的山地种植，产量高，品质好。

【产量与品质】 嫁接苗栽植后 4～5 年亩产 150 kg 左右，集约经营可达 250～350 kg。籽粒单粒重 6～10 g。品质糯性，味香甜，外观美丽，但颗粒偏小，耐贮运性稍差。出仁率 80%～82%。种仁水分含量 50%～51%。淀粉含量 54%～56%、总糖含量 14%～16%、粗蛋白含量 9%～10%。

【分布及利用】 1978 年引入湖南，经品比、区试，被评定为优良品种。现已在湖南省 70 多个县推广，栽培面积为 4 万～5 万亩。

【栽培特点】 树体高大，以亩栽 33～41 株为宜。成年树修剪时适度控制强母枝的留量，并结合疏花疏果，以增加单粒重，提高产量。

6. ‘粘底板’

【来源】 原产安徽舒城。1978 年引入湖南。

【特征特性】 树冠稍开张，树冠圆头形或半圆头形。树干、老枝灰褐色，新枝绿褐色，先端具灰茸毛。叶椭圆形，绿或浅绿色，1/2 叶序，长 15～17 cm，宽 6～7 cm。叶缘微波状，缺刻特浅，短锯齿。叶尖急尖，叶基心形，叶背茸毛稀疏。总苞椭圆形，黄绿色，苞肉厚 0.3～0.4 cm。针刺长 1.1～1.3 cm，稍稀，斜展，较硬。籽粒椭圆形，红褐色，籽肩向右侧突起。籽面茸毛稀，籽顶集中，纵线明显。籽座大，接线平直，密生灰白色长茸毛，形成白色的带环，籽座维管束与总苞紧密连接，不易脱离，故名‘粘底板’。但在湖南的环境条件下，‘粘底板’的特性表现不明显。4 月上旬萌动，5 月下旬至 6 月中旬开花，果实成熟期 9 月下旬至 10 月上旬，落叶期 11 月中下旬，全年生长期 220～230 d。喜光，较耐旱，耐瘠薄，对病虫抵抗能力较强，在湖南省不同生态区域生长结实良好，在湘西北黄壤、黄棕壤山地栽种，丰产性表现尤为突出。

【产量与品质】 嫁接苗栽植后 1～2 年始果，4～5 年可进入丰产期。一般亩产 100～200 kg，集约经营可达 300～400 kg。籽粒单粒重 7～10 g。红褐色，有油光，外观艳丽。品质糯性，味甜，黄白。出籽率 36%～38%，出仁率 78%～80%。种仁水分含量 35%～39%。淀粉含量 52%～54%、总糖含量 14%～16%、粗蛋白含量 6%～8%。耐贮运。

【分布及利用】 1978 年引入湖南，经品比、区试，被评为优良品种。1986 年开始在湖南省推广，面积 3 万～4 万亩。

【栽培特点】 树体中大，一般亩栽 41～55 株。修剪中要控制强母枝的留量。成年树每平方米冠幅面积保留强母枝以 12～14 根为宜。大年树除加强肥、水管理外，还需根据不同情况，酌情疏花疏果。

7. ‘沅 28’

【来源】 原产地湖南沅陵。1981 年湖南板栗品种资源普查时从实生树优株中被选出。1982 年引入湖南省林业科学院品种园。

【特征特性】 树体高大，树形紧凑，半圆头形。叶长椭圆形，叶片大，深绿色，叶缘具针状锯齿。球果重 50 g，总苞圆形，绿色。坚果极小，坚果单粒重 3 g。果面红褐色，果实成熟期为 10 月上旬，全年生长期 230 d。喜光，较耐旱，耐瘠薄，对病虫抵抗能力强。

【栽培特点】 经济栽培价值不高。

8. ‘短刺毛板红’

【来源】 原产浙江诸暨。1978 年引入湖南。

【特征特性】 树冠半开张，树冠圆头形或半圆头形。树干、老枝深褐色，新枝绿褐色，阳面红褐色。叶长椭圆形或椭圆披针状，叶色浓绿，1/2 叶序，长 15～17 cm，宽 5～7 cm。叶缘锯齿状，缺刻较深。叶尖渐尖，叶基心形或楔形。总苞圆形或三角形，黄绿色，苞肉厚 0.2～0.3 cm。针刺短、硬、斜展，长 0.9～1.1 cm。籽粒圆形，黄褐色。籽面茸毛少，有较明显的凸起。籽座小，接线平直。3 月下旬萌动，5 月中旬至 6 月上旬开花，果实成熟期 9 月中旬，落叶期 11 月中下旬，全年生长期 230～240 d。不耐旱，对土壤及肥水条件要求较高。对干枯病、栗瘿蜂有较强的抗性。适宜在湘南、湘中低山栽培，在黏性较重的低丘红壤生长结实较差。

【产量与品质】 嫁接苗栽植后 1～2 年始果，4～5 年可进入丰产期。成年树亩产 100～150 kg，高的可达 200～250 kg。籽粒单粒重 6～8 g，黄褐色，有油光，品质粳性，味淡，成熟早，可在国庆节上市。耐贮性稍差。出籽率 38%～40%，出仁率 80%～82%。种仁水分含量 41%～43%。淀粉含量 54%～56%、总糖含量 13%～15%、粗蛋白含量 9%～11%。

【分布及利用】 1978 年引入湖南后，在小面积栽培和品种比较中表现较好，在区试中，湘南、湘中、城步表现突出，目前推广的面积较少。

【栽培特点】 树体矮小，可适当密植，一般亩栽 41～74 株。成年树要加强肥、水管理，适时修剪，疏去过密的母枝，控制强母枝留量，每平方米冠幅面积保留 12～14 根，以保持强旺的树势。

9. ‘西沟 2 号’

【来源】 原产河北遵化。1978 年引入湖南。

【特征特性】 树势强健，树冠半圆头形。果浅灰色。叶长椭圆形，叶基心形。叶缘浅锯齿。叶尖渐尖。球苞椭圆，黄棕色，苞肉厚 0.3 cm。针刺密、硬，长 0.84 cm。出籽率 36.0%。坚果中大椭圆形，坚果平均重 9.8 g，赤褐色，少光泽。籽面茸毛中等，果顶平。3 月下旬萌动，5 月中旬至 6 月上旬开花，果实成熟期 9 月中旬，落叶期 11 月中旬，全年生长期 230～240 d。

【栽培特点】 本品种树体较大，树冠圆头形，树姿开张，亩栽 55～60 株为宜。发枝量大，早实丰产，果枝连续结果能力强，坚果品质优。

10. ‘新杭迟栗’

【来源】 原产安徽广德。1975 年引入湖南。

【特征特性】 树冠较紧凑，半圆头形。叶长椭圆形，叶基心形。叶缘波状浅锯齿。叶尖渐尖。球苞圆，黄色，苞肉薄，厚度约 1.1 cm。针刺密、硬。出籽率 32.0%。坚果大椭圆形，坚果平均重 12 g，栗褐色，少光泽。籽面茸毛少。5 月中旬至 6 月上旬开花，果实成熟期 9 月下旬至 10 月上旬，落叶期 11 月中旬，全年生长期 230 d。

【栽培特点】 本品种树体较矮，枝条开张，发枝力强，产量稳定。对干枯病、栗瘿蜂抗性强。

11. ‘金刚’

【来源】 原产浙江诸暨。1978 年引入湖南。

【特征特性】 树势中庸，树冠半圆头形。叶长阔椭圆形，叶基心形。叶缘波状浅锯齿，缺刻较浅。叶尖渐尖。枝灰色，芽体大，枝梢顶部，特别是最顶端芽硕大突出。球苞椭圆，黄色，苞肉厚 1.1 cm。针刺长密，长 1.22 cm。出籽率 32.0%。坚果大椭圆形，坚果平均重 18.8 g，赤褐色，具光泽。每个球苞中以 1 个坚果居多，籽面茸毛少，果顶尖。果实成熟期 9 月下旬，落叶期 11 月中下旬，全年生长期 230～240 d。

【栽培特点】 本品种树体较矮，枝条开张，发枝力强，与多种砧木嫁接亲和力强，产量稳定。对干枯病、栗瘿蜂抗性强。

12. ‘上步家’

【来源】 原产山东泰安。

【特征特性】 树势中庸，树冠半开张。枝梢粗短，叶长椭圆形，叶基心形。叶缘具浅锯齿。叶尖渐尖。球苞圆形，重 110 g，刺中长而软密。出籽率 35.5%。坚果中等大椭圆形，坚果平均重 12.0 g，少光泽。籽面茸毛中等。果实成熟期 9 月底，落叶期 11 月中旬。

【栽培特点】 本品种树体矮小，枝条开张，发枝力稍弱，坚果品质优良，对干枯病、栗瘿蜂抗性强。

13. ‘薄壳’

【来源】 原产山东泰安。1975 年引入湖南。

【特征特性】 树冠半开张，树形半圆头形或开心形。叶长椭圆形，叶基心形。叶缘短锯齿。叶尖渐尖。球苞圆，黄色，苞肉薄，厚度约 0.3 cm。针刺稀、硬。出籽率 48.0%。坚果中大椭圆形，坚果平均重 10 g，栗褐色，少光泽。籽面茸毛少。3 月下旬萌动，5 月中旬至 6 月上旬开花，果实成熟期 9 月中旬，落叶期 11 月中旬，全年生长期 230 d。

【栽培特点】 本品种树体较矮，枝条开张，发枝中等，产量稳定。对干枯病、栗瘿蜂抗性强。

14. ‘大底青’

【来源】 原产江苏宜兴，为该地区的主栽品种。1975 年引入湖南。

【特征特性】 树势强健，结构紧凑。树冠半开张。枝梢粗短，叶椭圆形，叶基心形。叶缘具针状锯齿。叶尖渐尖。球苞长圆形，重 115.2 g，刺长而软密。出籽率 35.5%。坚果大椭圆形，坚果平均重 20.0 g，坚果底座大是其突出特征，少光泽。籽面茸毛中等。果实成熟期 10 月上旬，为晚熟菜用型品种，落叶期 11 月中下旬。

15. '沅优一号'

【来源】 湖南省沅陵县林业科学研究所 1974 年从实生苗中选出。1982 年引入湖南省林业科学院品种园。

【特征特性】 树形紧凑，圆头形或半圆头形。枝条粗壮。叶片大，叶长椭圆形，绿或浅绿色。球果重 120 g，总苞椭圆形，黄色。出籽率 38%，坚果果面红色，具光泽，坚果单粒重 18 g。果实成熟期 9 月上旬，落叶期 11 月中下旬，全年生长期 220～230 d。喜光，较耐旱，耐瘠薄，对病虫抵抗能力中等，在湖南省不同生态区域生长结实良好，在湘西北黄壤、黄棕壤山地栽种，丰产性表现尤为突出。

【栽培特点】 本品种早实丰产、稳产。不耐贮藏是一突出缺点。

16. '浙江油板红'

【来源】 原产浙江诸暨，为该地区的主栽品种。1975 年引入湖南。

【特征特性】 树势强健，树体高大，结构紧凑。树冠半圆头形。叶长椭圆形，叶基心形。叶缘具锯齿。叶尖渐尖。球苞椭圆形，重 115.2 g，刺长而软密。出籽率 36.5%。坚果中大椭圆形，坚果平均重 15.0 g，果面暗红色，少光泽。籽面茸毛密生。果实成熟期 9 月下旬至 10 月上旬，落叶期 11 月中下旬。

【栽培特点】 本品种枝条开张，发枝力强，嫁接亲和力中等。对干枯病、栗瘿蜂抗性强。

8.2 板栗品种经济性状遗传多样性

板栗是我国最古老和驯化最早的果树之一，具有丰富的优良遗传多样性资源，是一种具有很高经济价值的经济树种，栽培历史悠久，分布地域广，水平分布北起吉林（北纬 40° 31′），南至海南岛（北纬 18° 30′），跨越寒温带、温带、亚热带。中国板栗除西藏、青海、宁夏、新疆、海南等少数省（自治区）外，广泛分布于中国的其他各省份。垂直分布范围为海拔 50～2800 m。板栗品种资源丰富，全国约有 500 个栽培品种。在栗属的遗传多样性研究方面，我国对栗属植物的野生居群有较深入的研究，但对丰富的板栗种质资源研究甚少，具体对板栗品种经济性状遗传多样性的研究更少。

中国板栗以其品质好、抗逆性强、遗传资源丰富而著称，广泛地用作商业化经济栽培。在长江流域及西南地区至今仍蕴藏有丰富的野生资源。中国板栗是世界食用栗品种改良的重要基因来源，并且在栗属植物的起源和进化研究中占有重要地位。

湖南省林业科学院开展了板栗品种经济性状遗传多样性研究。采用大田试验，用形态学标记的方法，主要依据其形态学特征、生物学特性和经济性状，研究板栗品种的遗传多样性，探明板栗品种性状间的遗传关系，为板栗品种资源的保存和利用提供科学依据。

8.2.1　试验地概况

根据湖南省的气候、地理位置、海拔、土壤条件和板栗自然分布与栽培历史，设 4 个试验点：湘北石门县十九峰林场、湘中长沙市郊天际岭林场、湘南桂阳县太和林场、湘西南城步苗族自治县南洞林场，各试验点的概况如表 8-1 所示。

表 8-1　各试验点基本情况

试验地	地理位置		海拔/m	气象因子		
	纬度	经度		年平均温度/℃	年辐射总量/［kcal/（cm^2·年）］	年降水总量/mm
石门十九峰林场	29° 36′	110° 22′	130～150	16.7	109.3	1408.9
长沙天际岭林场	28° 17′	113°	80～85	17.5	106.2	1422.4
桂阳太和林场	25° 44′	112° 43′	195～200	18.3	114.9	1465.0
城步南洞林场	26° 22′	110° 19′	690～780	15.0	98.5	1161.6

试验地	土壤因子						
	土壤类型	有机质含量/%	水解氮/（mg/100g）	速效钾/（mg/g）	速效磷/（mg/g）	pH	土层厚度/cm
石门十九峰林场	板页岩发育的红壤	1.217	6.346	60.597	8..988	5.3～5.6	40～60
长沙天际岭林场	第四纪红色黏土发育的红壤	1.056	4.708	88.123	12.509	4.9～5.2	40～50
桂阳太和林场	石灰岩发育的红壤	1.511	5.874	85.348	21.040	5.1～5.4	60～80
城步南洞林场	页岩发育的山地黄壤	1.834	26.450	67.735	4.143	5.4～5.7	50～70

8.2.2　材料和方法

1. 试验材料

采用品种园多年调查而筛选出的初选良种 13 个，选取湖南地方类型‘沅 28’（A）、‘沅优一号’（O）和品种‘它栗’（G）等共 16 个品种（类型）参加多点区域性田间栽培试验，其中‘它栗’（G）为对照。16 个板栗品种（类型）的名称及代码为：‘沅 28’（A）、‘铁粒头’（B）、‘短刺毛板红’（C）、‘九家种’（D）、‘青扎’（E）、‘西沟 2 号’（F）、‘它栗’（G）、‘新杭迟栗’（H）、‘金刚’（I）、‘上步家’（J）、‘薄壳’（K）、‘大底青’（L）、‘石丰’（M）、‘粘底板’（N）、‘沅优一号’（O）、‘浙江油板红’（P），如表 8-2 所示。

表 8-2　16 个板栗品种的原产地和纬度

品种	原产地	纬度
沅 28（A）	湖南省沅陵县	28° 13′18″N
铁粒头（B）	江苏省宜兴县	31° 24′34″N
短刺毛板红（C）	浙江省诸暨市	29° 43′52″N
九家种（D）	江苏省宜兴县	31° 24′34″N
青扎（E）	江苏省宜兴县	31° 24′34″N
西沟 2 号（F）	河北省遵化市	40° 11′03″N
它栗（G）	湖南省邵阳县	27° 12′15″N
新杭迟栗（H）	安徽省广德县	30° 35′12″N
金刚（I）	浙江省诸暨市	29° 43′52″N
上步家（J）	山东省泰安市	36° 52′06″N
薄壳（K）	江苏省宜兴县	31° 24′34″N
大底青（L）	江苏省宜兴县	31° 24′34″N
石丰（M）	山东省海阳县	37° 34′41″N
粘底板（N）	安徽省舒城县	31° 13′51″N
沅优一号（O）	湖南省沅陵县	28° 13′18″N
浙江油板红（P）	浙江省诸暨市	29° 43′52″N

2. 研究方法

1）试验设计　　各试验点均统一在 1993 年定砧，1994 年嫁接。

参试品种 16 个，采用 4×4 平衡格子设计，4 株单行小区，5 次重复，株行距 4 m×4 m。

2）板栗品种形态学标记方法　　板栗品种形态学调查标准与方法、刺苞和坚果各部分记载术语、生物学特性和树体结构调查方法依照吴耕民先生编著的《中国温带果树分类学》所制定的标准和调查方法（吴耕民，1984）。

3）田间管理与统计方法

（1）栽培管理　　各点采用统一规格的撩壕整地。1993 年定砧，1994 年嫁接。嫁接后的管理水平和当地大田生产相同。

（2）物候观察　　在 3 个试验点进行，供试品种 16 个。固定专人，每品种确定 2 株进行观察，标记固定样株 32 株。统一标准记载萌动期，雌花柱头出现期，柱头变色期，雄花开放期、盛期和末期，果熟期，落叶期。

（3）产量性状调查　　嫁接后 2～3 年结果株率、株产、坐果率、单粒重调查，在石门、桂阳、长沙市郊和城步进行。

（4）控制授粉试验　　1996～1998 年在桂阳县太和林场进行。参试品种 3 个。

调查坐果率、空苞率、单粒重 3 个指标。

（5）数据统计分析方法　资料的汇总、方差分析、显著性检验、多重比较、经济性状的聚类分析、参试品种的稳定性参数、相关分析、对比分析均用 SPSS 统计软件有关程序进行分析。

8.2.3　板栗经济性状的相关性

1. 典型相关分析

板栗品种的不同性状之间及不同性状与产量之间存在一定的相关性，但到底哪一种性状对产量的影响更大，还并不清楚。为了掌握板栗经济性状相关性及其规律性，笔者在桂阳试验点随机抽取 39 株样株，以树高（m）、径粗（cm）、枝下高（m）、冠幅（m^2）、相对高（m）、强母枝比、强果枝比、果枝长（cm）、果枝粗（cm）、单株叶数、叶果比 11 个指标为自变量（依次为 $X_1 \sim X_{11}$），单株果数、单株产量、单株的投影产量为因变量（依次为 $Y_1 \sim Y_3$），共计 14 个性状进行典型相关分析，分析结果如下。

卡方测验（$Q_1=63.747>\chi^2_{0.05}=47.4$ 和 $\chi^2_{0.01}=54.776$）和 F 测验（$F=2.327>F_{0.05}=1.593$ 和 $F_{0.01}=1.931$）都认为第一对典型变量之间有显著的相关关系；而第二、第三对典型变量之间没有显著的相关关系（表 8-3）。

表 8-3　典型相关系数及其显著性测验

产量	特征根	根累计	典型相关	A	Q	DF
Y_1	0.731 254	0.731 254	0.855 134	0.123 679	63.747	33
Y_2	0.464 335	1.195 588	0.681 421	0.460 207	22.894	20
Y_3	0.140 867	1.336 456	0.375 323	0.859 133	4.327	9

产量	卡方测验		F 测验				
	$\chi^2_{0.05}$	$\chi^2_{0.01}$	F	DF_1	DF_2	$F_{0.05}$	$F_{0.01}$
Y_1	47.400	54.776	2.327	33	74	1.593	1.931
Y_2	31.410	37.566	1.233	20	52	1.776	2.250
Y_3	16.919	21.666	0.492	9	27	2.250	3.149

注：A 为平均值；Q 为舍弃商法测试值

第一对典型变量的结构：

$$V_1=0.3170X_1-0.1800X_2+0.0912X_3-0.0235X_4-0.3485X_5+0.2879X_6-0.0140X_7-0.0599X_8-0.0805X_9+0.4151X_{10}-0.2267X_{11}$$

$$W_1-1.6560\ Y_1-0.3224\ Y_2-0.5146\ Y_3$$

从上式可知：X_{10}（单株叶数）对 V_1 的贡献最大，其次是 X_5（相对高）、X_1（树高）、X_6（强母枝比）、X_{11}（叶果比）、X_2（径粗），而 Y_1（单株果数）对 W_1 的贡献最大。即第一个典型相关系数（V_1，W_1）主要由单株叶数、相对高、树高、强母枝比、叶果比、径粗和单株果数起决定作用。

原始变量与各种典型变量之间的相关关系有时也能给出一些有用的信息，但由于特征向量存在着正负两种解释，用决定系数进行讨论更加方便。由图 8-1 可以看出第一组变量（X_1～X_{11}）与典型变量 V_1 的关系中以 X_6 的决定系数（0.6243）为最大，即对第一组的第一个典型变量影响最大；第二组变量（Y_1～Y_3）与典型变量 W_1 的关系中以 Y_1（单株果数）的决定系数（0.8920）为最大，单株产量 Y_2（0.8439）次之，即对第二组的第一个典型变量的影响最大。而第一组变量（X_1～X_{11}）与第一组变量的典型变量 W_1 的关系中，以 X_6（强母枝比）的决定系数（0.6243）为最大，可见如果用强母枝比来对产量作预测的话，可以有较大效果，能够更加合乎产量的实际情况，反之其他指标的作用相对较微弱；同理，因为第二组变量（Y_1～Y_3）与第二组变量的典型变量 V_1 的关系中，以 Y_1（单株果数）的决定系数为最大，单株产量 Y_2 次之，可见如果用单株果数、单株产量来作为产量标志，能更加反映产量的实际情况，而每平方米冠幅产量却不能对产量做出更加客观的解释。

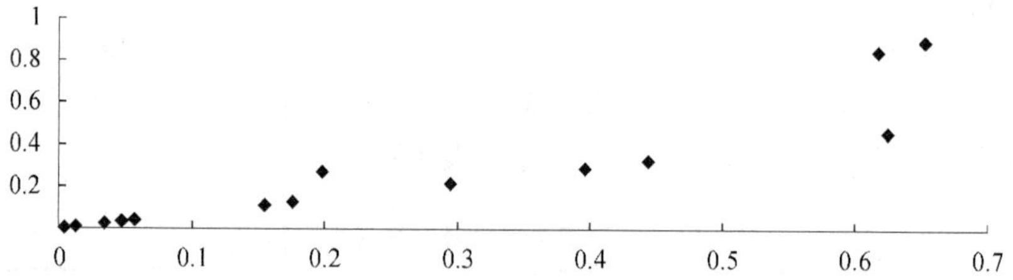

图 8-1　14 个性状典型相关系数二维排列图

2. 通径分析

1）单株果数与 11 个性状通径分析结果　对板栗 39 个单株的单株果数与树高（m）、径粗（cm）、枝下高（m）、冠幅（m^2）、相对高（m）、强母枝比、强果枝比、果枝长（cm）、果枝粗（cm）、单株叶数、叶果比等 11 个性状的通径分析结果表明：决定单株果数的主要因素是强母枝比、单株叶数、树高（m）、冠幅（m^2）、枝下高（m）等性状，它们与单株果数的相关系数分别为 0.5998、0.5703、0.4648、0.1208、0.1116。其中，强母枝比性状对单株果数的作用是通过直接作用与单株叶数、叶果比、树高（m）、相对高（m）、果枝长（cm）、果枝粗（cm）等性状的间接作用引起的；单株叶数性状的直接作用较大，相关系数为 0.4415，对单株果数的贡献主要是通过直接作用引起的；树高（m）性状对单株果数的作用是通过直接作用与单株叶数、叶果比的间接作用引起的；冠幅（m^2）性状对单株果数的作用是通过直接作用与树高（m）、强果枝比、单株叶数、叶果比等性状的间接作用引起的；冠幅（m^2）性状对单株果数的作用主要是通过树高（m）、相对高（m）、单株叶数、叶果比等性状的间接作用引起的，其间接作用贡献率总和达到 0.1729（表 8-4）。

表 8-4　单株果数与 11 个性状的相关系数

自变量编号	相关系数 r	直接作用 P	通过 X_1 的间接作用	通过 X_2 的间接作用	通过 X_3 的间接作用	通过 X_4 的间接作用	通过 X_5 的间接作用
X_1	0.464 718 404	0.199 401 313		−0.045 653 237	0.004 173 333	−0.011 253 250	−0.040 202 637
X_2	0.056 207 881	−0.143 432 800	0.063 467 460		0.001 900 964	0.000 923 506	−0.011 644 608
X_3	0.111 554 515	0.026 181 168	0.031 784 985	−0.010 414 379		−0.014 533 970	0.006 963 723
X_4	0.120 835 329	−0.052 044 917	0.043 114 927	0.002 545 128	0.007 311 306		0.017 737 873
X_5	−0.226 660 925	−0.151 515 304	0.052 908 574	−0.011 023 433	−0.001 203 300	0.006 092 890	
X_6	0.599 789 897	0.097 953 443	0.080 065 722	−0.059 100 956	−0.000 776 917	−0.006 055 981	0.043 140 574
X_7	−0.060 707 966	−0.052 331 993	0.014 253 726	0.009 888 343	−0.005 840 312	0.001 873 453	−0.024 013 407
X_8	−0.378 618 012	−0.085 438 968	−0.040 256 885	0.044 783 899	0.001 733 675	−0.005 864 711	−0.009 017 136
X_9	−0.232 438 942	−0.098 936 266	−0.031 885 496	0.019 220 213	−0.000 994 757	0.002 177 504	−0.000 606 341
X_{10}	0.570 279 567	0.441 496 085	0.063 880 960	−0.025 879 647	0.002 272 283	−0.004 277 789	0.000 745 006
X_{11}	−0.583 704 058	−0.359 798 865	−0.082 106 917	−0.007 402 593	−0.001 920 053	0.008 402 611	−0.032 882 375
	残差项	0.552 590 400					

自变量编号	通过 X_6 的间接作用	通过 X_7 的间接作用	通过 X_8 的间接作用	通过 X_9 的间接作用	通过 X_{10} 的间接作用	通过 X_{11} 的间接作用	间接作用的总和
X_1	0.039 331 301	−0.003 740 827	0.017 249 168	0.015 820 517	0.141 439 358	0.148 153 365	0.265 317 090
X_2	0.040 361 355	0.003 607 799	0.026 676 535	0.013 257 610	0.079 659 345	−0.018 569 284	0.199 640 681
X_3	−0.002 906 735	0.011 673 856	−0.005 657 632	0.003 759 097	0.038 317 770	0.026 386 630	0.085 373 347
X_4	0.011 397 927	0.001 883 786	−0.009 627 738	0.004 139 389	0.036 288 405	0.058 089 243	0.172 880 247
X_5	−0.027 890 039	−0.008 294 010	−0.005 084 732	−0.000 395 928	−0.002 170 851	−0.078 084 792	−0.075 145 621
X_6		0.000 771 866	0.035 404 481	0.017 541 453	0.224 474 509	0.166 371 704	0.201 836 455

续表

白变量编号	通过 X_6 的间接作用	通过 X_7 的间接作用	通过 X_8 的间接作用	通过 X_9 的间接作用	通过 X_{10} 的间接作用	通过 X_{11} 的间接作用	间接作用的总和
X_7	−0.001 444 756		0.000 999 384	0.004 826 048	−0.025 359 135	0.016 440 682	−0.008 375 974
X_8	−0.040 590 270	0.000 612 130		−0.018 085 705	−0.100 659 656	−0.125 834 386	−0.293 179 044
X_9	−0.017 367 198	0.002 552 721	−0.015 618 378		−0.025 536 987	−0.065 443 958	−0.133 502 677
X_{10}	0.049 803 502	0.003 005 902	0.019 479 804	0.005 722 665		0.014 030 797	0.128 783 481
X_{11}	−0.045 293 865	0.002 391 263	−0.029 881 028	−0.017 995 557	−0.017 216 680		−0.223 905 193

单株果数与 11 个性状线性回归方程：

$$Y_1=0.2801X_1-0.2726X_2-1.8449X_3-11.8105X_4+2.6606X_5+16.4476X_6-7839.3771X_7+11.3100X_8+28.9891X_9-11.2614X_{10}+3690.4856X_{11}-1.9372$$

复相关系数 $R=0.6846$（$P=0.05$），$R=0.7409$（$P=0.01$）。

2）单株产量与 11 个性状通径分析结果　对板栗 39 个单株的单株产量与树高（m）、径粗（cm）、枝下高（m）、冠幅（m^2）、相对高（m）、强母枝比、强果枝比、果枝长（cm）、果枝粗（cm）、单株叶数、叶果比等 11 个性状的通径分析结果表明：决定单株产量的主要因素是强母枝、单株叶数、树高（m）、枝下高（m）、冠幅（m^2），它们与单株产量的相关系数分别为 0.5933、0.5612、0.4494、0.1295、0.1123。其中，强母枝比性状对单株产量的作用是通过直接作用与树高（m）、相对高（m）、果枝长（cm）、果枝粗（cm）、单株叶数、叶果比的间接作用引起的；单株叶数性状对单株产量的作用是通过直接作用与树高（m）、强母枝比、叶果比的间接作用引起的；树高（m）对单株产量的作用是通过直接作用与径粗（cm）、冠幅（m^2）、相对高（m）、强母枝比、单株叶数、叶果比的间接作用引起的；枝下高（m）对单株产量的作用是通过直接作用与树高（m）、强果枝比、单株叶数、叶果比的间接作用引起的；冠幅（m^2）对单株产量的作用主要是通过性状树高（m）、枝下高（m）、相对高（m）、强母枝比的间接作用引起的，其间接作用贡献率总和达到 0.1858（表 8-5）。

单株产量与 11 个性状线性回归方程：

$$Y_2=6.4769X_1-5.1934X_2-44.3631X_3-276.6574X_4+66.5469X_5+435.0186X_6-196\,036.3293X_7+316.5229X_8+677.1621X_9-241.9945X_{10}+77\,735.3174X_{11}-48.6574$$

复相关系数 $R=0.6846$（$P=0.05$），$R=0.7409$（$P=0.01$）。

3）投影产量与 11 个性状通径分析结果　对板栗 39 个单株的投影产量与树高（m）、径粗（cm）、枝下高（m）、冠幅（m^2）、相对高（m）、强母枝比、强果枝比、果枝长（cm）、果枝粗（cm）、单株叶数、叶果比等 11 个性状的通径分析结果表明：决定投影产量的主要因素是单株叶数、树高（m）、相对高（m）、强母枝比，它们与投影产量的相关系数分别为 0.3764、0.3121、0.2454、0.1138，其中性状 10（单株叶数）对投影产量的直接作用较大，为 0.4495，对投影产量的贡献主要是通过直接作用引起；树高（m）对投影产量的作用是通过与性状单株叶数、叶果比相对高（m）、果枝长（cm）、果枝粗（cm）的间接作用引起的，其间接作用贡献率总和达到 0.3058；强母枝比对投影产量的作用是通过与性状果枝长（cm）、果枝粗（cm）、单株叶数、叶果比的间接作用引起的，其间接作用贡献率总和达到 0.4707；相对高对投影产量的作用主要是通过直接作用引起的，贡献率达到 0.1913（表 8-6）。

表 8-5 单株产量与 11 个性状的相关系数

自变量编号	相关系数 r	直接作用 P	通过 X_1 的间接作用	通过 X_2 的间接作用	通过 X_3 的间接作用	通过 X_4 的间接作用	通过 X_5 的间接作用
X_1	0.449 366 512	0.173 055 682		−0.023 915 803	0.006 732 976	−0.015 872 296	−0.042 190 479
X_2	0.086 165 968	−0.075 138 388	0.055 081 907		0.003 066 888	0.001 302 571	−0.012 220 382
X_3	0.129 498 247	0.042 238 943	0.027 585 437	−0.005 455 653		−0.020 499 631	0.007 308 048
X_4	0.112 299 976	−0.073 407 447	0.037 418 425	0.001 333 285	0.011 795 571		0.018 614 932
X_5	−0.234 281 803	−0.159 007 063	0.045 918 099	−0.005 774 711	−0.001 941 324	0.008 593 798	
X_6	0.593 326 686	0.098 843 387	0.069 487 146	−0.030 960 496	−0.001 253 426	−0.008 541 739	0.045 273 684
X_7	−0.067 459 713	−0.047 245 508	0.012 370 472	0.005 180 085	−0.009 422 369	0.002 642 436	−0.025 200 763
X_8	−0.314 646 428	0.004 564 631	−0.034 937 998	0.234 603 940	0.002 796 995	−0.008 271 959	−0.009 462 993
X_9	−0.205 802 837	−0.078 093 739	−0.027 672 668	0.010 068 658	−0.001 604 875	0.003 071 290	−0.000 636 322
X_{10}	0.561 183 981	0.449 312 568	0.055 440 774	−0.013 557 255	0.003 665 949	−0.006 033 664	0.000 781 843
X_{11}	−0.562 493 606	−0.387 926 560	−0.071 258 651	−0.003 877 906	−0.003 097 685	0.011 851 575	−0.034 508 262
	残差项	0.589 413 086					

自变量编号	通过 X_6 的间接作用	通过 X_7 的间接作用	通过 X_8 的间接作用	通过 X_9 的间接作用	通过 X_{10} 的间接作用	通过 X_{11} 的间接作用	间接作用的总和
X_1	0.039 688 641	−0.003 377 232	−0.000 921 548	0.012 487 669	0.143 943 476	0.159 735 427	0.276 310 829
X_2	0.040 728 053	0.003 257 134	−0.001 425 211	0.010 464 680	0.081 069 677	−0.020 020 960	0.161 304 356
X_3	−0.002 933 144	0.010 539 198	0.000 302 263	0.002 967 183	0.038 996 168	0.028 449 436	0.087 259 304
X_4	0.011 501 482	0.001 700 689	0.000 514 368	0.003 267 360	0.036 930 874	0.062 630 437	0.185 707 423
X_5	−0.028 143 431	−0.007 487 861	0.000 271 655	−0.000 312 519	−0.002 209 285	−0.084 189 162	−0.075 274 740
X_6		0.000 696 844	−0.001 891 507	0.013 846 062	0.228 448 725	0.179 378 006	0.494 483 299
X_7	−0.001 457 882		−0.000 053 393	0.003 809 363	−0.025 808 106	0.017 725 952	−0.020 214 205
X_8	−0.040 959 048	0.000 552 633		−0.014 275 659	−0.102 441 788	−0.135 671 635	−0.319 211 058

续表

自变量编号	通过 X_6 的间接作用	通过 X_7 的间接作用	通过 X_8 的间接作用	通过 X_9 的间接作用	通过 X_{10} 的间接作用	通过 X_{11} 的间接作用	间接作用的总和
X_9	−0.017 524 986	0.002 304 606	0.000 834 422		−0.025 989 108	−0.070 560 116	−0.127 709 097
X_{10}	0.050 255 985	0.002 713 739	−0.001 040 721	0.004 517 093		0.015 127 671	0.111 871 414
X_{11}	−0.045 705 377	0.002 158 841	0.001 596 413	−0.014 204 501	−0.017 521 493		−0.174 567 046

表 8-6　投影产量与 11 个性状的相关系数

自变量编号	相关系数 r	直接作用 P	通过 X_1 的间接作用	通过 X_2 的间接作用	通过 X_3 的间接作用	通过 X_4 的间接作用	通过 X_5 的间接作用
X_1	0.312 126 611	0.006 352 850		−0.036 727 779	−0.014 954 846	−0.017 794 299	0.050 755 461
X_2	−0.061 743 901	−0.115 390 901	0.002 022 049		−0.006 811 972	0.001 460 301	0.014 701 211
X_3	−0.028 688 419	−0.093 818 383	0.001 012 658	−0.008 378 310		−0.022 981 966	−0.008 791 637
X_4	−0.040 115 658	−0.082 296 479	0.001 373 625	0.002 047 542	−0.026 199 552		−0.022 393 902
X_5	0.113 757 312	0.191 286 683	0.001 685 647	−0.008 868 291	0.004 311 942	0.009 634 436	
X_6	0.245 384 349	−0.225 261 336	0.002 550 864	−0.047 546 395	0.002 784 028	−0.009 576 073	−0.054 464 580
X_7	−0.042 079 465	−0.115 489 973	0.000 454 118	0.007 955 118	0.020 928 350	0.002 962 413	0.030 316 706
X_8	−0.368 280 792	−0.178 176 082	−0.001 282 569	0.036 028 401	−0.006 212 504	−0.009 273 625	0.011 384 051
X_9	−0.224 285 388	−0.135 643 296	−0.001 015 860	0.015 462 556	0.003 564 643	0.003 443 198	0.000 765 500
X_{10}	0.376 360 523	0.449 439 512	0.002 035 223	−0.020 820 034	−0.008 142 566	−0.006 764 291	−0.000 940 563
X_{11}	−0.480 021 512	−0.538 056 407	−0.002 615 895	−0.005 955 345	0.006 880 375	0.013 286 702	0.041 513 697
	残差项	0.700 059 681					

自变量编号	通过 X_6 的间接作用	通过 X_7 的间接作用	通过 X_8 的间接作用	通过 X_9 的间接作用	通过 X_{10} 的间接作用	通过 X_{11} 的间接作用	间接作用的总和
X_1	−0.090 449 312	−0.008 255 525	0.035 971 749	0.021 690 197	0.143 984 144	0.221 553 970	0.305 773 761
X_2	−0.092 818 103	0.007 961 948	0.055 631 764	0.018 176 408	0.081 092 581	−0.027 769 188	0.053 647 000

续表

自变量编号	通过 X_6 的间接作用	通过 X_7 的间接作用	通过 X_8 的间接作用	通过 X_9 的间接作用	通过 X_{10} 的间接作用	通过 X_{11} 的间接作用	间接作用的总和
X_3	0.006 684 553	0.025 762 698	−0.011 798 536	0.005 153 786	0.039 007 185	0.039 459 534	0.065 129 964
X_4	−0.026 211 558	0.004 157 274	−0.020 077 872	0.005 675 172	0.036 941 308	0.086 868 783	0.042 180 820
X_5	0.064 138 098	−0.018 303 812	−0.010 603 799	−0.000 542 823	−0.002 209 909	−0.116 770 860	−0.077 529 372
X_6		0.001 703 409	0.073 833 192	0.024 049 630	0.228 513 269	0.248 798 342	0.470 645 686
X_7	0.003 322 473		0.002 084 135	0.006 616 594	−0.025 815 398	0.024 585 998	0.073 410 508
X_8	0.093 344 534	0.001 350 892		−0.024 795 808	−0.102 470 731	−0.188 177 352	−0.190 104 710
X_9	0.039 938 956	0.005 633 528	−0.032 570 869		−0.025 996 450	−0.097 867 294	−0.088 642 092
X_{10}	−0.114 531 996	0.006 633 639	0.040 623 561	0.007 845 870		0.020 982 168	−0.073 078 989
X_{11}	0.104 161 286	0.005 277 209	−0.062 314 476	−0.024 672 213	−0.017 526 443		0.058 034 895

投影（每平方米冠幅）产量与 11 个性状线性回归方程：

$$Y_3=70.9757X_1-116.2755X_2-238.8614X_3-3275.4274X_4+5733.2456X_5-4958.4763X_6+20\,635.8647X_7+852.4686X_8-887.3907X_9-13\,698.8287X_{10}-3\,386\,929.2164X_{11}-5494.7050$$

复相关系数 $R=0.6846$（$P=0.05$），$R=0.7409$（$P=0.01$）。

以上分析表明：在增产因子中，树高（m）、强母枝比、单株叶数对三个产量指标具有较大的贡献。

8.2.4　板栗品种主要经济性状遗传多样性

我国栗树在长期的自然变异和人工选择下，已形成许多优良的地方品种群（类）。它们在性状上各具特色，栽培上有其适生的环境条件。研究板栗品种主要经济性状遗传多样性，对确定不同品种的适生环境和区域，合理地利用这些地方良种，充分挖掘各地的土壤、气候资源，促进板栗生产的发展具有重要意义。湖南省林业科学院从 1993 年开始，对 16 个初选良种进行区域化研究，在此研究的基础上，于 1996～1999 年分别按幼龄树的调查方法对 16 个板栗品种的成年树进行调查，并结合各品种在幼年期的表现开展研究。

1.　早实丰产性状遗传多样性研究

早实性和丰产性是板栗品种遗传多样性研究的重要评价指标，根据早实丰产性的调查标准：①早实性，2 年生嫁接苗栽植后 2～3 年平均结果株率 65%以上；②丰产性，嫁接苗栽植后 2～3 年株产 1 kg 以上，单位冠幅面积产量 0.3 kg/m^2 以上；5～6 年株产 4 kg，单位冠幅面积产量 0.7 kg/m^2 以上。

选取板栗品种园（湖南省林业科学院试验林场）28 个板栗品种的早实丰产性状进行统计，结果见表 8-7。经统计，嫁接后 2～3 年结果株率项的变异系数为 56.9%，每平方米冠幅面积产量项的变异系数为 51.7%，表明这 28 个品种间在早实丰产性状方面存在较大的遗传差异。

表 8-7　湖南省 28 个板栗初选良种早实丰产性状遗传多样性

品种	嫁接后 2～3 年结果株率/%	每平方米冠幅面积产量/（kg/m^2）
铁粒头（B）	75.33	0.31
石丰（M）	66.67	0.31
薄壳（K）	48.50	0.21
它栗（G）	61.83	0.12
青扎（E）	66.50	0.33
西沟 2 号（F）	74.17	0.27
新杭迟栗（H）	64.00	0.21
金刚（I）	60.17	0.25
上步家（J）	41.67	0.20
大底青（L）	67.33	0.23

续表

品种	嫁接后 2～3 年结果株率/%	每平方米冠幅面积产量/（kg/m^2）
粘底板（N）	67.67	0.24
浙江油板红（P）	72.17	0.15
短刺毛板红（C）	78.50	0.17
九家种（D）	67.50	0.13
李格庄 14 号	13.95	0.07
西寨 3 号	10.96	0.06
宋早丰	33.87	0.11
徐家 1 号	19.96	0.09
西沟 7 号	27.80	0.11
中果红皮	21.50	0.09
下庄 2 号	25.13	0.13
新立庄 1419	30.10	0.08
油板红	22.91	0.12
河南大板栗	12.14	0.08
香板栗	13.00	0.09
清泉 2 号	14.00	0.11
昌平 1 号	19.00	0.10
南庄 2 号	21.00	0.07

2. 产量性状遗传多样性研究

度量一个品种产量的高低可用单位冠幅面积产量和单株产量。前者反映了品种单位面积生产能力，后者表现单株结实量。本试验以单位冠幅面积产量为指标，同时验证单株产量，分析两者的异同。

1）结果与分析　　经过对参试品种各点及多年单位冠幅面积产量的方差分析，经 F 检验，研究结果如下。

重复间（区组间）石门、桂阳、城步 3 个试验点产量无显著差异。长沙点差异极显著。5 个重复试验中，Ⅳ、Ⅴ两重复显著高于其他重复，因整地时上述两重复撩壕客土，活土层深厚，保水保肥力强，因而产量高，可见土层深厚是栗树增产的主要因素之一（表 8-8）。

表 8-8　各点参试品种产量方差分析表（F 测验）

变异来源	石门	桂阳	长沙	城步
区组	0.99	1.55	7.50**	0.79
品种	10.45**	7.82**	9.88**	3.05**
年份	47.90	179.28**	104.35**	50.05**
年份×品种	11.36**	4.71**	2.46**	1.97**

**表示 $P<0.01$，差异极显著，后余同

品种间、年份间（单点与多点）、试验点之间产量差异均达极显著水平。试验证明：①参试品种的产量之间确具差异，且品种间的变异已排除土壤和人为

因素误差，故变异来源为品种遗传基因的异质性；②参试品种在单点和多点年际间产量的变异幅度大。因为幼年栗树结实不是很稳定，而试验点之间环境条件的差异对栗树的影响极大。其中，石门点历年小区单位冠幅面积平均产量为 0.201 kg/m^2，显著高于其他各点；城步点最低，仅 0.06 kg/m^2。试验还表明，石门点的自然条件有利于栗树早实丰产（表 8-9）。

表 8-9　多点多年产量方差分析表

变异来源	石门、桂阳、长沙、城步四点	变异来源	石门、桂阳、长沙、城步四点
品种	3.93**	品种×试验点	1.24
试验点	33.58**	品种×年份	1.13
年份	21.56**	试验点×年份	23.24**

交互效应：同一试验点品种与年份间的交互效应显著。原因是：不同品种适生的气候条件不同，抵抗不良气候条件的能力各异，直观地表现是大年中有小年树，小年中也有结果较多的品种。品种间对年际气候差异适应性的互补作用结果，使多点试验品种与年份的交互作用不明显，这一结果的栽培学意义是适当增加主栽品种是保证稳产的重要措施。试验点和年份的交互效应达到了极显著水平，这一变异分量既包含试验点不同立地条件对栗树产量的影响，又包含不同年份气象因子对栗树产量的作用，两者同步即能获得高产，反之不能充分发挥有利的因素（表 8-10，表 8-11）。

表 8-10　长沙点区组间产量显著性差异分析

	Ⅴ 0.1706	Ⅳ 0.1420	Ⅲ 0.1371	Ⅱ 0.1356	Ⅰ 0.1211
Ⅴ 0.1706		0.0286**	0.0346**	0.0350**	0.0495**
Ⅳ 0.1420			0.0049	0.0064	0.0209*
Ⅲ 0.1371				0.0015	0.0160*
Ⅱ 0.1356					0.0145
Ⅰ 0.1211					

注：$L.S.D_{0.05}$＝0.0157；$L.S.D_{0.01}$＝0.0249

表 8-11　参试品种各试验点间显著性差异分析表

	石门 0.2011	桂阳 0.1713	长沙 0.1616	城步 0.0637
石门 0.2011		0.0298*	0.0395**	0.1374**
桂阳 0.1713			0.0097	0.1076**
长沙 0.1616				0.0979**
城步 0.0637				

注：$L.S.D_{0.05}$＝0.0290；$L.S.D_{0.01}$＝0.0384

经 L.S.D 检验，将参试品种产量（小区平均值，下同）按大小排列，取末五名为低产组，产量显著高于低产组的品种，组成高产组，其余为中产组，各点及湖南全省高产品种如下。

石门试验点：‘沅优一号’‘铁粒头’‘粘底板’‘西沟 2 号’‘青扎’‘金刚’。

长沙试验点：‘九家种’‘铁粒头’‘粘底板’‘西沟 2 号’‘金刚’‘青扎’‘大底青’‘石丰’。

桂阳试验点：‘青扎’‘铁粒头’‘石丰’‘九家种’‘粘底板’。

城步试验点：‘九家种’‘薄壳’。

湖南全省：‘铁粒头’‘九家种’‘青扎’‘粘底板’。

如以单株产量为指标来划分品种产量类型，高产组入选的品种有一定的变动。这种变动是因为某些品种树体高大，结构松散，单株产量高，单位冠幅面积产量相对较低，故用两种指标划分品种产量类型，名次不完全一致。树体高大的品种适宜在密度较小、管理稍粗放的地区栽培，树体结构紧凑的品种适宜矮化密植。

2）小结与讨论　　单点及多点多年资料统计分析表明：品种间、试验点间产量差异极为显著。试验证明参试品种对不同环境条件的适应能力相差甚远，不同的环境条件有着其适生的良种。该项研究为湖南全省和不同区域确定了最佳的良种结构，同时为入选良种确定了适生的环境条件。品种评定结果是：适合全省发展的良种有‘沅优一号’（耐贮性差，发展时应改善贮藏条件）‘铁粒头’‘青扎’‘西沟 2 号’‘粘底板’；适合湘中丘陵区发展的良种有‘九家种’‘铁粒头’‘青扎’‘西沟 2 号’‘粘底板’‘石丰’；适合湘南丘陵、中低山发展的良种有‘铁粒头’‘九家种’‘青扎’‘粘底板’；适合湘西南中低山发展的品种有‘九家种’‘薄壳’‘铁粒头’‘短刺毛板红’。推广、使用这些良种能获得极大的遗传增益，促进板栗生产的发展，今后各区域应建立入选良种原种采穗圃，就地繁殖苗木，推广这些良种，或用良种接穗改造实生、次残林，逐步实现湖南省板栗良种区域化栽培。

试验点间产量有极显著的差异，石门点显著高于其他各点。试验证明该试验点地理位置、生态条件较适合发展板栗生产，湖南省在发展板栗布局时应以石门试验点所代表的区域为重点，以充分发挥区域自然条件优势。城步点属群山地貌，海拔 700 m 以上，参试品种产量显著低于其他各点，有些品种如‘石丰’‘浙江油板红’病虫危害严重，不适宜在该点所代表的立地条件下栽培。

栗树虽适应性强，同一良种在不同生态环境下能生长结实，但任何良种都要有最适的环境条件，才能充分发挥其生产潜力。‘沅优一号’是沅陵县选出的生态型良种，原产地与石门点生态条件相似，在石门点表现为产量高，树体结构紧凑，而在桂阳、长沙点，产量低、耐贮性差；‘沅 28’在当地表现为短枝型，基芽抽生结果枝能力强、出籽率高，而在参试各点均表现不良，树体高大，成熟期晚，颗粒极小，几乎丧失食用价值；‘九家种’树体结构紧凑，叶片浓绿，叶绿素含量高，较耐阴，在长沙、城步均表现突出；‘短刺毛板红’‘薄壳’在城步点产量高，抗病虫性强，而其他点则表现平淡。品种对不同环境的适应性必须经长时期的试验才能揭示哪种板栗适应性强，某地选出的良种即可在全省范围推广应用，是不符合客观实际的。故对品种的使用应坚持先试验、后使用的原则。对品种性状不了解，随意使用，势必造成经济损失。

对板栗品种及其适生环境的研究，过去多停留在直观的印象或定性的研究上，用数量指标定量地研究不同品种性状的表现程度和特点，或是分析组成主要性状的单位性状的优劣，更是研究不够或研究甚少，且缺乏科学的研究方法。本试验对不同品种性状的优劣进行了综合评定并做了一些探讨，无疑将对不同地区选择不同板栗品种提供科学的依据。

3. 果实性状遗传多样性

1）果实成熟期遗传多样性　在我国，一般可依板栗成熟期将板栗分为 4 类品种，根据各品种在湖南的实际表现，将其分为 3 类：①早熟种，自 8 月下旬至 9 月上旬成熟，如‘石丰’‘沅优一号’等板栗品种；②中熟种，9 月中下旬成熟；③晚熟种，9 月末至 10 月间成熟。

参试的 16 个品种（表 8-2）的成熟期统计结果见表 8-12，从表 8-12 可以看出，早熟品种有‘石丰’‘沅优一号’等板栗品种，中熟品种有‘短刺毛板红’‘九家种’等，晚熟品种有‘沅 28’‘铁粒头’‘大底青’等。

表 8-12　16 个板栗品种成熟期

品种	成熟期	品种	成熟期
A	10 月上旬	I	9 月下旬
B	9 月底至 10 月上旬	J	9 月底
C	9 月中旬	K	9 月中旬
D	9 月下旬	L	10 月上旬
E	9 月下旬	M	9 月上旬
F	9 月中旬	N	9 月底至 10 月上旬
G	9 月下旬	O	9 月上旬
H	9 月底至 10 月上旬	P	9 月下旬

2）坚果性状遗传多样性

（1）坚果大小遗传多样性　坚果大小是反映板栗品质的一项重要性状，从图 8-2 中可以看出，‘沅 28’的坚果平均值最小，为 3.8 g，‘金刚’的坚果平均值最大，为 11.95 g，其中‘新杭迟栗’在桂阳的坚果最重，平均达 13.33 g。通过对石门、桂阳、长沙 3 地坚果的单粒重的统计分析表明：3 地不同品种坚果大小的平均数分别为 10.236 g、10.236 g、9.659 g，标准差分别为 2.389、2.303、1.872，经 t 检验，‘沅 28’‘青扎’‘新杭迟栗’‘上步家’‘粘底板’区域差异显著，其他品种的区域差异不显著，但品种间的平均差异达极显著水平。证明各品种间存在较大的遗传差异，而且大多数品种在不同区域的表现是稳定的。

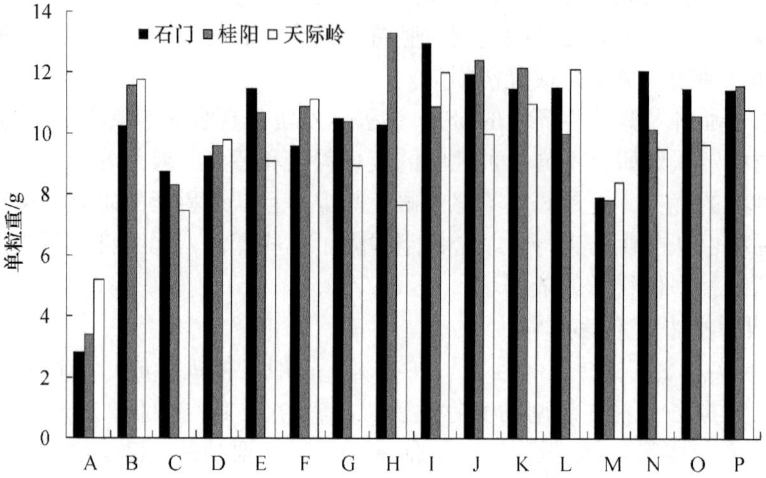

图 8-2　16 个板栗品种坚果大小多样性统计图

（2）坚果营养品质遗传多样性　板栗坚果营养品质是其栽培价值得以体现的关键性状，从图 8-3 中可以看出：'沅优一号'贮藏 100 d 鲜果率最低，为 50%，'粘底板'的种仁水分最高，为 79.72%。

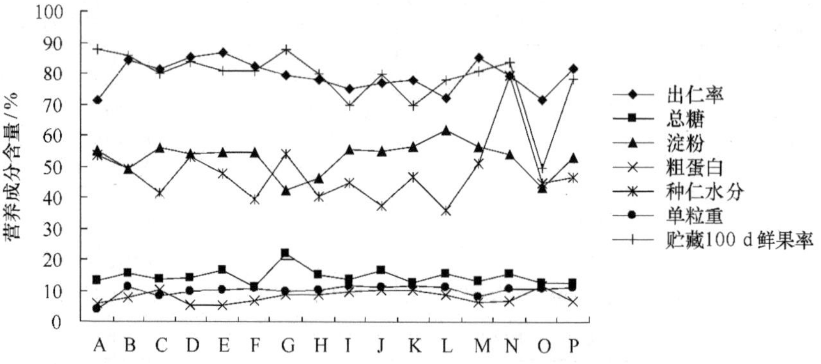

图 8-3　16 个板栗品种坚果品质多样性统计图

利用灰色系统原理对参试品种品质进行关联比较，理想品种设计是以对参试品种观测指标观测值中对品质起正向作用指标的最大值，以对参试品种观测指标观测值中对品质起负向作用指标的最小值为标准设定，经计算，各参试品种与理想品种关联度按从大到小的顺序排列为：J（0.889）>L（0.840）>G（0.809）>B（0.783）>K（0.745）>C（0.729）>I（0.728）>H（0.725）>F（0.704）>E（0.603）>P（0.597）>D（0.569）>O（0.567）>N（0.566）>M（0.560）>

A（0.488），可见在参试品种中品种 J（‘上步家’）综合营养品质较好，是我们所期望的，它与理想品种相似性大，关联度达到 0.889。

（3）坚果耐贮性遗传多样性　影响坚果耐贮性的因子很多，品种的差异就是一个很重要的因子，从表 8-13 的试验结果可以看出，‘它栗’和‘青扎’最耐贮藏，常规常温室内贮藏 100 d 后，保鲜率仍在 95%以上，而‘沅优一号’保鲜率只有 56.8%，经统计分析，标准差为 10.5，变异系数为 12.9%，经 *t* 检验各品种间的耐贮性达到显著水平，说明各品种间存在较大的耐贮性遗传差异，证明 16 个良种的耐贮性遗传多样性较丰富。

表 8-13　16 个板栗品种耐贮性比较

品种	原产地纬度	坚果单粒重/g	保鲜率/%
沅 28（A）	28° 13′18″N	3	86.2
铁粒头（B）	31° 24′34″N	8～10	81.5
短刺毛板红（C）	29° 43′52″N	6～8	81.3
九家种（D）	31° 24′34″N	10～13	78.2
青扎（E）	31° 24′34″N	6～11	95.1
西沟 2 号（F）	40° 11′03″N	9.8	91.4
它栗（G）	27° 12′15″N	13.8	97.5
新杭迟栗（H）	30° 35′12″N	12	82.9
金刚（I）	29° 43′52″N	11～18	66.7
上步家（J）	36° 52′06″N	12	84.1
薄壳（K）	31° 24′34″N	10	79.2
大底青（L）	31° 24′34″N	12～20	84.9
石丰（M）	37° 34′41″N	6～10	79.1
粘底板（N）	31° 13′51″N	7～10	91.1
沅优一号（O）	28° 13′18″N	11～18	56.8
浙江油板红（P）	29° 43′52″N	15.0	70.1

注：常规常温室内贮藏 100 d

4. 板栗品种树势树形多样性研究

板栗品种的树势树形，直接影响板栗的产量，20 世纪 70 年代以来，全国各地先后对板栗的树体进行了不少研究，选育了一批板栗优良品种，其中极少数品种表现为矮化型。矮化型品种的出现改变了传统板栗栽培模式，使密植（1667～2500 株/hm^2）、高产（9750 kg/hm^2）栽培成为可能。矮化型品种的表型因子及利用表型因子将其与乔化型品种区别开来，在生产中有十分重要的意义。

板栗株型大体可分为矮化型、普通型（又分直立型、开张型两种）、乔化型、垂直型 4 类。从发育枝枝皮率（一年生发育枝中部枝皮厚度与去皮枝粗之比）、尖削指数（发育枝先端粗度与基部粗度之比）、节间长度、年生长量 4 个方面进行分析，找出了枝皮率、尖削指数、年生长量 3 个直接与树体矮化程度相关的因子，进而用枝皮率、尖削指数为表型因子，并利用枝皮率、尖削指数进行矮化型品种早期鉴定的尝试，结果令人满意。

1）材料与方法　用‘短刺毛板红’‘石丰’2 个矮化型品种，‘九家种’‘新杭迟栗’‘沅 28’‘金刚’4 个直立型品种，‘铁粒头’‘它栗’2 个开张型品种，共 2 个矮化型、6 个普通型品种，在丘陵和河滩两种立地条件的 2 年生砧木上嫁接。连续 4 年测量树高、发育枝年生长量、节间长度、尖削指数、枝皮率。树高在两个试区每年各测量 50 株。在枝条停长后的 9 月下旬用钢卷尺测量发育枝年生长量、节间长度。休眠期用游标卡尺测量枝条顶端和基部直径后计算发育枝尖削指数。春季枝条离皮后用游标卡尺先测量发育枝中部直径，再立即去掉枝皮，在同一位置上测量木质部直径，两数相减得到枝皮厚度，之后计算枝皮率。在调查汇总的基础上，利用前 3 年的平均数进行单因子相关分析，确定影响树体矮化的主要表型因子并将其量化。利用嫁接当年发育枝枝皮率、尖削指数与相对应的 4 年生树高进行有关因子的多元回归分析，检验有关因子的稳定性和进行矮化型品种早期鉴定分析。

2）表型因子与矮化品种株高的关系　将所测不同树型各品种 1～3 年生 3 个年度的发育枝生长量、节间长度、尖削指数、枝皮率的平均值列入表 8-14。

表 8-14　不同树型板栗品种表型因子多样性

树型	品种	树高/cm	枝皮率/%	尖削指数/%	年生长量/cm	节间长度/cm
矮化型	短刺毛板红	93.4	23.7	69.5	26.1	2.87
	石丰	152.0	19.0	59.3	45.7	3.13
直立型	金刚	173.0	18.5	45.9	53.7	2.91
	九家种	205.0	15.5	45.5	64.5	2.63
	新杭迟栗	212.0	13.5	50.5	74.1	3.01
	沅 28	255.0	15.5	45.4	63.3	3.82
开张型	铁粒头	156.9	19.0	52.9	59.7	2.93
	它栗	178.0	16.3	36.0	62.0	2.82

据表 8-14，对 4 个表型因子分别进行单因素相关分析，其结果见表 8-15。

表 8-15　板栗表型因子与株高相关性分析

项目	相关方程	r 值	$r_{0.01}$
枝皮率与树高	$Y=405.7894-13.1504X$	-0.9956^{**}	0.875
尖削指数与树高	$Y=379.2182-3.8126X$	-0.8893^{**}	0.875
年生长量与树高	$Y=15.2241+3.0116X$	-0.9985^{**}	0.875
节间长度与树高	$Y=440.0870-86.6117X$	-0.2000	0.875

由表 8-15 可看出，枝皮率、尖削指数与树高存在负相关，枝皮率、尖削指数越大，树体越矮。发育枝年生长量与树高存在显著正相关，年生长量越大，树体越高。发育枝节间长度与树高相关不密切，r 值仅为−0.2000。这说明板栗矮化型不同于苹果、梨等的短枝、紧凑型。苹果短枝型主要表现为节间短，梨紧凑型主要表现为尖削指数小和节间短，而板栗矮化型主要特征是枝皮率高和尖削指数大。因此，本研究称为矮化型而不称为短枝型或紧凑型，以示区别。

影响板栗矮化的主要表型因子确定后，必须进一步分析这些因子的可靠性及在矮化品种与乔化品种间是否存在差异性，如果差异显著，就可以利用这些因子作为区别因子。经考察发现发育枝年生长量虽然对板栗树高有显著影响，但由于该因素受树龄、立地条件、管理水平、品种甚至年降水量等因素影响，变化大、不容易量化，因此不适宜作为矮化型区别因子，而是进一步用枝皮率和尖削指数两个因子进行比较分析。为更好说明问题，用矮化型品种中枝皮率和尖削指数均较小的‘短刺毛板红’与乔化型品种的平均值进行方差分析。将数据分为丘陵和河滩两组。经方差分析，‘短刺毛板红’的枝皮率与乔化型品种差异极显著（$F=338.00$，$F_{0.01}=98.49$）。尖削指数差异也极显著（$F=141.83$，$F_{0.01}=98.49$）。这说明用枝皮率和尖削指数两个因素完全可以将板栗的矮化型与乔化型区别开来（表 8-16）。

表 8-16　丘陵、河滩两种立地条件下的板栗枝皮率和尖削指数

树型	立地	枝皮率/%	尖削指数/%
矮化型	丘陵	19.6	58.3
	河滩	18.4	60.3
乔化型	丘陵	15.4	44.2
	河滩	14.8	42.4

3）枝皮率和尖削指数临界值的确定　　只有确定了枝皮率、尖削指数临界值，才能最终将矮化型与乔化型两者加以区别。首先采用经验分析法。在相同立地条件下对 2～10 年生矮化型品种（‘短刺毛板红’‘石丰’）和乔化型品种分别调查 97 株的高度和基径，并分年度统计。结果，矮化品种‘短刺毛板红’和‘石丰’的树高、基径为同龄乔化品种的 69.2%～79.2%，平均 74.2%；‘短刺毛板红’为 72.3%～85.9%，平均 79.1%。以‘短刺毛板红’高度为乔化品种高度的 79.0%作为矮化品种的树高标准，相应的矮化品种的枝皮率为 19.1%，发育枝尖削指数为 54.8%，这与试验数字吻合。利用基径进行比较分析，其结果相近。据此，确定矮化型参数临界值为：枝皮率 19%、尖削指数 55%。故当枝皮率≥19%、尖削指数≥55%时为矮化型，反之为乔化型。

4）矮化型指标稳定性检验及矮化型早期鉴定　　矮化型指标稳定性采用回归方程分析研究。具体做法：测定嫁接当年生幼树发育枝皮率、尖削指数与同一试材 4 年生树高，用树高与枝皮率、尖削指数建立回归方程，确定其相关程度（表 8-17）。

表 8-17　板栗嫁接当年发育枝枝皮率、尖削指数与 4 年生树高的关系

品种	枝皮率/%	尖削指数/%	4 年生树高/cm
短刺毛板红	23.7	68.7	112
石丰	18.7	58.4	170
铁粒头	15.3	45.5	235
金刚	15.3	45.4	233
它栗	15.8	50.8	226
九家种	13.5	32.0	251
新杭迟栗	12.4	45.2	273
沅 28	16.0	35.0	249

据表 8-17 建立如下回归方程：$Y=458.4538-11.7191X_1-1.0156X_2$。实测 F 值（150.8742）大于理论值（$F_{0.01}=13.27$），复相关系数 R（0.9837）大于理论值（$R_{0.01}=0.874$），标准差为 11.16，方程达到极显著水平。这既表明了枝皮率和尖削指数两个指标的稳定性，也为矮化型板栗早期鉴定提供了理论依据。

早期鉴定方法：以乔化型品种第 4 年平均树高 244.5 cm 为对照，设相当于乔化型株高的 70%为矮化型临界高度（171.2 cm）。将临界高度分别代入前述株高与枝皮率、尖削指数的单元线性方程 $Y=405.7894-13.1504X_1$ 和 $Y=379.2182-3.8126X_2$ 中，求出临界值高度的枝皮率为 17.8%，尖削指数为 54.6%，将此两值代入 $Y=458.4538-11.7191X_1-1.0156X_2$ 中，求得临界值为 194。将实测板栗无性系枝皮率、尖削指数代入多元回归方程，所得参数＞194 时，为矮化型，参数≤194 时为乔化型。利用该回归方程虽可以进行矮化型板栗的识别，但必须注意，该方程的建立是以嫁接当年发育枝的枝皮率和尖削指数为基础，尖削指数和枝皮率偏低，故仅适用于生长势旺盛或当年嫁接树。

5）小结与讨论　①发育枝枝皮率、尖削指数、年平均生长量 3 个因子是表现板栗矮化的主要因子。其中，枝皮率、尖削指数两个因子可作为鉴别矮化型的指标因子；②发育枝枝皮率和尖削指数反映了板栗矮化程度，当枝皮率≥19%、尖削指数≥55%时为矮化型，反之为乔化型（普通型或开张型）。③利用回归方程 $Y=458.4538-11.7191X_1-1.0156X_2$ 可以进行矮化型板栗品种的早期鉴定。

5. 抗病虫种质遗传多样性研究

栗实象鼻虫（*Curculio davidi* Fairmaire）和桃蛀螟（*Curculio davidi* Fairmaire）是危害板栗坚果的 2 种最常见的害虫。通过对品种园 6 个板栗品种的病虫情况调查研究，结果表明（表 8-18）：总苞刺束长、质地坚硬、苞壳厚的品种，如‘它栗’‘大果迟栗’‘中果迟栗’对栗实象鼻虫抗性强，而总苞刺束稀、刺短、苞壳薄的品种，如‘九家种’‘薄壳’则容易受栗实象鼻虫和桃蛀螟危害。

表 8-18　中国板栗资源的抗病虫遗传多样性统计表

产地	品种名称	成熟期	苞刺长度/cm	苞刺密度/（根/cm^2）	调查球苞数	球苞被害率/%
湖南沅陵	沅 28	10 月上旬	1.7	193	50	0
湖南邵阳	它栗	9 月下旬	1.42	189	50	3.1
江苏宜兴	铁粒头	9 月底	1.33	176	50	3.2
山东海阳	石丰	9 月下旬	0.7	132	50	8.7
山东泰安	薄壳	9 月中旬	0.7	114	50	15.5
江苏宜兴	九家种	9 月下旬	0.6	98	50	22.3

6. 板栗品种特殊性状遗传多样性

（1）具有特殊颜色的板栗品种　‘燕山红栗’——又名燕红，北庄 1 号。母树为 40 年生的实生树，生长在北京昌平区北庄村。坚果呈红棕色，具有光泽，故称‘燕山红栗’。

‘红栗’——山东省果树研究所于 1964 年首先选育出的新品种。其新梢和球苞刺束呈红色，极其艳丽，可作为庭院观赏树种。

‘青扎’——原产江苏宜兴、溧阳两地。球苞成熟时其球苞刺束呈绿色。

（2）具有香味的板栗品种　‘明栗’——原产陕西长安。丰产，果中等大，品质优。极为可贵的是其栗仁具有香气。

‘湖南香板栗’——原产湖南新宁。本品种树势中等，发枝力极强。10 月上旬成熟。栗仁具有香气。

（3）一年两次结果板栗　‘双季栗’——原产湖南汝城益将林场。一年两次结果。两次均能正常收获，第一次果在 9 月下旬成熟，第二次果在 10 月下旬成熟，但坚果略小于第一次果。

‘田铺双季栗’——原产江西省德安县磨溪乡田铺村。一年两次结果。第一次果在 9 月下旬成熟，坚果单粒重 25 g，第二次果在 10 月下旬成熟，坚果单粒重 20 g。

在湖南省内产区中还可以发现一年三次结果的高产单株，平均每一结果枝着生 4 个以上球果，如最多 6～7 个球果的‘南厂 7 号’，雄花序较少的‘南厂 8 号’，以及抗虫单株等。

8.2.5　花粉形态的多样性

植物的花粉形态对鉴定植物的种和品种，探讨植物的分类、进化具有重大意义。不少学者借助扫描电子显微镜观察果树花粉形态，澄清了许多果树分类和进化上有争议的问题。

本研究应用扫描电子显微镜对湖南 8 个板栗品种的花粉形态、大小和纹饰特征进行了观察，对其遗传多样性进行比较。

1. 材料和方法

（1）材料　‘铁粒头’（1-TL）、‘檀桥板栗’（6-TQ）、‘新田优株’（8-XT）、‘焦扎’（9-JZ）、‘韶栗 18’（10-S18）、‘华丰’（11-HF）、‘华光’（12-HG）、‘红栗’（13-HL），试验材料均采自湖南省林业科学院的品种园内。

（2）方法　选即将开放的花序，风干后收集花粉，保存备用。将少许花粉撒于贴有双面胶的样品台上，用洗耳球吹去多余的花粉，以免重叠。双面胶的四周涂上导电银胶，待溶剂完全挥发后放入离子溅射仪内喷金，溅射真空度 6.667～13.3 Pa，电流 7～8 mA，溅射 5 min 处理好的样品用扫描电镜观察，加速电压 20 kV，束流 80 μA。取有代表性视野进行显微照相，测量花粉粒极轴（P）、赤道轴（E），均取 20 个花粉粒的平均值。

2. 观察结果

根据在湖南师范大学测试中心电镜室制作的扫描电镜图片来看：花粉外形侧面呈长椭圆形，极面现三裂圆形，具明显三拟孔沟。孔沟在极端区未连合。花粉外壁的纹饰有明显差异，主要有三种类型，即有穴状、皱波状-穴状、条纹穴状变化。

（1）‘铁粒头’（1-TL）　有分布较均匀的孔沟，穿孔少而不突出。表面有饰纹但不明显（图 8-4）。

（2）‘檀桥板栗’（6-TQ）　外壁光滑，饰纹稀，斜向分布，不规则。少见孔沟，无穿孔（图 8-5）。

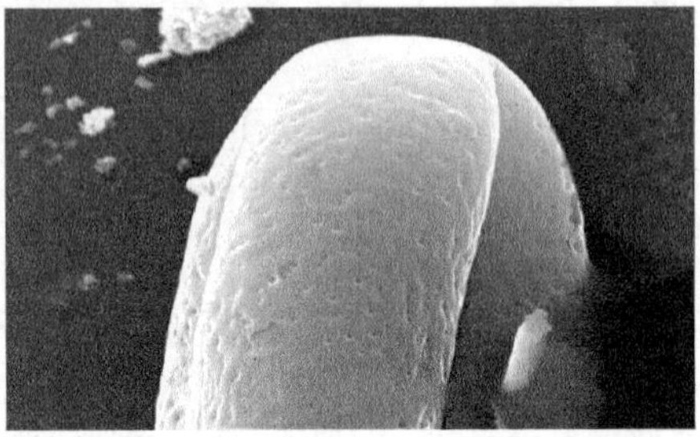

图 8-4 ‘铁粒头’（1-TL）

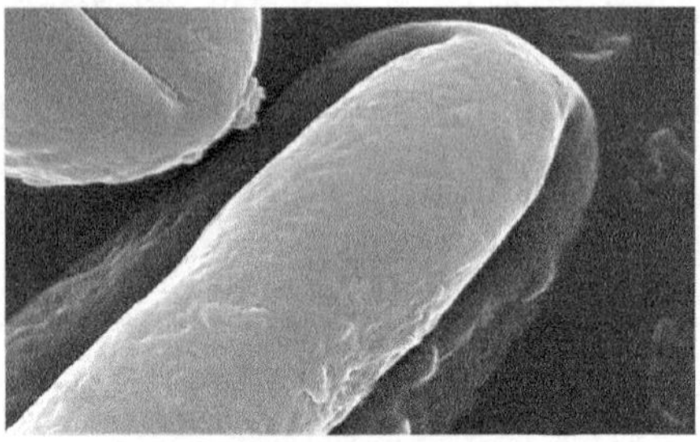

图 8-5 ‘檀桥板栗’（6-TQ）

（3）‘新田优株’（8-XT）　外壁有纵向穴状条纹，分布不规则。孔沟稀，少见穿孔（图 8-6）。

（4）‘焦扎’（9-JZ）　外壁有斜向稀条纹，分布不规则。分布有稀孔沟，几乎见不到穿孔（图 8-7）。

（5）‘韶栗 18’（10-S18）　有斜向条纹穴状和穴状、条纹状等纹饰变化。分布有稀孔沟，穿孔极少（图 8-8）。

（6）‘华丰’（11-HF）　有横向和斜向条纹穴状和穴状、条纹状等纹饰变化。分布有稀孔沟，未见穿孔（图 8-9）。

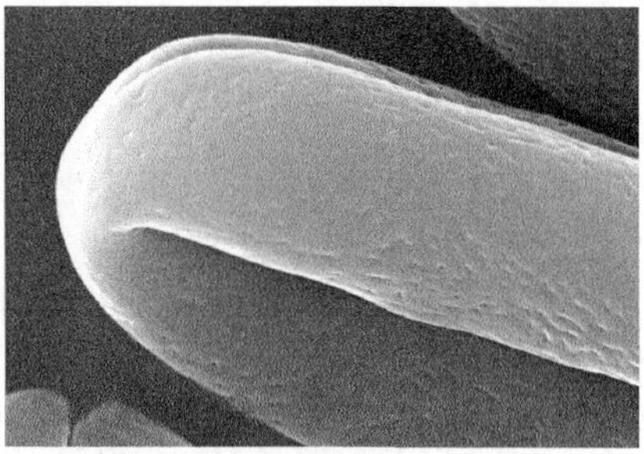

图 8-6　‘新田优株’（8-XT）

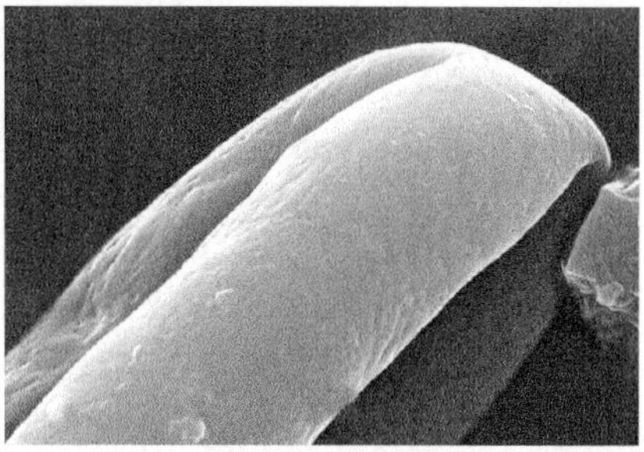

图 8-7　‘焦扎’（9-JZ）

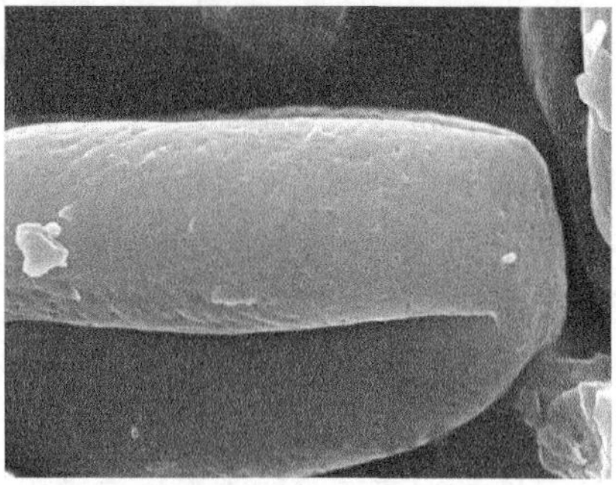

图 8-8　‘韶栗 18’（10-S18）

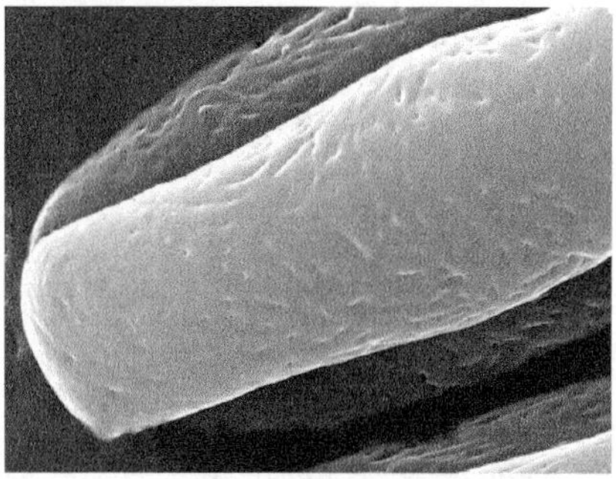

图 8-9　‘华丰’（11-HF）

（7）‘华光’（12-HG）　有梅花状条纹穴状和穴状、条纹状等纹饰变化。未见有孔沟（图 8-10）。

（8）‘红栗’（13-HL）　分布有稀孔沟，有穿孔，较明显。有斜向条纹穴状和穴状等纹饰变化（图 8-11）。

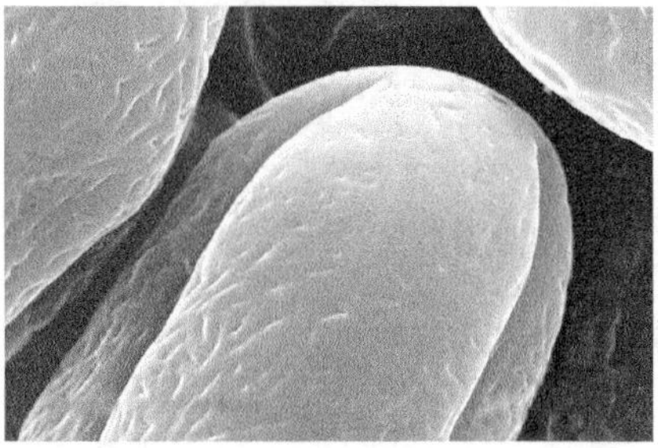

图 8-10　‘华光’（12-HG）

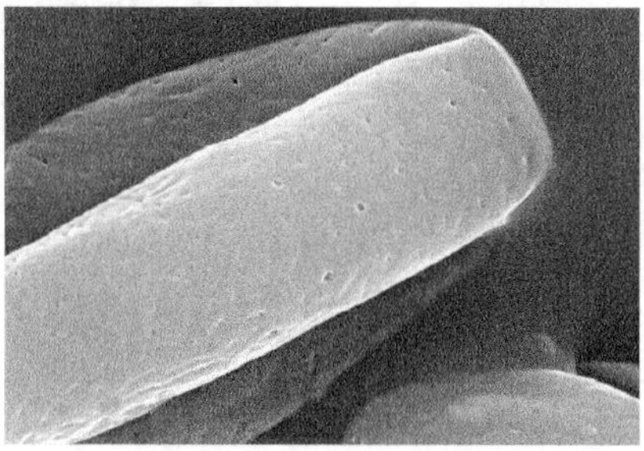

图 8-11　‘红栗’（13-HL）

3. 小结

对 8 个板栗品种的花粉在电镜下进行形态观察，发现其共同点是：花粉外形侧面呈长椭圆形，极面现三裂圆形，具明显三拟孔沟。孔沟在极端区未连合。外壁在电镜下可见有穴状、皱波状-穴状、条纹穴状的变化。8 个板栗品种的花粉外壁饰纹可大致分为 3 类：①有孔沟、穿孔多而不突出，表面有饰纹不明显；②有稀孔沟，饰纹稀，纵向或横向分布，不规则；③有外壁饰纹分布，几乎见不到穿孔。

8.2.6　品种亲和力多样性与砧木种类资源多样性

1. 品种嫁接亲和力多样性

1）品种与不同砧木嫁接成活率的差异　从长沙、石门、桂阳、城步 4 地的统计资料可知，不同品种与本砧嫁接成活率最高，平均达到 86.5%；也存在一定的差异，标准差为 6.68，经 t 检验，不同品种与本砧嫁接成活率差异不显著，证明 16 个品种与本砧的亲和力高，保证了接穗性状的早期稳定。用 4 种不同的砧木类型嫁接'它栗'的对比试验也证明了这一点（图 8-12），4 种砧木的嫁接成活率依次为本砧、锥栗、野板栗、茅栗。

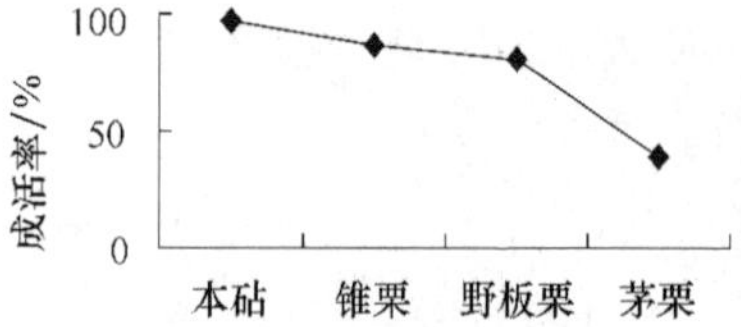

图 8-12　4 种砧木嫁接'它栗'的成活

2）板栗品种在不同区域嫁接成活率的差异　由图 8-13 和表 8-19 可以看出，同一品种在不同区域嫁接成活率存在较大的差异，以在桂阳的嫁接成活率最高，平均达到 90.55%；城步的嫁接成活最低，仅为 58.00%。经 t 检验，不同品种在同一区域嫁接成活率差异不显著，但同一品种在不同区域的差异显著。证明板栗品种嫁接成活率受区域条件和其他与嫁接有关的因素影响较大。

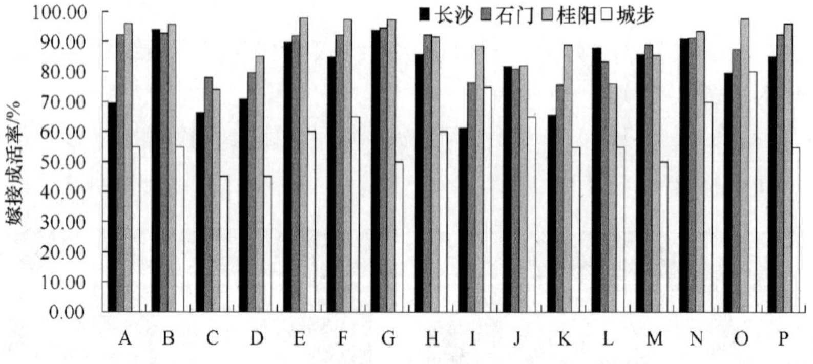

图 8-13　16 个板栗品种不同区域嫁接成活率统计图

表 8-19　16 个板栗品种嫁接亲和力多样性表

品种	产地		嫁接亲和力		
	产地名	纬度	嫁接数/株	成活数/株	成活率/%
沅 28（A）	湖南沅陵	28° 13′18″N	260	240	92.3
铁粒头（B）	江苏宜兴	31° 24′34″N	241	223	92.5
短刺毛板红（C）	浙江诸暨	29° 43′52″N	281	221	78.6
九家种（D）	江苏宜兴	31° 24′34″N	241	191	79.3
青扎（E）	江苏宜兴	31° 24′34″N	261	240	91.9
西沟 2 号（F）	河北遵化	40° 11′03″N	247	227	91.9

续表

品种	产地		嫁接亲和力		
	产地名	纬度	嫁接数/株	成活数/株	成活率/%
它栗（G）	湖南邵阳	27° 12′15″N	243	230	94.7
新杭迟栗（H）	安徽广德	30° 35′12″N	271	248	91.5
金刚（I）	浙江诸暨	29° 43′52″N	225	170	75.6
上步家（J）	山东泰安	36° 52′06″N	290	237	81.7
薄壳（K）	江苏宜兴	31° 24′34″N	260	219	84.2
大底青（L）	江苏宜兴	31° 24′34″N	262	196	74.8
石丰（M）	山东海阳	37° 34′41″N	252	223	88.8
粘底板（N）	安徽舒城	31° 13′51″N	251	230	91.6
沅优一号（O）	湖南沅陵	28° 13′18″N	303	257	84.8
浙江油板红（P）	浙江诸暨	29° 43′52″N	232	210	90.5

注：砧木为沅陵油板栗（2 年生）

2. 砧木种类资源多样性

我国丰富的栗属植物资源，为砧木品种选育提供了较大潜力。目前，在世界食用栗栽培品种的繁殖上，嫁接不亲和性问题阻碍着栗产业化进程。

利用中国栗丰富的资源，选育优良的砧本类型（品种）具有广阔前景。根据板栗生产的不同情况选择不同类型的砧木，可提高嫁接树适应不同环境的能力，使板栗品种在性状的表现上保持一定的稳定性。例如，锥栗［*Castanea henryi*（Skan）Rehd. et Wils.］分布于长江流域以南各地，为高大乔木。锥栗适应性广、根系发达，耐旱、耐瘠薄，与某些品种嫁有一定的亲和力，锥栗的直立生长特性也将是栗属植物用材林品种改良的可利用资源。茅栗（*Castanea seguinii* Dode.）在我国南北均有分布，为一种小灌木，根系发达，耐旱、耐瘠、抗病虫，是理想的矮化砧，实生苗当年可结果。野板栗（*Castanea mollissima*）是一种小乔木，可作矮化砧，1～2 年生就能开花结果（表 8-20）。

表 8-20　不同砧木类型嫁接板栗后的表现

砧木类型	主要特性	嫁接后表现
本砧（*Castanea mollissima*）	根系发达，适应性强，结实好	成活率高，接口愈合良好，生长一致，寿命长，树势旺
野板栗（*Castanea mollissima*）	适应性强，能矮化树体，结果早	成活率高，接口愈合不如本砧好，寿命短，树势弱
锥栗（*Castanea henryi*）	根系发达，适应性广	与少数品种嫁接成活，成活后萌蘖多
茅栗（*Castanea seguinii*）	根系很发达，耐旱、耐瘠薄，抗病虫，结果早	与少数品种嫁接成活，成活后树势弱，生长量小
蒙古栎（*Quercus mongolica*）	根系发达，根深	亲和力较差，能正常结实
槲栎（*Quercus dentata*）	适应性强，耐寒，耐干旱	亲和力差，能正常结实
栓皮栎（*Quercus variabilis*）	根系发达，适应性强	能成活，寒冬地区不能越冬

8.3 经济性状遗传稳定性

板栗耐干旱、瘠薄，素有“铁杆庄稼”的称誉，从而导致长期以来一直认为板栗适应性强，耐粗放经营，品种稳定，具有广泛的适应性。甚至有人提出某一地区良种可跨地区栽培。由于自然变异和人工选择，形成了具有多种优良经济性状的品种（类型）。不同品种在性状和表型上各具特色，栽培上要有与其相适应的环境条件。个别品种只能在特殊区域内达到理想的产量，成为地方生态型品种；有的品种稳定性、适应性强，便于在生产中引种、推广。本研究通过对板栗良种区域化试验研究，探讨板栗品种的稳定性、适应性，为今后的引种栽培提供参考。

8.3.1 材料与方法

（1）试验地概况、试验材料、研究方法　同 8.2.1 和 8.2.2。

（2）统计分析方法　平衡格子设计方差分析及显著性测验采用卢纹岱等（2000）编著的《SPSS for windows 统计分析》进行相关分析、对比分析和评价。遗传稳定性评价（含稳定性参数计算）参考马育华（1982）编写的《植物育种的数量遗传学基础》。

8.3.2 数据分析

1. 产量性状的遗传稳定性分析

品种的稳定性并非指品种在不同环境下形态和生理方面保持恒定，而是指品种能够调节其遗传型或表型的状态而适应于环境变化。

对参试的 16 个品种以单株产量作为变量进行多点和多年的多因素方差分析。由表 8-21 可知：①参试品种单株产量达到极显著水平。在考虑了试验点、年份、重复影响的前提下，品种间的变异来源于品种的遗传基质。②试验证明，栗树栽培中，立地条件的选择相当重要，立地条件选择不当优良品种的生产潜力就不能发挥。而年份间的差异主要是由年际间的气候条件和品种植株营养状况的影响所致。③品种×试验点，品种×年份的交互作用达到极显著水平，试验证明，品种对环境条件的适应能力差异很大。根据马育华《植物育种的数量遗传学基础》的原理，在区域试验中，当品种×试验点、品种×年份的相互作用达到显著水平时，统计分析品种的稳定性。

表 8-21　16 个板栗品种产量性状的遗传稳定性分析表

多点、多因素方差分析						多年方差分析					
变异来源	*df*	平方和	均方 MS	*F*	$F_{0.01}$	变异来源	*df*	平方和	均方 MS	*F*	$F_{0.01}$
重复	4	2.3921	0.5980（Mb）	0.8834		品种（A）	15	83.3864	5.5591	2.3841**	2.26

续表

多点、多因素方差分析						多年方差分析					
变异来源	df	平方和	均方 MS	F	$F_{0.01}$	变异来源	df	平方和	均方 MS	F	$F_{0.01}$
试验（A）	3	130.7439	43.5813（Ml）	64.3837	5.95	试验点（B）	3	261.9547	87.3182	39.9442**	4.01
误差（Ea）	12	8.1229	0.6769			年份（Y）	2	37.6958	18.8479	8.6221**	4.85
主区合计		141.2589	7.4347			A×Y	30	130.0098	21.6683	9.9123**	1.92
品种（B）		32.4580	2.1639（Mv）	26.0501**	2.15	误差	90	196.7407	2.1860		
A×B		66.1943	1.4710（Mvl）	5.1542**	1.64						
误差（Eb）		68.5029	0.2584（Me）								

**表示 $P<0.01$，差异极显著

2. 遗传稳定性评价

1）稳定性参数　　根据表 8-21 中多点多因素方差分析可得：Ml＝43.5813，Mb＝0.5980，Mv＝2.1639，Mvl＝1.4710，Me＝0.2584。

（1）估计环境效应

$$\hat{l}_j=\bar{x}_{.j.}-\bar{x}_{...}$$

式中，$\bar{x}_{.j.}$ 为主要性状的环境平均值；$\bar{x}_{...}$ 为主要性状的总平均值。

（2）估计遗传型与环境互作效应值

$$(\hat{gl})_{ij}=\bar{x}_{ij}-\bar{x}_{i..}-\bar{x}_{.j.}+\bar{x}_{...}$$

式中，$\bar{x}_{ij}$ 为第 i 个品系在第 j 个环境的平均值；$\bar{x}_{i..}$ 为主要性状的品系平均值。得表 8-22。

表 8-22　16 个板栗品种不同试验点平均单株产量二向表　　（单位：kg）

品种	桂阳	石门	长沙	城步	x_i
A	0.328 30	0.360 80	0.498 25	0.103 65	0.322 75
B	1.398 45	1.738 50	1.195 25	0.512 05	1.211 05
C	0.656 30	0.720 30	0.516 95	0.196 35	0.522 50
D	1.206 30	0.635 15	1.000 45	0.385 25	0.806 80
E	1.777 10	1.484 25	1.008 10	0.194 60	1.116 00
F	1.102 30	1.479 65	1.199 05	0.402 75	1.045 95
G	0.669 25	0.793 35	0.721 85	0.092 10	0.569 15
H	1.162 40	0.842 20	0.607 60	0.282 80	0.723 75
I	0.950 25	0.934 90	0.957 85	0.164 25	0.751 80
J	1.271 30	1.162 35	0.986 55	0.110 85	0.882 75
K	0.829 05	0.850 50	0.682 30	0.542 40	0.726 05
L	0.947 10	0.995 30	1.001 70	0.360 10	0.826 05
M	1.183 40	1.345 75	1.052 45	0.167 35	0.937 25
N	1.237 25	1.342 05	0.965 95	0.391 80	0.984 25

续表

品种	桂阳	石门	长沙	城步	x_i
O	0.723 00	1.122 15	0.687 85	0.254 80	0.696 95
P	1.569 50	1.243 60	0.670 95	0.028 50	0.878 15
x_j	1.063 20	1.065 70	0.859 55	0.261 85	0.812 60

（3）计算地区与互作的协方差

$$s_l \cdot (gl)_{ij} = \sum_{j=1}^{n} \frac{l_j \cdot (gl)_{ij}}{n-1}$$

式中，$s_l \cdot (gl)_{ij}$ 为地区与互作的协方差；$(gl)_{ij}$ 为遗传型与环境互作效应值；l_j 为环境效应值；n 为环境样本。

（4）求 $\hat{\alpha}_i$（稳定性参数之一，环境的直线响应）

$$\hat{\alpha}_i = \frac{s_l(\hat{g}l)_i}{(\mathrm{Ml}-\mathrm{Mb})/vr}$$

式中，v 为品系样本；r 为环境样本+1；$v=16$，$r=5$。

（5）求互作的标准平方差

$$S^2(gl)_{ij} = \frac{(\hat{g}l)_{ij}^2}{n-1}$$

（6）求 $\hat{\lambda}_i$（品种稳定性参数之二，直线响应离差）　稳定性参数由一个品种的遗传型与环境互作效应分解成两部分得到的，即对直线的响应值（$\hat{\alpha}_i$）和直线响应离差（$\hat{\lambda}_i$）。我们根据 $\hat{\alpha}_i$ 值单独论述品种的稳定性。计算结果见表 8-23。

表 8-23　16 个板栗品种稳定性参数统计表

品种	$\hat{\alpha}_i$	$\hat{\lambda}_i$	原产地	平均单株产量/kg
A	−0.7259	−0.4539	湖南	0.3228
B	0.3283	1.5381	江苏	1.2111
C	−0.4204	−1.6406	浙江	0.5225
D	−0.3337	5.9590	江苏	0.8068
E	0.8167	1.8624	江苏	1.1160
F	0.1314	2.0733	河北	1.0460
G	−0.2001	0.3037	湖南	0.5692
H	−0.1366	2.2749	安徽	0.7213
I	−0.0076	0.8300	浙江	0.7518
J	0.4113	0.0916	山东	0.8828
K	0.6849	0.4627	江苏	0.7261
L	−0.2341	0.2390	浙江	0.8261
M	0.4024	0.2785	山东	0.9373
N	0.1167	0.2857	安徽	0.9843
O	−0.2982	0.1659	湖南	0.6970
P	0.7236	3.7339	浙江	0.8782

由表 8-24 统计结果可知，品种稳定性随着纬度的升高而降低。

表 8-24　不同区域板栗品种的稳定性大小变化

省别	湖南	安徽	浙江	江苏	山东
$\hat{\alpha}_i$	−0.4630	−0.0100	0.0154	0.3739	0.4069
$\hat{\lambda}_i$	0.0523	1.2803	0.7906	1.9899	0.1851
北纬	24°45′～20°8′	29°18′～34°47′	27°10′～31°13′	30°45′～35°10′	34°15′～38°15′

2）稳定性评价　　丰产是板栗良种选育的主要目标，而品种的稳定性只是衡量一个品种对可预知和不可预知的环境抵抗能力的一个途径。评价一个品种的优劣比较全面的标准是：①所有环境下均高于总平均的品种；② $\hat{\alpha}_i$ 值接近−1；③ $\hat{\lambda}_i$ 值尽可能最小（接近 0）。参试的 16 个品种满足条件①的有 9 个，根据 3 个项目打分列表（表 8-25）。评分的方法和标准是：①产量占 60 分，x_i 品种的产量分＝［产量（W）/ 2.4221］×60，W 为 x_i 品种产量，1.2111 为 9 个品种产量最高值。② $\hat{\alpha}_i$ 和 $\hat{\lambda}_i$ 值各占 20 分，分别这样求得：（$1-x_i$）×15，最高分为 30 分（$x_i=-1$）；（$5-x_i$）×2，最高分为 10 分（$x_i=0$）。

由表 8-25 可知，按得分多少排在前六名的是：‘铁粒头’‘粘底板’‘西沟 2 号’‘大底青’‘石丰’‘青扎’，它们的稳定性较好，产量高。

表 8-25　16 个板栗品种遗传稳定性评价表（部分品种）

品种	$\hat{\alpha}_i$ / 得分	$\hat{\lambda}_i$ / 得分	平均单株产量/kg / 得分	总得分	评价
B	0.3283 / 10.0755	1.5381 / 6.9238	1.2111 / 60.0000	76.9993	较好
N	0.1167 / 13.2495	0.2857 / 9.4286	0.9843 / 48.7635	71.4416	较好
F	0.1314 / 13.0290	2.0733 / 5.8534	1.0460 / 51.8203	70.7027	较好
L	−0.2341 / 18.5115	0.2390 / 9.5220	0.8261 / 40.9256	68.9591	较好
M	0.4024 / 8.9640	0.2785 / 9.4430	0.9373 / 46.4349	64.8419	较好
E	0.8167 / 2.7495	1.8624 / 6.2752	1.1160 / 55.2909	64.3156	较好
J	0.4113 / 8.8305	0.0916 / 9.8168	0.8828 / 43.7348	62.3821	中等
D	−0.3337 / 20.0055	5.9590 / −1.9180	0.8068 / 39.9716	58.0591	中等
P	0.7236 / 4.1460	3.7339 / 2.5322	0.8782 / 43.5069	50.1851	中等

3. 适应性与产量的关系

制约产量的因子很多，除遗传因子外，还有环境因子中的纬度、海拔、光照、坡度、土壤条件等，不同品种对这些因子的适应能力不同。我们就 4 个试验点的品种性状进行分析。

（1）单位冠幅面积产量与抗病性　　从表 8-26 中可以看出，单位冠幅面积产量与抗病性（1－感病株率）呈正相关，如‘九家种’单位冠幅面积产量达 0.119 kg/ m^2。城步试验点设在南洞林场，试验地坡较大，为 18°～20°，海拔高（690～780 m），处于群山之中，属典型的森林气候型。由于日照时数小（1376.2 h/年），年辐射总量 98.48 kcal/（cm^2·年），也明显低于其他试验点，故生长不良，加之虫害严重，感病重，各品种的单位面积高低与抗病性呈极显著正相关。

表 8-26　16 个板栗品种单位冠幅面积产量与抗病性的关系

品种	A	B	C	D	E	F	H	I	J	K	L	M	N	O	P
单位冠幅面积产量/（kg/ m^2）	0.041	0.094	0.083	0.119	0.067	0.077	0.052	0.050	0.024	0.105	0.067	0.049	0.079	0.079	0.050
抗病性/%	0.460	0.720	0.630	0.720	0.680	0.570	0.420	0.550	0.560	0.630	0.620	0.500	0.640	0.620	0.570
R					$R_{D·抗}$＝0.6573**				$R_{0.01}$（15）＝0.606						

**表示单位冠幅面积产量与抗病性呈极显著正相关

（2）茎粗与抗病性　从表 8-27 中可以看出，参试品种的茎粗与抗病性呈正相关。根茎部处于地上部与地下部的交界处，是栗树营养物质交流的必需通道，且对环境也极为敏感，其大小反映树体的生长情况、营养状况。植株的生长势强，其抗性就强。为害栗树主要病害是栗胴枯病，病原是一种弱寄生菌，植株生长旺盛时带菌也不表现症状，已表现症状的植株随生长情况的好转，树势慢慢恢复。

表 8-27　16 个板栗品种的茎粗与抗病性的关系

品种	A	B	C	D	E	F	I	J	K	L	M	N	O	P
茎粗/cm	7.66	9.07	8.20	8.81	8.25	8.74	7.85	8.26	8.97	8.29	7.97	8.89	7.47	7.14
抗病性/%	0.460	0.720	0.630	0.720	0.680	0.570	0.550	0.560	0.630	0.620	0.500	0.640	0.620	0.570
R					$R_{D·抗}$＝0.590*			$R_{0.05}$（14）＝0.497						

*表示茎粗与抗病性呈显著正相关

（3）试验点基本情况与多品种的表现　从表 8-28 可看出，4 个试验点以城步点的平均单株产量、单位冠幅面积产量最低，抗病性最差，树高、径粗、冠幅平均值也最小。而相应环境因子中的海拔最高，年辐射总量最小，年日照时数最小。

表 8-28　各试验点板栗品种平均经济性状一览表

试验点	海拔/m	纬度（北纬）	树高/m	径粗/cm	冠幅/m^2	抗病性/%	单株产量/（kg/m^2）	单位冠幅产量/（kg/m^2）
石门	130～150	29°36′	4.75	13.51	14.346	0.6616	1.0657	0.074 23
桂阳	195～200	25°44′	4.23	12.42	11.699	0.7281	1.0632	0.090 86
长沙	80～85	28°17′	4.62	12.24	11.410	0.6616	0.8595	0.075 32
城步	690～780	26°22′	3.39	8.40	4.292	0.6013	0.0636	0.014 81

板栗是强阳性树种，光照条件好，生长结实正常。病虫害为害重，产量、品质下降。今后发展板栗生产，宜选择地势开阔、向阳的山顶台地或缓坡地。

4. 讨论与建议

随着数量遗传学的发展，育种工作者对遗传型与环境互作有了更为深入的认识，并且对主要经济作物进行深入而广泛的研究：①今后的同类引种试验工作宜避免到高纬度地区引种，在纬度相近，生态条件相似地区易引种成功。②品种的稳定性并非指品种在不同环境下形态和生理方面保持恒定，而是指品种能够调节其遗传型或表型的状态适应于环境变化。在一定地区和年份产生高而稳的经济效益。③区域性试验中应引入品种稳定性，适应这一机制。但评价一个品种优劣应根据多方面的综合标准进行。④不同品种对不同环境的抵抗力是不一样的，大面积生产应根据试验结果划分不同层次的栽培区域，而在不同区域确定不同的品种组合很重要。⑤仅就产量指标探讨稳定性是不够全面的，仅作今后同类工作引玉之砖。

8.4 结论与讨论

研究板栗品种主要经济性状遗传多样性，对确定不同品种的适生环境和区域，合理利用这些地方良种，充分挖掘各地的土壤、气候资源，促进板栗生产的发展具有重要意义。本研究通过对板栗品种主要经济性状遗传多样性的研究，得出以下结论。

对 28 个板栗初选良种的调查分析表明，在早实丰产性状方面存在较大的遗传差异。

对 16 个参试品种各点及多年单位冠幅面积产量性状的研究表明，品种间、试验点间产量差异极为显著。试验证明参试品种对不同环境条件适应能力相差甚远，不同的环境条件有着其适生的良种。本试验用数量指标定量地研究了不同品种性状的表现程度和特点，对不同品种性状的优劣进行了综合评定并做了一些探讨，无疑将为不同地区选择不同板栗品种提供科学的依据。

对坚果大小性状的研究表明各品种间存在较大的遗传差异，而且大多数品种在不同区域的表现是稳定的。

利用灰色系统原理对参试品种品质进行关联比较，品种 J（‘上步家’）综合营养品质较好，是人们所期望的理想品种。

各品种间的耐贮性达到显著水平，说明各品种间存在较大的耐贮性的遗传差异，证明 16 个良种的耐贮性遗传多样性较丰富。

通过对品种园 6 个板栗品种的病虫情况调查研究结果表明：总苞刺束长、质地坚硬、苞壳厚的品种，如‘它栗’‘大果迟栗’‘中果迟栗’对栗实象鼻虫抗性强。

采用系统聚类法，并结合产量性状分析的结果表明：湖南表现最优的品种是‘铁粒头’‘九家种’‘青扎’‘粘底板’。

对 14 个性状进行的典型相关分析结果表明：如果用单株果数、单株产量来作为产量标志，能更加反映产量的实际情况，而每平方米冠幅产量却不能对产量做出更加客观的解释。

对板栗 39 个单株的 11 个性状的通径分析结果表明：决定单株果数的主要因素是强母枝比、单株叶数、树高（m）、冠幅（m^2）、枝下高（m）等性状；决定单株产量的主要因素是强母枝比、单株叶数、树高（m）、枝下高（m）、冠幅（m^2）；决定投影产量的主要因素是单株叶数、树高（m）、相对高（m）、强母枝比。

主要参考文献

暴朝霞，黄宏文. 2002. 板栗主栽品种的遗传多样性及其亲缘关系分析［J］. 园艺学报，29（1）：13-19.

陈灵芝. 1993. 中国的生物多样性——现状及其保护对策［M］. 北京：中国标准出版社.

陈叔平. 1995. 我国作物种质资源保存与展望［J］. 植物资源与环境，4（1）：14-18.

戴思兰. 1996. DNA 遗传标记技术在林业生产中的应用［J］. 生物工程进展，16（3）：44-48.

高翔，庞红喜. 2002. 分子标记技术在植物遗传多样性研究中的应用［J］. 河南农业大学学报，36（4）：356-359.

高新一. 2001. 板栗栽培技术［M］. 北京：金盾出版社：121-123.

葛颂，洪德元. 1994. 遗传多样性及其检测方法［A］. //钱迎倩，马克平. 生物多样性研究的原理与方法. 北京：中国科学技术出版社：123-140.

葛颂，洪德元. 1998. 泡沙参复合体（桔梗科）的物种生物学研究 Ⅳ 等位酶水平的变异和分化［J］. 植物分类学报，36：581-589.

葛颂，洪德元. 1999. 濒危植物裂叶沙参及其广布种泡沙参遗传多样性的对比研究［J］. 遗传学报，26：410-417.

葛颂，王可青，董鸣. 1999. 毛乌素沙地根茎灌木羊柴的遗传多样性和克隆结构［J］. 植物学报，41：301-306.

葛颂. 1996. 植物群体遗传结构研究的回顾和展望［M］. 北京：高等教育出版社.

国家环保局自然保护司保护区与物种管理处. 1991. 珍稀濒危植物保护与研究［M］. 北京：中国环境科学出版社.

胡志昂，张亚平. 1997. 中国动植物的遗传多样性［M］. 杭州：浙江科学技术出版社.

黄宏文. 1998. 从世界栗属植物研究的现状看中国栗属资源保护的重要性［J］. 武汉植物学研究，16（2）：171-176.

季维智，宿兵. 1999. 遗传多样性研究的原理和方法［M］. 杭州：浙江科学技术出版社.

贾恩卡洛·波努斯. 1995. 欧洲的栗子业［J］. 柳鎏译. 植物资源与环境，4（2）：53-60.

贾继增. 1996. 分子标记种质资源鉴定和分子标记育种［J］. 农业科学，29：（4）1-10.

姜国高. 1995. 板栗早实丰产栽培技术［M］. 北京：中国林业出版社：39-42.

蒋丽娟，李昌珠. 1996. 栗树生物技术研究现状及应用前景［J］. 湖南林业科技，23（4）：51-52.

金燕，卢宝荣. 2003. 遗传多样性取样策略［J］. 生物多样性，11（2）：155-161.

景士西，吴禄平. 1995. 果树遗传变异特点初探［J］. 遗传，17（1）：40-44.

郎萍，黄宏文. 1999. 栗属中国特有种居群的遗传多样性及地域差异［J］. 植物学报，41（6）：651-657.

李昌珠, Jiri S, Blazek J. 2000. 不同基因型欧洲梨离体繁殖研究[J]. 果树学报, 19(4): 227-230.
李昌珠，唐时俊. 1997. 板栗“三刀法”嫁接新技术研究［J］. 湖南林业科技，24（2）: 11-13.
李昌珠，唐时俊. 2001. 板栗低产林成因及配套改造技术［J］. 中国南方果树，30（4）: 40-42.
李昌珠，唐时俊. 2003. 南方板栗丰产栽培技术［M］. 长沙：湖南科学技术出版社：305-307.
李国怀，夏仁学. 1999. 野生栗地就地高接换种建板栗生产园技术［J］. 中国南方果树，28（1）: 34.
李国庆，刘君慧. 1982. 树木引种技术［M］. 北京：中国林业出版社.
李润唐. 2001. 湖南地方梨花粉形态观察［J］. 果树学报，18（5）: 305-307.
李三玉. 2003. 20 种果树高接换种技术［M］. 北京：中国农业出版社.
李亚. 1997. 植物园活植物信息管理计算机化的现状及前景［J］. 植物资源与环境，6（2）: 48-53.
李义明，李典谟. 1994. 种群生存力分析研究进展和趋势［J］. 生物多样性，2（1）: 1-10.
李振声. 1996. 在“生物多样性研讨会”上的讲话［A］. 中国科学院生物多样性研讨会会议录：1-2.
李作洲，郎萍，黄宏文. 2002. 中国板栗居群间等位酶基因频率的空间分布［J］. 武汉植物学研究，20（3）: 165-170.
林忠平. 1990. 植物基因资源的保护与利用[A]. 中国科学院生物多样性研讨会会议录: 111-113.
刘平，彭士琪. 2002. 果树主要经济性状的遗传动态［J］. 河北林果研究，17（3）: 267-269.
刘占林，赵桂仿. 1999. 居群遗传学原理及其在珍稀濒危植物保护中的应用［J］. 生物多样性，7（4）: 340-346.
柳鎏，蔡剑华，张宇和. 1988. 板栗［M］. 北京：科学出版社.
柳鎏，周亚久，毕绘蟾，等. 1995. 云南板栗的种质资源［J］. 植物资源与环境，4（1）: 7-13.
柳鎏. 1992. 栗属植物遗传多样性保护研究［J］. 植物资源与环境，4（1）: 7-13.
卢宝荣，朱有勇，王月云. 2002. 农作物遗传多样性农家保护的现状及前景［J］. 生物多样性，10（4）: 409-415.
卢纹岱，朱一力，沙捷，等. 2000. SPSS for windows 统计分析［M］. 北京：电子工业出版社：34.
马育华. 1982. 植物育种的数量遗传学基础［M］. 南京：江苏科学技术出版社.
秦岭，高遐红，程继鸿，等. 2002. 中国板栗品种对疫病的抗性评价［J］. 果树学报，19（1）: 39-42.
邱芳，伏建明. 1998. 遗传多样性的分子检测［J］. 生物多样性，6（2）: 5.
任旭琴. 2002. 遗传多样性及其研究方法［J］. 淮阴工学院学报，11（5）: 6-8.
盛诚桂，张宇和. 1979. 植物的“驯服”［M］. 上海：上海科学技术出版社.
唐时俊，李润唐，李昌珠，等. 1992. 板栗丰产栽培技术［M］. 长沙：湖南科学技术出版社.
王恒明. 2000. 板栗优良品种及其优质丰产栽培技术［M］. 北京：中国林业出版社：2-29.
王中仁. 1996. 植物等位酶分析［M］. 北京：科学出版社.
翁尧富，陈源，赵勇春，等. 2001. 板栗优良品种（无性系）苗木分子标记鉴别研究［J］. 林业科学，（2）: 51-55.
吴耕民. 1984. 中国温带果树分类学［M］. 北京：农业出版社.
吴征镒. 1979. 论中国植物区系分区问题［J］. 云南植物研究，1（1）: 1-20.
许定发，秦惠贞. 1990. 植物物种保护战略［M］. 南京：南京大学出版社.

杨剑. 1999. 不同板栗品种对栗实象鼻虫抗性试验初报［J］. 经济林研究，17（3）: 32-33.
张辉，柳鎏. 1998. 板栗群体的遗传多样性及人工选择的影响［J］. 云南植物研究，20（1）: 81-88.
张庆华. 1999. 板栗栽培新技术［M］. 福州：福建科学技术出版社.
张宇和，王福堂，高新一，等. 1987. 板栗［M］. 北京：中国林业出版社.
周而勋，王克荣. 1999. 栗疫病研究进展［J］. 果树科学，16（1）: 66-71.
周丽华，韦仲新，吴征镒. 2000. 国产蔷薇苹果亚科的花粉形态［J］. 云南植物研究，22（1）: 47-52.
Abelson P H. 1991. Resources of plant germplasm [J]. Science, 253: 833-834.
Akeroyd J R, Jackson P W.1995. A Handbook for botanic gardens on the reintroduction of plants to the wild [J]. Botanic Gardens Conservation International, 31: 325-331.
Anagnostakis S L.1992. Chestnuts and the introduction of chestnut blight [J]. North Nut Growers Assoc Ann Rep, 83: 39-42.
Ayfer M, Soylu A. 1993. Selection of chestnut cultivars (*Castanea sativa* Mill.) in Mormara region of Turkey [C]. *In*: Proceedings of the International Congress on Chestnut. Spoleto, Italy: [s. n.].
Barbujani G. 1987. Autocorrelation of gene frequencies under isolation by distance [J]. Genetics, 117: 777-782.
Bardini E. 1992. Marron glace production in Italy [C]. *In*: Proceedings of the World Chestnut Industry Conference. West Virginia, USA: [s. n.].
Barton L V. 1961. Seed Preservation and Longevity [M]. London: Leonard Hill (Books) Lts.
Bounous G, Giacalone G.1992. Chestnut storage, processing and usage in Italy [C]. *In*: Proceedings of the World Chestnut Industry Confernce. West Virgina, USA: [s. n.].
Bounons G, Paglietta R, Bellini E, et al. 1993. An overview of chestnut breeding [C]. *In*: Proceedings of the International Congress on Chestnut. Spoleto, Italy: [s. n.].
Burnham C R. 1988. The restoration of the American chestnut [J]. Am Scientist, 76: 478-487.
Buruham C R, Rutter P A, French D W. 1986. Breeding-resistant chestnuts [J]. Plant Breed Rev, 4: 363-371.
Chacko E K, Singh R N. 1971. Studies on the longevity of papaya, phalsa, guava and mange. Seeds[J]. Proc. Int. Seed Test Ass, 36(1): 147-158.
Conedera M, Muller-Starch G, Fineschi S.1993. Genetic characterization of cultivated varieties of European chestnut(*Castanea sativa* Mill.) in sourthern Switzerland [C]. *In*: Proceeding of the International Congress on Chestnut. Spoleto, Italy: [s. n.].
FAO. FAO Year Book [A]. Rome：FAO，1985-1995.
Ge S, Hong D Y, Wang H Q, et al.1998. Population genetic structure and conservation of an endangered conifer *Cathaya argyrophylla* (Pinaceae) [J]. International Journal of Plant Sciences, 159: 351-357.
Ge S, Oliveira G C X, Schaal B A, et al.1999a. RAPD variation within and between natural populations of wild rice (*Oryza rufipogon*) from China and Brazil [J]. Heredity, 82: 638-644.
Ge S, Wang K Q, Hong D Y, et al.1999b. Comparisons of genetic diversity in the endangered *Adenophora*

lobophylla and its widespread congener, *A. potaninii* [J]. Conservation Biology, 13: 509-513.

Genetic Resource Committee Agricultural Society of China（中国农学会遗传资源委员会）. 1994. Crop Genetic Resource in China [A]. Beijing: China Agricultural Publishing House: 932-939.

Huang H. 1995.Dentral-China origin of genus *Castanea* section Eucastanon: A new evidence of allozyme genetic diversity [G]. *In*: Shen X. Forest Tree Improvement in the Asia-Pacific Region. Beijing: China Forestry Publishing House.

Huang H, Dane F, Kubisiak T L. 1998. Allozyme and RAPD analysis of the genetic and geographic variation wild population of the American chestnut *Castanea dentate* (Fagaceae) [J]. Am J Bot, 85(7): 1013.

Huang H, Dane F, Norton J D. 1994a. Allozyme diversity in Chinese, Seguin and American chestnut(*Castanea* spp.) [J]. Theor Appl Genet, 88: 981-985.

Huang H, Dane F, Norton J D. 1994b. Genetic analysis of 11 polymorphic isozyme loci in chestnut species and characterization of chestnut cultivars by multi-loxus allozyme genotypes [J]. J Amer Soc Hort Sci, 119(4): 840-849.

Jaroslava O, Li C. 1999. Determination of Clone Variation DNA Technique [M]. Czech：Research of Crop Production Prague-ruzyne.

Jaynes R A. 1975. Chestnuts [M]. *In*: Janick J, Moors J N. Advances in Fruit Breeding. West Lafayette: Purdue University Press.

Levin D, Kerster H W. 1974. Gene flow in seed plants [J]. Evol Biol, 7: 139-220.

Paglietta R. 1992. Lusenta: A new early ripening Euro-Japanese Chestnut [J]. *In*: Proceeding of the World Chestnut Industry Conference. West Virgina, USA: [s. n.].

Primack R B. 1996. 保护生物学概论［M］. 祁承经译. 长沙：湖南科学技术出版社.

Rutter P A, Miller G, Payne J A.1990. Chestnuts. In: Moors J N, Ballington J R.Genetic Resources Of Temperate Fruit and Nut Crops[G]. Wageningen, The Netherlands: The International Society for Horticultural Science.

Sokal R R, Oden N L.1978. Spatial autocorrelation in biology: 1. Methodology [J]. Biol J Linn Soc, 10: 199-228.

Tanaka K. 1992. Adhesion between pellicle and embryo among Japanese chestnut, Chinese chestnut and their hybrids [C]. *In*: Proceedings of the World Chestnut Industry Conference. West Virginia, USA: [s. n.].

Villani F, Benedettelli S, Paciucci M, et al. 1991. Genetic variation between natural populations of chestnut(*Castanea sativa* Mill.) from Italy [G]. *In*: Fineschi S, Malvoti M E, Cannata F. Biochemical Markers in the Population Genetics of Forst Tree. Hague: SPB Academic Publishing.

Wang X, Tang S, Li C, et al.2001. Mechanism of chestnut rotting during storage [J]. Journal of Fruit Science, 18(2): 98-103.

Zohary D, Hopf M. 1988. Domestication of Plants in the Old World [M]. Oxford: Clarendon Press.

第9章　中国板栗资源的抗病虫遗传多样性

板栗分布地域辽阔，南北跨越亚热带、暖温带。由于生态条件变化大，产生了板栗害虫的多样性和区域性。据最新资料统计，我国危害板栗的专性和兼性害虫达 147 种，分属 8 目 36 科。南方产区为害较重、分布较广的害虫约有 18 种，病害 11 种。这些病虫害的存在和一些产区对病虫害的防治不力，致使病虫蔓延，进而导致板栗的产量和质量受到很大影响，经济损失很大，严重挫伤了群众发展板栗的积极性。

我国板栗资源丰富，品种和类型繁多，其中不乏抗病虫的品种或类型，是抗病虫育种的宝贵资源。亚洲栗树普遍较抗栗疫病，欧洲品种抗性差，中国板栗被认为是最好的抗源，北方地区最抗栗疫病的品种是‘红光栗’（HongGuang），东南地区最抗栗疫病的品种是‘皖薄壳’（WanBoke），它们都是抗栗疫病育种中较好的种质资源，常被用作杂交育种的亲本之一，尤其是作为回交育种中的供体亲本。

9.1　抗虫资源遗传多样性

栗实象鼻虫和桃蛀螟是危害板栗坚果的 2 种最常见的害虫。研究结果表明：总苞刺束长、质地坚硬、苞壳厚的品种，如‘它栗’‘大果迟栗’‘中果迟栗’对栗实象鼻虫抗性强；而总苞刺束稀、刺短、苞壳薄的品种，如‘九家种’‘薄壳’则容易受栗实象鼻虫和桃蛀螟危害。中国板栗资源的抗病虫遗传多样性见表 9-1。

表 9-1　中国板栗资源的抗病虫遗传多样性统计表

产地	品种名称	成熟期	苞刺长度/cm	苞刺密度/（根/cm^2）	调查球苞数	球苞被害率/%
湖南沅陵	沅 28	10 月上旬	1.70	193	50	0.0
湖南邵阳	它栗	9 月下旬	1.42	189	50	3.1
江苏宜兴	铁粒头	9 月底	1.33	176	50	3.2
山东海阳	石丰	9 月下旬	0.70	132	50	8.7
山东泰安	薄壳	9 月中旬	0.70	114	50	15.5
江苏宜兴	九家种	9 月下旬	0.60	98	50	22.3

9.2　抗栗疫病资源的遗传多样性

栗属植物广泛分布于北半球温带的广阔地域。我国板栗在品质、抗病性等利用特性上在栗属植物中占有重要的地位，中国板栗一直被认为是对栗疫病抗性最强的一个种。中国板栗的品种或类型多次被引入其他国家，用于与本国栗杂交，选育抗栗疫病的杂交后代。尤其是作为回交育种中的供体亲本。已有证据表明中国栗树对栗疫病的抗性是由 2 个不连锁的共显性基因控制的。美国农业部（United States Department of Agriculture，USDA）的美洲栗抗栗疫病育种计划曾于 1912～1917 年和 1922～1938 年两次从中国大规模引种中国板栗。在 1910～1950 年以中国板栗为亲本与美洲栗杂交作了大量的杂交组合，并且进行了栗疫病基因的遗传学研究。中国板栗抗栗疫病基因是欧洲栗、美洲栗改良，并获得抗疫病性状的基础。目前，美国开始着手恢复美洲栗，使其重返大自然，采用的杂交亲本就是中国板栗。欧洲栗品种改良获得抗疫病品种也主要采用中国板栗。中国板栗的现有栽培品种中具有极其丰富的抗栗疫基因，并分布于各栽培品种群中，选择抗性亲本的潜力很大。

根据生产和育种需要，鉴定评价抗虫种质及其性状，以发掘新抗虫基因是一项长期的基础研究工作。以美国为代表的发达国家进行了长期研究，在作物育种领域也开展了抗性鉴定。杨剑（1999）完成了多个品种对栗实象鼻虫抗性试验。

通过在板栗离体枝条上接种栗疫病病原菌，对感染后的病斑进行观察，结果表明：不同板栗品种对疫病菌的感染程度不同，在供试的 21 个品种和类型中，病斑较小的品种（类型）主要有‘北峪 2 号’和‘兴隆城 9 号’，其次为野生板栗和‘渤海所 18’‘燕魁’‘短花栗’等 7 个品种和类型，以上品种抗病性较强，抗病性强的品种占供试品种的 33.3%；抗病性弱的品种有‘红光栗’‘怀黄’‘怀九’等，抗病性弱的品种占取样量的 38.1%，以‘红光栗’抗病性最弱，病斑面积显著高于其他品种。不同生态品种群中均有抗性强的品种和抗性弱的品种。不同品种感染病菌后对病菌的抗扩展能力不同：‘北峪 2 号’和‘兴隆城 9 号’感染后病斑扩展速度显著慢于其他品种。通过试验把供试的品种分为抗性强品种、中度抗性品种、中度感病品种和抗性差的品种 4 类。通过接种来源不同的毒性菌株，证明不同板栗品种对强毒性菌株的抗病性表现是一致的。栗树病虫害及防治见表 9-2。

表 9-2 栗树病虫害及防治

病害名称	危害时间	症状	防治方法
栗疫病	4～10 月	危害大树的枝干和苗木。发病初期被害的枝干退绿，树皮上出现圆形或不规则的黄褐色病斑，并不断扩大，包围整个树干且上下扩展。病斑或成水渍状隆起，干燥后树皮绷裂，病枝上的叶变小，失绿，继而枯死，但长期不落。4～5 月间可见许多橙色病状子座，天气特别潮湿时，从子座内排出许多黄色卷须状孢子角	①嫁接时选无病害感染的接穗和选择抗性强的砧木类型；②加强栗园管理，增强树势，及时防治虫害、严防人畜损伤，减少伤口侵染；③及时清除病株、病枝，集中烧毁；④严格实行检疫制度，禁止病区苗木接穗调运；⑤选育抗病品种；⑥4 月下旬至 5 月上旬对病枝涂 402 抗菌剂 200 倍液加 0.1%平平加或 70%的托布津粉剂 400 倍液，每隔半月涂 1 次，接连涂 5 次
白粉病	4～6 月	危害苗木和栗树。感病初期叶片出现近圆形或不规则的块状退绿病斑，随着病斑逐渐扩大，在病斑背面产生灰白色粉状霉层。嫩枝被害，表面也布满灰白色粉状霉层，严重时幼芽不能伸展，叶卷曲，凹凸不平，缺绿，影响苗木、栗树正常生长	①冬季清除染病枝叶集中烧毁；②发病期间喷洒硫黄粉或 0.2～0.3°Bé 的石硫合剂或 0.5%～1.0%的波尔多液；③合理施肥，注意氮、磷、钾的配合和硼、硅、锌、锰等微量元素的施用
炭疽病	4～10 月	被害球苞表面出现褐色病斑，蓬刺枯死，球苞早期脱落。种子染病，种仁变褐，后期干枯，形成空洞	①收集病蓬、病种集中烧毁；②4～5 月染病期喷半量式波尔多液 100 倍或 0.2～0.3°Bé 石硫合剂
栗瘿蜂	4～6 月	被害芽、枝、叶脉形成虫瘤，影响枝叶生长。成虫：长 2.5～3 mm，体黄褐至黑褐色，前后翅透明。卵椭圆形，乳白色，一端有细柄。幼虫：乳白色，老熟时为黄白色，体肥胖无足，尾部钝圆，头部略尖，口器先端褐色，老熟幼虫体长 2～3 mm。蛹：长 2.5～3 mm，初呈乳白色，渐变成黄褐色，羽化前变成黑褐色，复眼红色	①结合修剪，将小枝剪下，集中烧毁；②6 月中旬喷 90%的敌百虫 1000 倍液，杀虫率很高
云斑天牛	5～9 月	成虫啃食新枝嫩皮，幼虫钻入木质部蛀食，严重时树干蛀空，全株枯死 成虫：体长 32～65 mm，黑或黑褐色，密披灰色茸毛，前胸背板具肾形白斑两个。翅鞘上有 2～3 行白色茸毛组成的白斑。卵：长约 8 mm，长椭圆形，淡黄色。幼虫长 40～70 mm，乳白色至淡黄色	①5～7 月人工捕杀成虫；②发现枝干上圆形或椭圆形的产卵槽，用铁锤砸灭；③幼虫为害期，用棉球蘸 50%的磷胺乳剂，或甲胺磷或 5%的杀螟松乳剂 40 倍液塞入虫孔，杀虫效果良好。幼虫蛀食期间，用钢丝钩杀幼虫，效果也好
栗大黑蚜	4～9 月	以成虫、若虫群集于新梢；嫩枝及叶背面刺吸液汁为害，轻则影响栗树生长和果实成熟，重则整株枯死。湖南栗新产区此虫危害普遍，尤以 5 月为害最盛 成虫：无翅胎生雌蚜体长约 5 mm，黑色有光泽，足细长，腹部肥大。卵长椭圆形，黑色有光泽。若虫体形同成虫，但体色较淡，腹管痕迹明显	①秋、冬季刮除越冬卵，或用 10° Bé 以上的石硫合剂涂杀；②用石灰水进行树干涂白；③用氧化乐果 10 倍液在树干上涂环防治
地老虎	4～6 月	主要为害板栗幼嫩苗木。4～5 月为害最盛。常将未木质化苗木在近地处咬断 成虫：体长 16～23 mm，（小地老虎）翅长 42～54 mm。头胸部暗褐色，腹部灰褐色。卵：半球形，直径 0.5 mm 左右，表面有纵横隆线，初产时乳白色，后期黄色，孵化前卵顶上呈现黑点。幼虫：6～8 龄，老熟幼虫体长 37～47 mm，黄褐色至褐色，背线明显。蛹：体长 18～24 mm，赤褐色有光泽	①清除杂草，消灭产卵场所，切断幼虫食源；②用糖醋液诱杀成虫，糖醋液配方为：红砂糖：酒：醋：水的比例为 6：1：3：10 或 4：1：5：10；③人工捕捉幼虫，清晨断苗处周围或残留茎叶的小洞口，将土拨开 3～6 cm 深即可发现幼虫加以捕杀；④用碎鲜草 25～40 kg，加 90%敌百虫 500～800 倍液拌和做成毒饵撒在圃地上，杀死幼虫；⑤每亩喷 25%的 DDT 200 倍液 20 kg，可起防虫的作用

续表

病害名称	危害时间	症状	防治方法
铜绿金龟子	5～8 月	杂食性，为害栗树及苗木叶片。严重时，庞大的虫群可将栗园及圃地栗叶食光 成虫：椭圆形，体长 17～21 mm，体背铜绿色。卵：椭圆形。幼虫：老熟幼虫体长 30～33 mm，头黄褐，胴部乳白色	①晚间成虫飞出活动时喷 90%的敌百虫 1500 倍液；②早晨或傍晚，人工振落吃食叶片的成虫捕杀；③傍晚用黑光灯诱杀或灯火诱杀
桃蛀螟	4～10 月	为世界性、杂食性、多发性害虫。幼虫蛀食栗苞、坚果。蛀食处有虫粪和丝状物粘连 成虫：虫体橙黄色，体长约 12 mm，胸部密披茸毛，且具黑色斑点。卵：椭圆形，长约 0.6 mm，初为乳白色，后呈暗红色。幼虫：成长后的幼虫长 22 mm，头部暗黑色，胸部多暗红或紫红色。蛹：褐色或淡褐色，长 13 mm，翅芽可达第 5 腹节	①栗园中散种向日葵、玉米等作物，引诱幼虫钻蛀，然后喷药或收集烧毁；②栗苞收回后及时脱壳并用 50%左右的温水浸 1～2 h，杀死幼虫；③采收后栗苞堆喷 90%敌百虫 1000 倍液，并随时拌动，使栗苞沾药均匀；④栗苞堆 10 m^3 容积用二硫化碳 0.09～0.65 kg，室内密闭熏蒸 18～24 h
栗实象鼻虫	9～10 月	幼虫蛀食坚果，形成虫道，虫粪不排出。湖南栗老产区此虫为害广泛，严重时全树 60%～80%的栗果被害 成虫：长圆形，黑褐色，披有白色鳞片。头管细长，前端向下弯曲。雌虫体长 7.2～9 mm（不计头管，下同），雄虫体长 6.9～8 mm。卵：椭圆形，具短柄，长约 0.8 mm，直径 0.5 mm，白色至乳白色。幼虫：老熟幼虫体长 8.5～11.8 mm，头部黄褐色，胸腹部乳白色，无足，常呈镰刀状弯曲，性格不活跃。蛹：乳白色，复眼黑色，头管伸向腹部下方，体长 7.5～11.5 mm	①冬季清园翻耕，杀灭越冬幼虫；②脱苞的坚果用 50℃的温水浸种；③熏蒸（同前）；④清理脱苞场所、土壤，用 90%的敌百虫 1000 倍液处理；⑤成虫活动期用 90%的敌百虫喷布，接连用药 2～3 次

主要参考文献

陈叔平．1995．我国作物种质资源保存与展望［J］．植物资源与环境，4（1）：14-18.

高新一．2001．板栗栽培技术［M］．北京：金盾出版社：121-123.

葛颂．1996．植物群体遗传结构研究的回顾和展望［M］．北京：高等教育出版社.

胡志昂，张亚平．1997．中国动植物的遗传多样性［M］．杭州：浙江科学技术出版社：1-20.

黄宏文．1998．从世界栗属植物研究的现状看中国栗属资源保护的重要性［J］．武汉植物学研究，16（2）：171-176.

季维智，宿兵．1999．遗传多样性研究的原理和方法［M］．杭州：浙江科学技术出版社：1-5.

贾恩卡洛·波努斯．1995．欧洲的栗子业［J］．柳鎏译．植物资源与环境，4（2）：53-60.

姜国高．1995．板栗早实丰产栽培技术［M］．北京：中国林业出版社：39-42.

蒋丽娟，李昌珠．1996．栗树生物技术研究现状及应用前景［J］．湖南林业科技，23（4）：51-52.

李昌珠，唐时俊．2003．南方板栗丰产栽培技术［M］．长沙：湖南科学技术出版社：305-307.

李润唐．2001．湖南地方梨花粉形态观察［J］．果树学报，18（5）：305-307.

刘平，彭士琪．2002．果树主要经济性状的遗传动态［J］．河北林果研究，17（3）：267-269.

柳鎏．1992．栗属植物遗传多样性保护研究［J］．植物资源与环境，4（1）：7-13.

柳鎏，蔡剑华，张宇和. 1988. 板栗［M］. 北京：科学出版社.
秦岭，高遐红，程继鸿，等. 2002. 中国板栗品种对疫病的抗性评价［J］. 果树学报，19（1）：39-42.
唐时俊，李润唐，李昌珠，等. 1992. 板栗丰产栽培技术［M］. 长沙：湖南科学技术出版社.
王恒明. 2000. 板栗优良品种及其优质丰产栽培技术［M］. 北京：中国林业出版社：2-29.
许定发，秦惠贞. 1990. 植物物种保护战略［M］. 南京：南京大学出版社：112.
杨剑. 1999. 不同板栗品种对栗实象鼻虫抗性试验初报［J］. 经济林研究，17（3）：32-33.
张庆华. 1999. 板栗栽培新技术［M］. 福州：福建科技出版社.
张宇和，王福堂，高新一，等. 1987. 板栗［M］. 北京：中国林业出版社.
周而勋，王克荣. 1999. 栗疫病研究进展［J］，果树科学，16（1）：66-71.
周丽华，韦仲新，吴征镒. 2000. 国产蔷薇苹果亚科的花粉形态［J］. 云南植物研究，22（1）：47-52.

第10章 板栗品种遗传多样性分子标记

核心种质资源的研究是当前生物资源研究的重要内容之一。运用分子标记技术确立核心种质资源，最关键的问题就是在多大的相似性程度上才能认为种质是重复的。同时，确定核心种质还需要利用不同的分子标记技术，相互比较和相互印证。因此核心种质资源的确定是一项长期的、艰苦的工作。植物野生种质（含野生近缘植物）和地方品种具有丰富的遗传多样性，并且携带许多决定重要经济性状的优异基因，但这些基因常常与不良基因连锁，加上野生种鉴定难，不易进行杂交育种，使这些资源的利用具有许多困难。分子生物学技术，特别是分子标记技术的出现为野生种质和地方品种的利用展现了广阔的前景，如利用分子标记进行品种的准确鉴定和辅助育种、遗传图谱构建和遗传谱系分析、分离和克隆编码重要性状的基因等。

传统的研究方法主要依据形态特征、生物学特性和经济性状。由于木本植物结果周期长，仅仅以营养器官的形态特征难以得到准确、科学、系统的结果。近代的生理生化方法，将研究水平推进了一步，但由于其具有多态性差、反映的遗传信息少等缺陷，使其应用受到一定限制。近年来，分子生物学、分子遗传学的迅速发展为植物的系统演化、遗传多样性、分子辅助育种等研究开辟了崭新的途径，目前已被广泛应用于大田作物、园艺作物和林木中。

DNA 分子水平上检测遗传多样性主要是通过 RFLP（限制性片段长度多态性）、RAPD（随机扩增多态性）、AFLP（扩增限制性片段长度多态性）、SSR（微卫星标记）等技术分析一些特定基因或 DNA 片段的核苷酸序列，度量其变异性，检测基因组的一些识别位点，从而估计基因组的变异性。作为检测遗传变异的工具，DNA 分子标记比蛋白质（包括同工酶）标记更加敏锐，检测位点多，且不受发育时期、生理状态和环境等因素的影响，能直接反映 DNA 水平的变异情况，是目前研究群体遗传变异比较有效的方法（张春晓等，1998）。因此，近年来，随着 DNA 分子标记技术的不断完善和发展，各种 DNA 分子标记，包括 RAPD、AFLP、SCAR、SSR 技术等正广泛地用于植物遗传多样性研究，但在栗属植物上的应用报道较少，国外现有的研究仅限于欧洲栗及一些杂交种，国内的研究也只限于长江流域的部分品种。而华北、西北、东北的大量品种的分子生物学研究还是空白。

从已有研究进展及发展趋势看，对于板栗的分子标记研究，近几年内应该集中在 AFLP 技术。功能基因标记技术，如矮化短枝、雄性败育基因型的鉴定也是目前需要积极发展的板栗研究技术，但是目前所报道的板栗基因序列很少。SNP

（单核苷酸多态性）技术具有广阔的应用前景，但目前在板栗资源上的应用还有很多限制，一方面费用高、检测手段复杂，另一方面已知的板栗基因序列很少。相信随着不断深入的研究，将会有利于这些技术在板栗研究中的应用。

10.1 不同分子标记系统的比较

遗传标记是指生物体的某些性状和物质，它们能够稳定地遗传，可以用来反映生物体或群体的特征。目前遗传标记主要有 4 种：①形态标记；②细胞标记；③生化标记；④分子标记。

分子标记是继形态标记、细胞标记和生化标记之后发展起来的一种较为理想的遗传标记形式。它比上述三种标记具有下列优点：①它直接检测遗传物质 DNA，不受植物组织器官、发育时期、季节、环境的影响，不存在是否表达的问题；②检测的多态性水平高，每一位点总存在多态性；③标记数量多，几乎可以覆盖整个基因组；④灵敏、准确、简便、快速，易于标准化，分离出样品的 DNA 在适宜条件下可长期保存，这对于样品的溯源或仲裁鉴定非常有利。此外，标准样品的 DNA 也可长期保存使用。目前分子标记被应用于作物遗传资源及育种研究，分别被称为分子种质资源鉴定（molecular germplasm diagnostics）和分子育种标记（molecular plant breeding）。

目前用于植物种质资源鉴定及育种的分子标记主要有限制性片段长度多态性（restriction fragment length polymorphism，RFLP）、随机扩增多态性 DNA（random amplified polymorphic DNA，RAPD）、简单重复序列（simple sequence repeat，SSR）又称微卫星 DNA（microsatellite DNA），以及染色体原位杂交（*in situ* hybridization）等。

1）RFLP 标记　RFLP 标记是 Grodzicker 等 1974 年提出来，20 世纪 80 年代发展起来的。由于基因组 DNA 中限制性内切酶酶切识别序列中出现碱基的变异而导致酶切位点的增减所引起的限制性片段长度的差异。这种酶切片段长度的多态性源于同源 DNA 序列上限制性内切酶识别位点上的不同，或者由于点突变、重组等原因引起限制性内切酶位点上脱氧核酸的替换、插入、缺失等变化，而引起某一特定内切酶识别位点发生变化，从而导致酶切片段的多态性。这种酶切片段多态性的显示和测定是用克隆的 DNA 片段作为同源序列探针进行分子杂交，再通过放射自显影技术来实现的。用作 RFLP 的探针有 cDNA 探针（即互补 DNA，用 RNA 作模板通过反转录合成的 DNA）与基因组 DNA（gDNA）探针两种。gDNA 是从植物总基因组 DNA 中克隆出来的，这类探针多态性频率较高，种属特异性强。cDNA 探针保密性较强，一些禾本科植物的 cDNA 可以通用，这类探针检测的多态性频率较低。

RFLP 标记为共显性标记，多态性水平较高，可靠性强。但 RFLP 分析的探针制作、酶切、转膜、分子杂交、放射自显影过程繁琐，有一定技术难度和设备要求，DNA 需要量相对较大，目前已有生物素或荧光物质等非放射性同位素标记探针，使该技术较为安全。

2）RAPD 标记　RAPD 是 1990 年美国杜邦公司的 Williams 等与加利福尼亚生物研究所的 Welsh 和 McClelland 同时提出的基于 PCR（polymerase chain reaction）技术的 DNA 标记。它以植物基因组 DNA 为模板，以一系列不同随机引物（寡核苷酸序列），通过聚合酶链反应产生不连续的 DNA 产物，通过对扩增产物 DNA 片段的多态性检测，反映基因组相应区域的 DNA 序列的多态性。虽然一个引物检测到的基因组多态性区段有限，但是用一系列引物可使检测区域覆盖整个基因组。

与其他分子标记方法相比，RAPD 方法具有独到的优点：①技术相对简便、快速，与蛋白质电泳成本和时间接近；②所需样品很少，一般每次只需 DNA 10～40 mg；③标记数量极为丰富，进行品种纯度检验潜力很大，能揭示大量从形态和生理生化指标上无法检测到的丰富差异，目前有 700 多种引物可供使用，而蛋白质电泳只有近 20 种氨基酸可供测定；④灵敏、准确；⑤无放射性；⑥易于早期测定；⑦易于标准化。目前该方法广泛应用于种质资源鉴定与分类、目的性状基因的标记、绘制遗传连锁图。

高捍东等应用 RAPD 分子标记技术，从 DNA 水平上研究了板栗品种的遗传多样性，建立了板栗 RAPD 标记的标准程序及 46 个品种的 DNA 指纹数据库，并分析出这 46 个品种分子鉴别的最优化组合。研究发现，分子分类能够有效地揭示形态相似、经济性状相近或部分地理种源相同的品种间的近缘关系，但与传统分类方法中按板栗栽培的地理区域划分的六大品种群并不完全一致，其原因可能与取样的局限性及板栗品种的同名异物现象有关。

但是 RAPD 标记技术的不足在于：一般表现为显性遗传，不能区分显性纯合和杂合基因型，因而提供的信息量不完整；并且，由于使用了较短的引物，RAPD 标记的 PCR 引物受实验条件的影响，结果的重复性较差。

3）AFLP 标记　AFLP（amplified fragment length polymorphism）标记也是利用 PCR 技术检测 DNA 多态性的方法。狭义的 AFLP 标记是荷兰科学家 Zabean 等（1993）发明的专利技术，实际上是 RFLP 与 PCR 相结合的产物。基本原理是选择性扩增基因组 DNA 的酶切片段，其模板 DNA 经限制性内切酶内切，并经寡聚脱氧核苷酸连接头的连接，再经过扩增反应，继而通过放射性自显影技术进行扩增产物的分离与检测。由于不同材料的 DNA 酶切片段存在差异，产生了扩增产物较强的多态性，因而适合于林木基因定位、遗传图谱的构建、品种指纹图谱的建立和分类研究。

AFLP 技术自问世以来，应用最多的是同位素法检测，即在选择性引物的 5′ 端进行同位素标记，这样经过选择性扩增得到的产物在电泳后，就可以利用放射性自显影检测到。该方法灵敏度高、分辨率强、清晰度好，但是要使用同位素，检测过程也比较长。近年来，银染法检测 AFLP 由于避免了使用同位素而得到越来越多研究者的青睐。银染法具有快速、安全的优点，但是其效果的好坏在很大程度上取决于染色程度深浅，染色太浅，有些弱带难以分辨；染色过深，条带密集区会出现模糊，致使判读困难。所以同一胶面中上、下部条带强度差别较大。

AFLP-荧光法检测主要是利用 PE 的 ABI-DNA 测序仪中液态激光装置激发标记样品中的荧光物质发出荧光，检测在 400～600 nm 的吸光强度。与同位素法和银染法相比，AFLP-荧光法的优点主要表现在以下几方面。①灵敏度极高：用 0.4 μL 的选择性扩增物，就可以产生较强的荧光。②带型整齐：由于 ABI-377 DNA 测序仪配有循环水的冷凝装置，可以精确地控制温度和始终保持恒温，这样就可以用恒定电压进行电泳，因此得到的带型整齐一致，样品间电泳速度的差异小。而且尤为突出的一个优点是：即使样品间有一些差异，系统也可以根据每个样品中加入的分子质量标记加以修正。③实时跟踪观察：在电泳过程中，可以实时（online）对电流、功率的变化、电泳条带的扫描峰值、凝胶图像等状况进行监测和观察，也可以及时停止不理想的分析进程。④效率高：在电泳胶的一个泳道中可同时检测 4 种不同的荧光信号，因此一个泳道可同时运行 3 个标有不同颜色的 AFLP-CR 产物及一个通常带红色荧光的分子质量内标。内标法消除了泳道间或胶板间的差异，从而增加了检测的精度。由于荧光法 AFLP 分析中电泳检测的每个样品中都加入了 Marker，而且 Marker 的标准分子质量条带多达 16 条。且在整个胶上的分布比较均匀，因此要进行比较的一批样品，即使不能在同一块胶上电泳，也可以根据 Marker 的位置进行比较。⑤强大的自动分析功能：ABI 的 DNA 测序仪为 AFLP 分析配备了强大的软件系统 Genescan 3.0 Ralias，电泳图像经过建立矩阵文件（martix），可以得出任意指定样品的条带扫描峰值，以及第一条带的分子质量，还可以同时对几个样品进行条带的比较。这样就大大减少了人工判读有可能出现误差甚至错误的机会。

AFLP 为共显性或显性标记，它结合了 RFLP 和 RAPD 技术的优点，既具有 RFLP 的结果稳定，重复性好；又有 RAPD 的简便易行，多态性检出效率高。AFLP 作为新兴技术及具有丰富的多态性而有广阔的发展前景。

4）SSR 标记　　简单重复序列又称微卫星或简单序列长度多态性。生物基因组内存在两碱基或三碱基、四碱基的重复序列，这些重复序列分布于所有的染色体及染色体的各个区段，主要存在于染色体近端粒处的微卫星 DNA 区。对某一物种个体，此区重复碱基数目、序列重复次数相当稳定，不同个体有重复碱基数目的差异，可以用作分子标记，进行多态性分析，此类标记具高度特异性，不同物种、同一物种的不同品种所含 SSR 各异，是目前较为先进的遗传标记。SSR 为共显性标记，其显示与测定基于 PCR 反应，吸取了 PCR 方法的优点，所需 DNA 量少。

5）染色体原位杂交　　染色体原位杂交是利用标记 DNA 探针与染色体上 DNA 杂交，在染色体上直接进行检测的分子标记技术。该技术在研究内容和研究方法上把传统细胞遗传学与现代分子遗传学相结合，形成一门新的交叉学科，即分子细胞遗传学。染色体原位杂交的最大优点是准确、直观。目前该技术用于检测外源染色体，研究物种的起源、演化，构建染色体的物理图谱。

在遗传多样性研究中，各种类型的分子标记最终结果都表现为一定的条带形式，即相同大小片段位置上条带的“有”和“无”。对于共显性标记（RFLP 和 SSR），每个条带代表一个位点的一个等位基因，因此可以通过这些条带确定的等位基因频率差异来测算遗传距离。

供试材料的多样性程度、所用标记的数目及在染色体上的覆盖程度决定了遗传多样性分析的精度。由于分子标记分析费用昂贵，估算达到一定分析精度所需的最少标记数量非常重要。通过 Jackknife 和 Bootstrap 方法测算遗传距离的标准误可以估计遗传距离的置信区间和达到一定分析精度要求的最少标记数。此外，多态性位点百分率、每个位点的平均等位基因数、多态性信息量（PIC）、多态性检测效率（Ai）和群体的遗传多样性比率（Gst）等遗传参数也被用于种质的遗传多样性评价及不同标记类型的比较研究。

翁尧富等（2001）利用 RAPD 标记对浙江省林木良种审定委员会审定（认定）和通过省级鉴定的 8 个板栗品种及无性系进行指纹分析，鉴别出各板栗品种（无性系）。实验过程中对 684 个随机寡核苷酸引物进行了重复筛选，经筛选共获得 9 个稳定的 RAPD 标记，构建了板栗的 DNA 指纹图谱。经过大量的实验，确定了鉴别板栗优良品种（无性系）的较为理想的实验程序，获得了 RAPD 良好的重复性，建立了较完整的板栗 RAPD 分析的技术体系，用大田苗进行初步验证，结果可靠。

暴朝霞和黄宏文（2002）采用 9 个酶系统的 15 个同工酶位点，对 89 个板栗品种进行了遗传多样性分析，并以品种间的遗传距离构建 UPGMA 聚类图，鉴别板栗品种和评价它们之间的遗传关系。结果表明：①我国板栗主要产区遗传多样性较高，如浙江、山东、湖北和江苏；②在供试的 89 个板栗品种中，除 5 个品种外，其他均可用多位点同工酶对其作专一性鉴定；③基于品种间等位酶遗传距离的 UPGMA 聚类图将山东、湖北、江苏及河南的大部分板栗品种分别聚在一起，体现了在遗传构成上同地域的板栗品种具有遗传相近的特征。

在众多的 DNA 标记中，通过非特异引物的 PCR 扩增而衍生的标记，被越来越多地应用于群体遗传变异、遗传结构的研究。AFLP 是用于群体分子生态、群体遗传研究的 DNA 指纹技术，特别是近几年在种群生态、作物品系鉴别、基因定位作图、遗传多样性研究等方面表现出广泛的应用价值。该方法不但具备了其他 DNA 分子标记，如 RFLP、SSR、RAPD 所具有的优点，而且具有带纹丰富、用样量少、灵敏度高、快速高效等特点（Ajmone et al.，1998；Powell et al.，

1999；Hill et al.，1996）。其操作方便、在一次分析中可获得基因组大量的遗传信息，并表现大量的多态带，特别是对亲缘关系及遗传上区别不大的种类及对环境等因子引起的变化检测来说，是比较合适的分子标记方法（Powell et al.，1997）。

10.2 板栗资源遗传多样性的RAPD分子标记

传统的形态学调查和现代分子标记技术是种质资源研究常用的方法。植物对环境的演化适应，较多反映在叶片的结构上，叶片形态学研究是种质资源表型变异研究的重要部分，已被应用于栗属植物及其他植物种质资源研究。近20多年来，分子标记技术发展迅速，多种分子标记技术，包括AFLP、SSR、ISSR、RAPD等已被广泛应用于板栗种质资源遗传多样性研究。这些研究为我国板栗资源的保护和利用提供了科学依据，对我国板栗育种和产业发展具有重要意义。

湖北是我国南方最大的板栗产区，板栗种资质源丰富。但是，目前尚少见对该产区板栗种质资源进行遗传多样性分析和亲缘关系鉴定的报道。湖北省农业科学院果树茶叶研究所自20世纪70年代以来一直致力于湖北省板栗种质资源调查研究和选优工作，并取得了较好的成绩，本研究结合以往多年的研究工作，以31份湖北板栗种质资源为材料，从形态学和分子标记两方面进行遗传多样性分析。通过叶片形态和RAPD分子标记有机结合研究板栗种质资源的遗传多样性，对供试材料进行鉴定和分类，分析种质之间的遗传关系，为板栗种质资源的保存、测定、评价和利用提供理论依据。

10.2.1 材料与方法

1）试验材料　　本试验所用的31份板栗资源采自湖北省农业科学院果树茶叶所板栗资源圃，来源地和品种名见表10-1。

表10-1　供试板栗的来源地和品种名

编号	品种	来源地	编号	品种	来源地	编号	品种	来源地	编号	品种	来源地
1	金优1号	武汉	9	桂花香	罗田	17	青毛早	京山	25	早2002	荆州
2	金优2号	武汉	10	六月暴	罗田	18	闭口红	京山	26	腰子栗	大悟
3	金优3号	武汉	11	中迟栗	罗田	19	浅刺红毛早	京山	27	宣化红	大悟
4	金栗王	武汉	12	罗田浅刺	罗田	20	红毛早	京山	28	江山2号	大悟
5	罗田1号	罗田	13	罗田红栗	罗田	21	乐杨1号	宜昌	29	通山1号	通山
6	大果中迟栗	罗田	14	红光油栗	罗田	22	乐杨2号	宜昌	30	花桥1号	湖南
7	八月红	罗田	15	重阳栗	京山	23	鄂栗1号	荆州	31	花桥2号	湖南
8	乌壳栗	罗田	16	京山浅刺	京山	24	早2001	荆州			

2）试剂种类

（1）DNA 提取试剂　2×CTAB 提取缓冲液：100 mmol/L Tris-Cl（pH 8.0），20 mmol/L EDTA，1.4 mmol/L NaCl，2%（*m*/*V*）CTAB，40 mmol/L 巯基乙醇。

1×CTAB 沉淀液：50 mmol/L Tris-Cl（pH 8.0），10 mmol/L EDTA，1%（m/*V*）CTAB，20 mmol/L 巯基乙醇。

（2）PCR 试剂　*Taq* DNA 聚合酶（2 U/μL），dNTP（10 mmol/L）和 DGL2000 Marker。

3）叶片形态测定

（1）叶片的采集　在板栗资源圃内选取 6～8 年生树，以生长正常、无明显缺陷且未发现病虫害的植株为采集样木。于 2008～2012 年连续 5 年每年 6 月采集样品，每份板栗资源选取 3 个单株，选择树冠中部向南的枝条中上部表层无破损且完全展开的成熟叶片 30 片，用牛皮纸信封装好保存，带回实验室进行性状测量。将采集的叶片随机分为三等份，设为 3 次重复，将观测 5 年的数据进行平均统计分析。

（2）叶片形态特征　根据板栗叶片形态特点，参考相关文献，对各板栗资源叶片形态特征进行测量和统计分析。用游标卡尺测量每片叶的 13 个形态特征：叶片宽、叶片长、叶片最宽处到叶尖的距离、叶片最宽处到叶基的距离、叶尖基部宽（末端第二锯齿处）、叶尖长（末端第二锯齿处）、叶柄长、叶全长（叶片长+叶柄长）、叶柄粗、叶缘锯齿端芒长、侧脉数、锯齿数、叶片厚度。将所得资料换算成 6 个相对特征值：叶片长/叶片宽、叶片最宽处到叶尖的距离/叶片长、叶片最宽处到叶尖的距离/叶片宽、叶片最宽处到叶基的距离/叶全长、叶尖长/叶尖基部宽、叶柄长/叶全长。

（3）统计和分析方法　将所得板栗资源叶片形态数据经标准化后，运用 NTSY-pc Version 2.10e 软件求得欧氏距离矩阵，然后采用非加权配对算术平均法（UPGMA）进行聚类分析，其他统计运算按照常规方法利用 Excel 软件包有关程序进行。

4）RAPD 分子标记

（1）DNA 提取　于 2011 年 1 月，采集板栗嫩叶，用 CTAB 大量法提取总 DNA，所得 DNA 样品经 0.8%琼脂糖凝胶电泳检测完整度，用分光光度法测量其浓度，稀释分装备用。

（2）PCR 扩增及引物筛选　从 520 个 10 聚体的寡核苷酸引物中筛选扩增条带多且清晰的引物用于全基因组遗传多样性分析。

RAPD 反应体系总体积 25 μL，包含：模板 DNA 2 μL，P_1（10 mmol/L）0.5 μL，dNTPs（10 mmol/L）0.5 μL，10×PCR Buffer 2.5 μL，*Taq* DNA polymerase（2 U/μL）0.5 μL，ddH_2O 19μL。

RAPD 扩增程序：95℃预变性 5 min，随后 30 个循环，每循环 95℃变性 30 s，

36℃退火 30 s，72℃延伸 30 s，最后一个循环后 72℃延伸 10 min，产物保存于 4℃。扩增产物在 0.8%琼脂糖凝胶中以 5V/cm 电压电泳分离，经全自动凝胶成像系统观察、照相。按照电泳图谱同一位置上条带的有无进行统计，有条带的记为“1”，无条带的记为“0”，获得原始 0、1 数据矩阵，利用 NTSY-pc Version 2.10e 软件程序计算出相似系数，并按 UPGMA 法进行聚类分析。

10.2.2 结果与分析

1）板栗叶片形态的遗传多样性

（1）叶片的基本形态　31 份板栗资源叶片性状的变异情况见表 10-2。由表 10-2 可以看出，板栗资源各叶片形态指标的变异范围均较大，其中，叶尖基部宽、叶尖长和叶柄粗 3 个指标变异最为显著，相对标准误在 0.2 以上，叶片宽的变异幅度最小，相对标准误为 0.08。

表 10-2　31 份板栗种质资源的叶片形态特征

测定项目	变异范围	均值	标准差	相对标准误
叶片宽	59.04～84.62	73.44	5.62	0.08
叶片长	162.93～242.52	199.49	20.19	0.10
叶片最宽处到叶尖的距离	81.61～131.50	104.52	12.69	0.12
叶片最宽处到叶基的距离	74.45～111.02	94.97	9.63	0.10
叶尖基部宽	5.38～11.93	8.65	1.95	0.23
叶尖长	7.00～18.18	11.86	2.49	0.21
叶柄长	12.33～24.71	19.01	3.04	0.16
叶全长	179.4～263.00	218.50	21.29	0.10
叶柄粗	1.71～4.48	2.13	0.46	0.22
叶缘锯齿端芒长	1.23～2.08	1.62	0.25	0.16
侧脉数	29～52	33.88	4.44	0.13
锯齿数	26～49	32.41	4.87	0.15
叶厚	0.19～0.33	0.26	0.04	0.16

注：侧脉数和锯齿数单位为个，其余测定项目单位为 mm。数据为 2008～2012 年 5 年平均值

（2）聚类分析　根据 13 个测量值和 6 个相对特征值，对 31 份板栗资源叶片的形态数据进行了聚类分析，结果见图 10-1。

由图 10-1 可见，以阈值为 1.51，可将 31 份板栗资源分为 4 组。第一组为‘金栗王’，形态特征为叶片披针形，叶片长 242.52 mm，叶片宽 59.04 mm，叶片长宽比 4.11，叶脉密，锯齿多而长，叶柄细长，叶片薄，叶尖急尖（叶尖长/叶尖基部宽比值大）。第二组为‘闭口红’，叶片形态特征是叶片椭圆形，叶面积大，叶片长 224.52 mm，叶片宽 84.62 mm，叶柄短而粗，叶柄占叶全长的比值小。第三组有‘腰子栗’‘宣化红’和‘江山 2 号’3 个品种，均原产于大悟县，形态特征为叶片较小，椭圆形，叶片长与叶片宽比值小，叶片最宽处到叶尖距离与叶片宽

比值小。第四组为‘青毛早’‘京山浅刺’等 26 个板栗资源。

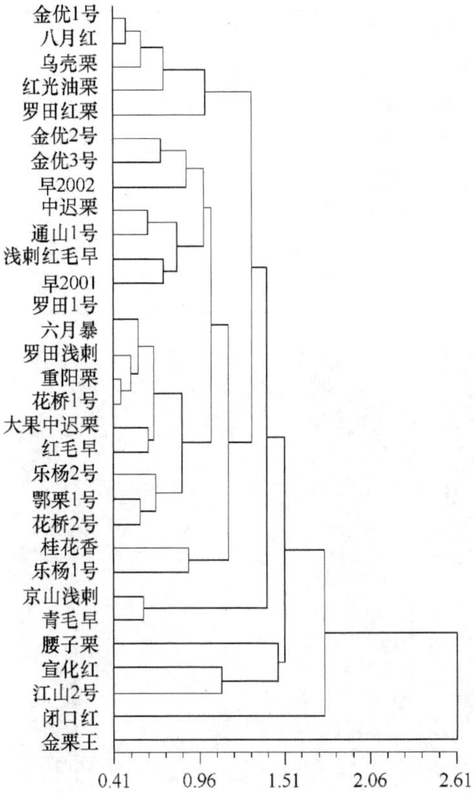

图 10-1　31 份板栗种质资源的叶片形态聚类

2）RAPD 分子标记

（1）RAPD-PCR 扩增结果　本试验筛选出 10 个带纹清晰稳定并呈现多态性的引物对供试的 31 份材料进行 PCR 扩增，并对扩增结果进行统计分析（表 10-3）。不同引物的扩增片段数为 5～10 条，平均每对引物可扩增出 7 条带；10 个引物共扩增出 70 条带，其中 61 条带具有多态性，总的多态条带比率（PPL）为 87.1%，这表明 31 份板栗资源之间 RAPD 条带多态性高，遗传多样性丰富。图 10-2 所示为引物 K5 的扩增结果。

表 10-3　10 个 RAPD 引物对 31 份板栗种质资源的扩增情况

引物编号	序列	扩增位点/条	多态性位点/条	多态条带比率/%
Y14	GGTCGATCTG	8	8	100.0
W18	TTCAGGGCAC	6	5	83.3
W16	CAGCCTACCA	9	7	77.8

续表

引物编号	序列	扩增位点/条	多态性位点/条	多态条带比率/%
K5	TCTGTCGAGG	9	7	77.8
K9	CCCTACCGAC	6	6	100.0
H9	TGTAGCTGGG	6	5	83.3
H18	GAATCGGCCA	5	4	80.0
E18	GGACTGCAGA	6	5	83.3
E4	GTGACATGCC	5	5	100.0
K3	CCAGCTTAGG	10	9	90.0
合计（平均值）		70	61	87.6

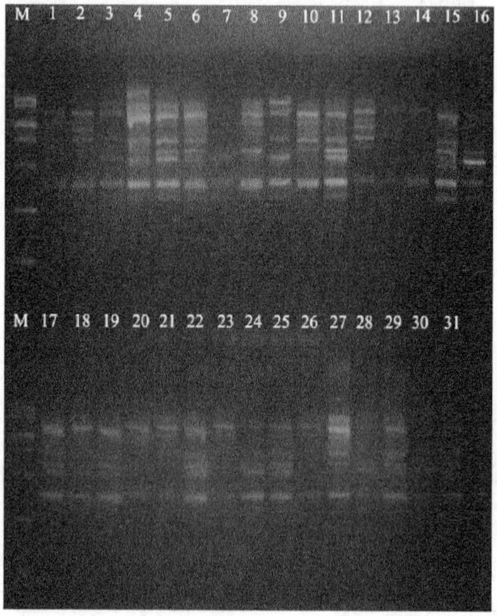

图 10-2　31 份板栗种质资源的 RAPD 扩增结果（引物 K5）

M：2000 bp DNA ladder；泳道 1～31：1～31 号板栗品种

（2）聚类分析结果　利用 NTSY-pc Version 2.10e 软件计算不同板栗种质资源间的相似系数，再根据遗传相似系数采用 UPGMA 聚类方法对 31 份板栗种质资源进行聚类分析。结果表明，31 份板栗种质资源的相似系数为 0.514～0.929。其中，‘红毛早’与‘红光油栗’相似系数最低，为 0.514；原产荆州的‘早 2001’与‘早 2002’，以及来自京山的‘青毛早’与‘闭口红’之间相似度高，相似系数均为 0.929；大悟品种‘腰子栗’和‘江山 2 号’相似系数也较高，为 0.914。从聚类分支树状图可以看出，以阈值为 0.67 划分，可将 31 份板栗资源分为 4 组。第一组为‘金优 1 号’和‘金优 3 号’；第二组为‘金优 2 号’‘京山浅刺’‘重阳栗’等 26 份板栗资源；第三组为‘金栗王’；第四组为‘红毛早’和‘乐杨 1 号’（图 10-3）。

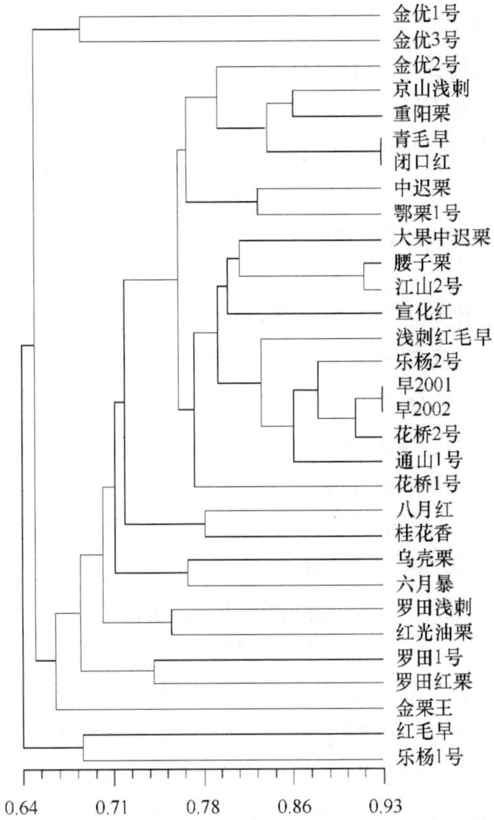

图 10-3　31 份板栗种质资源的 RAPD 聚类树状图

10.2.3　讨论

叶片是植物种质的重要形态指标，叶片形态学性状检测是植物种质资源研究的常用方法之一，此方法也被应用于研究板栗资源遗传多样性。周连弟等从中国板栗自然分布区 8 个产地采集板栗叶片并对 3 项形态指标进行取样测定，结果表明，各指标在同一群体不同品种间差异显著。马玉敏等对 3 个中国板栗野生居群部分表型性状调查研究后发现，叶片形态性状遗传多样性也较丰富，与居群的变异趋势一致。刘莹等关于板栗和锥栗几个叶表型性状的变异研究结果显示，板栗和锥栗在叶形上的差异较大，有 8 个数量性状被选入判别方程，判别方程对板栗和锥栗的判别准确率都达 93%以上。由于叶片形态易受外界条件的影响，本研究选择湖北省农业科学院果树茶叶研究所板栗资源圃内的湖北板栗资源，并结合多年的检测数据进行统计分析，从而在一定程度上避免了生态条件的影响。

本研究对 31 份板栗种质资源进行了 RAPD 分子标记分析。结果表明，湖北板栗种质资源遗传多样性丰富。田华等曾对中国板栗自然居群进行过 SSR 遗传多样性分析，认为华中地区中国板栗居群遗传多样性最高，建议作为板栗育种的材料和基因库，以得到优先保护。此外，前人通过 AFLP 等标记对中国板栗资源分析，发现中国板栗除了具有丰富的多样性外，还表现一定的地域特性。本研究聚类分析发现同一原产地的资源遗传相似系数也较大，这一方面说明湖北地区板栗资源丰富，在长期的自然选择和育种实践中保持了各种质遗传的相对独立性，可作为育种珍贵材料；另一方面也说明不同地域种质间还存在一定的地理局限。

本研究尝试结合叶片形态学标记和分子标记对 31 份板栗种质资源进行遗传多样性评价，但由于形态标记和分子标记属于不同性质的位点，且两种标记方法都有一定的局限性，不可能全面反映种质资源的形态和遗传特性。因此，所得出叶片形态聚类结果与分子标记聚类结果并不完全一致。其中，‘金栗王’板栗是由果树茶叶研究所从中国栗和日本栗的天然杂交群体中选育出的加工型板栗品种，该品种继承了日本栗的大部分形态学特征，因此，叶片形态标记聚类显示其自成一组，与其他中国板栗距离较远；而 RAPD 分子标记结果显示该品种在分子水平上与源自罗田的板栗资源仍具有较高的相似性。同样，来源地相同的板栗资源‘金优 1 号’‘金优 2 号’和‘金优 3 号’，尽管叶形略有差异，但很可能来源于同一基因型变异，因而 RAPD 显示它们具有较高的遗传相似性，尽管两种标记获得的聚类结果不一致，却真实地反映了种质资源形态与遗传特性。总之，本研究结果表明，叶片形态特征和 RAPD 分子标记都能较好地应用于板栗种质资源研究，为板栗种质资源的保存、测定、评价和利用提供理论依据。

10.3 板栗品种资源遗传多样性与亲缘关系的 ISSR 分析

ISSR（简单序列重复间区扩增多态性）技术，作为一种操作快捷、简单、稳定性高的分子标记技术，被广泛应用于遗传连锁图谱构建、基因定位和种质资源多样性分析及鉴定等植物研究工作中。本项研究运用 ISSR 分子标记技术对云南 49 个板栗优良品种进行分子遗传分析，阐明这些优良品种资源的遗传多样性，揭示各品种间的亲缘关系，为今后种质资源合理保护、遗传育种及品种鉴定等提供科学依据。

10.3.1 材料与方法

1）实验材料　以云南省峨山县板栗优良品种种质资源圃中采集的选育自 7 个来源地共计 49 个优良板栗品种嫩叶样品为实验材料（表 10-4）。其中 44 个品种来自云南本地，5 个来自北京。将采集到的嫩叶放入有硅胶的自封袋中，置于−70℃的冰箱保存备用。

表 10-4 供试板栗品种及来源

样品编号	品种	来源	样品编号	品种	来源
1	云栗 1 号	禄劝县	26	云栗 38 号	峨山县
2	云栗 4 号	禄劝县	27	云栗 39 号	峨山县
3	云栗 16 号	禄劝县	28	云栗 40 号	峨山县
4	云栗 17 号	禄劝县	29	云栗 41 号	峨山县
5	云栗 26 号	禄劝县	30	云栗 42 号	峨山县
6	云栗 27 号	禄劝县	31	云栗 44 号	峨山县
7	云栗 34 号	禄劝县	32	云栗 13 号	宜良县
8	阳光 1 号	北京市农林科学院	33	云栗 43 号	峨山县
9	阳光 2-1	北京市农林科学院	34	云栗 2 号	宜良县
10	阳光 2-2	北京市农林科学院	35	云栗 6 号	宜良县
11	阳光 3-1	北京市农林科学院	36	云栗 8 号	宜良县
12	阳光 3-2	北京市农林科学院	37	云栗 10 号	宜良县
13	云栗 9 号	寻甸县	38	云栗 12 号	宜良县
14	云栗 22 号	寻甸县	39	云栗 20 号	宜良县
15	云栗 31 号	寻甸县	40	云栗 21 号	宜良县
16	云栗 36 号	寻甸县	41	云栗 23 号	宜良县
17	云栗 3 号	富民县	42	云栗 25 号	宜良县
18	云栗 5 号	富民县	43	云栗 28 号	宜良县
19	云栗 7 号	富民县	44	云栗 29 号	宜良县
20	云栗 11 号	富民县	45	云栗 30 号	宜良县
21	云栗 14 号	富民县	46	云栗 32 号	宜良县
22	云栗 15 号	富民县	47	云栗 33 号	宜良县
23	云栗 24 号	富民县	48	云栗 35 号	宜良县
24	云栗 18 号	云南省林业科学院	49	云栗 46 号	宜良县
25	云栗 37 号	峨山县			

2）实验方法

（1）基因组 DNA 提取与检测　按照植物基因组 DNA 提取试剂盒的说明提取云南板栗各品种的总 DNA，用 0.8%的琼脂糖凝胶对提取的 DNA 进行质量检测，调节 DNA 终浓度为 2 ng/μL，放入−20℃冰箱备用。

（2）引物筛选及 ISSR-PCR 扩增　扩增体系（25 μL）：2×Mix 12.5 μL，0.3 μmol/L 引物，2 ng DNA 模板。反应程序：94℃预变性 3 min；94℃变性 30 s，46.3～52.8℃退火 45 s，72℃延伸 2 min，35 循环；72℃延伸 10 min，4℃保存。扩增产物用 1.8%的琼脂糖凝胶电泳检测，电泳缓冲液为 0.5×TBE，120 V 恒压电泳 90 min，电泳结束后用 Gene Genius Bio 图像成像系统拍照。

基于上述扩增体系和反应程序，进行 ISSR 引物筛选，确定多态性高、稳定性强的引物及其退火温度，用以所有样品的 ISSR 扩增。

3）数据分析　根据 DNA Marker 判读电泳图谱中扩增条带的分子质量大小及有无，同一位点有条带的记为“1”，无条带的记为“0”。采用 Excel 软件对胶板样本条带进行转化，构建 0/1 数据矩阵。以 Excel 软件的数据记录为基础，利用 DCFA1.1 软件将 ISSR 谱带统计结果转换为 POPGENE 软件适用文件，应用 POPGENE3.2 软件进行遗传参数分析，包括多态位点百分率（PPB）、Nei 基因多样性指数（*H*）、Shannon 信息指数（*I*）、Nei’s 遗传距离（*D*）和遗传相似系数。根据各品种的 Nei’s 遗传距离和遗传相似系数，利用 NTSYS-PC2.1 软件进行 UPGMA 法聚类分析，确定各品种间的亲缘关系。

10.3.2　结果与分析

1. 筛选的引物及其多态性

经筛选，获得 11 条多态性高、稳定性强、用于所有样品扩增的 ISSR 引物。11 条引物、相应的退火温度及对 49 个样品的扩增结果见表 10-5。图 10-4 为引物 UBC-811 和 UBC-836 对部分板栗样品扩增的图谱。

表 10-5　11 条引物对 49 个品种的扩增结果

引物编号	序列（5′～3′）	退火温度/℃	总条带数	多态性条带	多态位点百分率/%	范围/bp
UBC-808	AGA GAG AGA GAG AGA GC	52.8	9	5	55.56	325～2000
UBC-811	GAG AGA GAG AGA GAG AC	52.8	12	8	66.67	400～2000
UBC-814	CTC TCT CTC TCT CTC TA	46.3	7	7	100.00	465～1875
UBC-814	CAC ACA CAC ACA CAC AA	52.8	9	8	88.89	400～1500
UBC-826	ACA CAC ACA CAC ACA CC	52.8	8	6	75.00	425～1375
UBC-827	ACA CAC ACA CAC ACA CG	52.8	5	5	100.00	625～1500
UBC-830	TGT GTG TGT GTG TGT GG	50.0	6	6	100.00	475～2200
UBC-836	AGA GAG AGA GAG AGA GYA	50.0	7	6	85.71	250～1375
UBC-842	GAG AGA GAG AGA GAG AYG	52.8	10	10	100.00	230～1875
UBC-868	GAA GAA GAA GAA GAA GAA	52.8	8	6	75.00	425～1750
UBC-880	GGA GAG GAG AGG AGA	46.3	5	3	60.00	800～1875
总计		46.3～52.8	86	70	平均 81.4	230～2200

注：Y=（C，T）

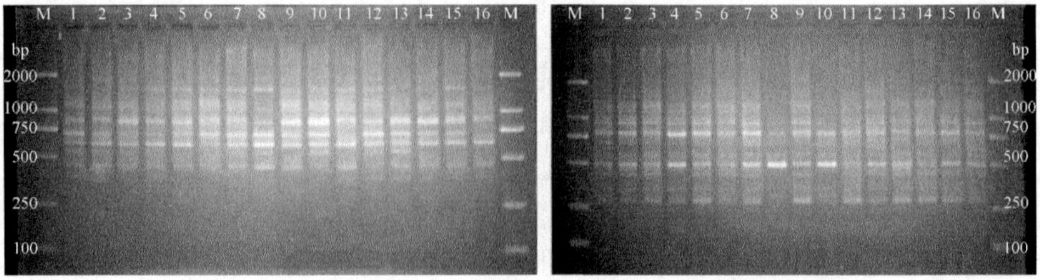

图 10-4　引物 811、836 对部分板栗样品的 ISSR 扩增图谱

由表 10-5 可知，11 条引物共扩增出的 86 条 DNA 谱带中有 70 条呈现多态性，多态性位点的百分率为 81.40%。单个 ISSR 引物扩增出的条带为 5～12，平均每条引物扩增出 8.18 条，扩增的条带分布在 230～2200 bp。引物 UBC-814、UBC-827、UBC-830 和 UBC-842 扩增出的 DNA 谱带的多态性位点百分率为 100%；UBC-808 扩增的多态性位点百分率最低，仅为 55.56%。

2. 板栗品种资源的遗传多样性

利用 POPGENE3.2 软件进行遗传参数计算及分析，结果显示，板栗优良品种种质资源圃 49 份种质资源的多态位点百分率（PPB）为 81.40%，Nei 基因多样性指数（H）为 0.228，Shannon 信息指数（I）为 0.350。以上数据表明云南优良板栗品种种质源圃中的板栗品种资源具有较高的遗传多样性。

3. 品种间的亲缘关系

根据 POPGENE 计算出各品种的 Nei's 遗传距离和遗传相似性系数，利用 Nei's 遗传距离进行 UPGMA 聚类分析，构建聚类树（图 10-5）。图 10-5 显示，49 个品种被聚成两大类。第Ⅰ类共 40 个品种，涵盖来源于峨山县、宜良县、富明县的全部品种和部分禄劝县、寻甸县的品种；第Ⅱ类仅有 9 个品种，包括来自北京的全部品种和部分来自禄劝县、寻甸县的品种。

遗传距离 0.158 处，可以将第Ⅰ大类分为Ⅰ-i 和Ⅰ-ii 两个亚类。Ⅰ-i 有 4 个品种，全部是收集自禄劝县的品种；Ⅰ-ii 有 36 个品种，包括来自富民县、峨山县和宜良县的全部品种，还有来自云南省林业科学院的品种及个别来自禄劝县和寻甸县品种也聚在这一类当中，其中‘云栗 29 号’和‘云栗 30 号’遗传一致性相同，说明‘云栗 29 号’和‘云栗 30 号’可能出现同种异名现象，遗传距离在 0.04 处。收集自云南省林业科学院的品种（‘云栗 18 号’）和 9 个来自宜良的品种聚为一类，表明云南省林业科学院的品种和宜良县的品种亲缘关系比较近，聚类结果显示地理来源相同的品种基本都聚在同一类中。

10.3.3　结论与讨论

近年来，人们对板栗遗传基础的研究取得了突破性的进展。黄宏文等通过对中国板栗 4 个居群的人工栽培品种和茅栗、美洲栗自然居群的遗传多样性进行分析，并与欧洲栗的研究结果进行了比较，发现中国板栗的遗传多样性水平显著高于美洲栗和欧洲栗，认为栗属植物的遗传多样性中心为中国；黄武刚等用 10 个微卫星引物对陕西、云南、安徽和四川的 4 个中国栗野生居群 69 个个体进行扩增，结果显示居群间的遗传关系与实际地理分布不完全相关，其中陕西汉中居群具有最高的遗传多样性；程丽莉等利用叶绿体微卫星标记对神农架地区的野生板栗品种进行遗传多样性分析，结果表明十堰地区野生板栗具有较高的多样性，叶绿体单倍型分析更能直观地表现野生板栗的区域分布规律；艾呈祥等和程水源等都采用 ISSR 分子标记分别对山东和罗田的板栗进行遗传多样性分析，结果表明山东

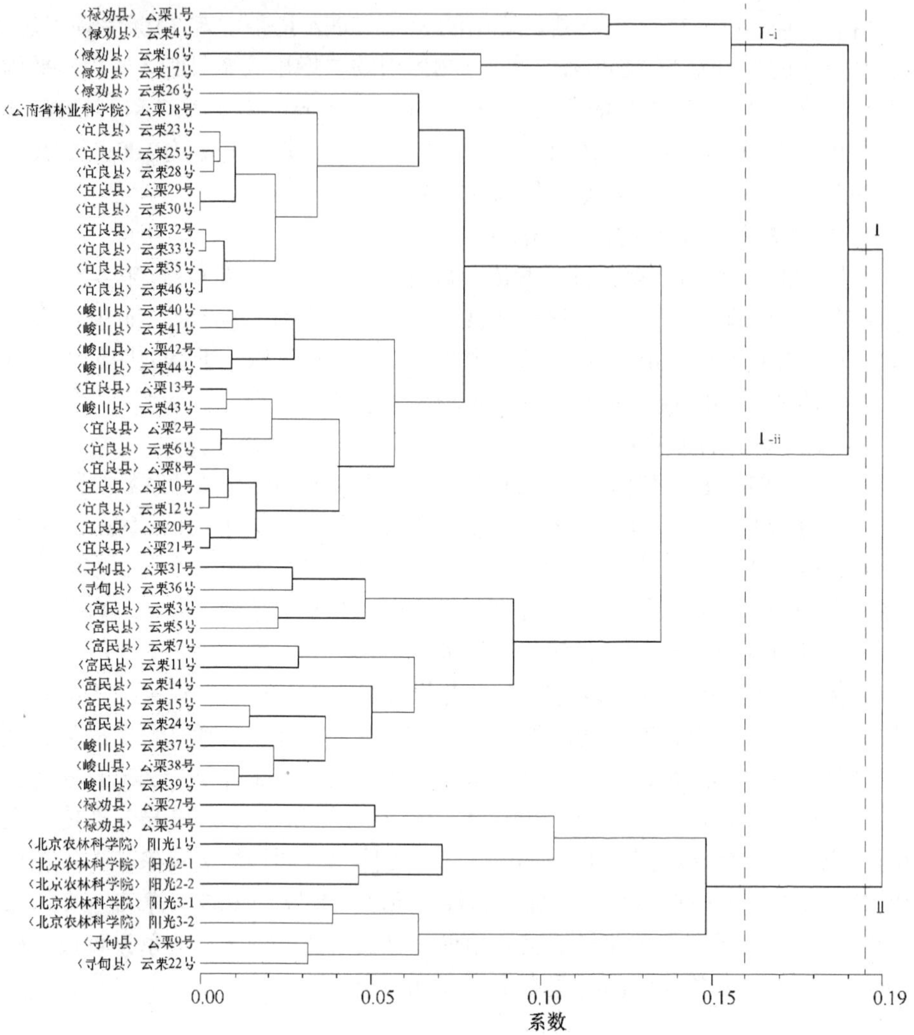

图 10-5 49 个板栗无性系品种的 UPGMA 聚类图

和罗田的板栗都具有丰富的遗传基础。本研究针对 7 个种源地实生选育获得的 49 个优良品种进行遗传多样性分析，结果 49 个优良板栗品种资源显示了较高的遗传多样性，品种的优良性状及丰富的遗传基础为进一步利用这些种质开展品种改良工作奠定了良好的基础。

根据各品种的 Nei’s 遗传距离，运用 UPGMA 方法聚类分析，49 个品种共分成两大类，其中第 I 大类又分为 2 个亚类。总体上，来源地相同的品种资源都聚为一类，表现出较为密切的亲缘关系。说明板栗品种间的亲缘关系与原产地关系较大。板栗为雌雄同株，异花授粉，同一地区植株间相互授粉的概率较高，基因交流频繁，导致同一地区植株间的遗传基础趋于相似。另外，聚类结果中也有个别不同来源地的品种聚在一类的情况，可能是地区间的引种交流导致某些基因在不同地区之间的渗入，或者可能是分子标记方法可反映基因组本质的差异所致。总之，板栗种质在长期的自然选择和人工选育下积累了丰富的遗传基础，遗传组成复杂，在开展种质资源利用和品种改良的工作中只有结合形态特征、地理来源、分子遗传信息等多方面的资料才可能取得更为理想的效果。

主要参考文献

戴思兰. 1996. DNA 遗传标记技术在林业生产中的应用 [J]. 生物工程进展，16 (3): 44-48.

高翔，庞红喜. 2002. 分子标记技术在植物遗传多样性研究中的应用 [J]. 河南农业大学学报，36 (4): 356-359.

顾万春. 2002. 我国林木种质资源保存研究现状与对策 [A]. // 中国科学院生物多样性委员会，国家环境保护总局自然生态保护司，国家林业局野生动植物保护司，等. 第五届全国生物多样性保护与持续利用研讨会论文摘要集 [C].

胡志昂，张亚平. 1997. 中国动植物的遗传多样性 [M]. 杭州：浙江科学技术出版社：1-20.

季维智，宿兵. 1999. 遗传多样性研究的原理和方法 [M]. 杭州：浙江科学技术出版社：1-5.

贾继增. 1996. 分子标记种质资源鉴定和分子标记育种 [J]. 农业科学，29：(4) 1-10.

邱芳，伏建明. 1998. 遗传多样性的分子检测 [J]. 生物多样性，6 (2): 5.

王中仁. 1996. 植物等位酶分析 [M]. 北京：科学出版社.

翁尧富，陈源，赵勇春，等. 2001. 板栗优良品种 (无性系) 苗木分子标记鉴别研究 [J]. 林业科学，(2): 51-55.

张春晓，李悦，沈熙环. 1998. 林木同工酶遗传多样性研究进展 [J]. 北京林业大学学报，(03): 61-69.

Huang H, Dane F, Kubisiak T L. 1998. Allozyme and RAPD analysis of the genetic and geographic variation wild population of the American chestnut *Castanea dentate* (Fagaceae) [J]. Am J Bot, 85(7): 1013.

Rutter P A, Miller G , Payne J A. 1990. Chestnuts. *In*: Moors J N, Ballington, J R. Genetic Resources Of Temperate Fruit and Nut Crops [G]. Wageningen: The International Society for Horticultural Science.

第11章 板栗遗传多样性在杂交育种与亲本选择中的应用

11.1 板栗雌雄异熟生物特性

板栗为异花授粉植物，存在着雌雄异熟现象，到目前为止，板栗品种雌雄异熟的物候特点及其主要经济性状的相关性未见报道。湖南省林业科学院李昌珠、蒋丽娟结合杂交育种工作，以3个区域性试验点16个品种为试材，通过观察花期物候、调查主要经济性状，基本摸清了板栗品种的花期物候规律，并对雌雄异熟性进行了充分论证。旨在为今后杂交育种及授粉品种配置提供科学依据。

11.1.1 试材与方法

（1）试验点基本情况　试验点分别设在湖南省桂阳县林场、长沙市郊天际岭林场、石门县十九峰林场。3个试验点的自然条件基本情况见表11-1。

表11-1 试验点自然条件

试验点	地理位置		海拔/m	气候因子			土壤因子	
	纬度	经度		年均气温/℃	年辐射总量/（$kcal/cm^2$·年）	年降雨量/mm	土壤类型	pH
桂阳林场	25° 44′N	112° 48′E	195～200	18.3	114.9	1465.0	红壤	5.1～5.4
长沙市郊天际岭林场	28° 17′N	113° E	80～85	17.5	106.2	1422.4	红壤	4.9～5.2
石门县十九峰林场	29° 36′N	111° 22′E	139～150	16.7	109.3	1408.3	红壤	5.3～5.6

各试验点均统一在1983年定砧，1984年嫁接。参试品种16个，采用4×4平衡格子设计，株行距4 m×4 m。

（2）物候观察　在3个试验点进行，供试品种16个。固定专人，固定样株32株，统一标准记载萌动期，雌花柱头出现期，柱头变色期，雄花开放期、盛期和末期，果熟期，落叶期。

（3）嫁接后2～3年结果株率、株产、坐果率、单粒重调查　在石门县十九峰林场进行。调查一个重复的16个品种。

（4）控制授粉试验　1992～1993年在桂阳县林场进行。参试品种3个。调查坐果率、空苞率、单粒重 3 个指标。

11.1.2　结果分析

（1）不同生态环境下板栗品种雌雄异熟性表现　桂阳点和石门点分别位于湖南南缘和北端，花期相差 2～3 周，但品种雌雄花开放顺序无一改变。'九家种'在 3 个试验点均表现出明显的雌花先开（表 11-2）。

表 11-2　不同试验点 4 个品种的花期（日/月）表现

品种	花性	桂阳	长沙	石门
沅 28	雌花	20～29/5	26/5～5/6	2～18/6
	雄花	25/5～11/6	10～15/6	20～30/6
九家种	雌花	8～17/5	18～26/5	80/5～7/6
	雄花	22～27/5	31/5～5/6	10～23/6
铁粒头	雌花	12～21/5	20～26/5	26/5～9/6
	雄花	10～23/5	13～31/5	23/5～1/6
西沟 2 号	雌花	10～17/5	22～27/5	2～11/6
	雄花	30/4～9/5	17～23/5	28/5～1/6

注：限于篇幅，只列 4 个品种比较，下同

（2）雌雄异熟性在不同年份的表现　对长沙天际岭林场试验点连续 4 年的花期物候观察（表 11-3）表明，受不同年份气候条件的影响，花期有差异（相差 3～6 d），但雌雄花期先后顺序未发生变化。气温、降雨等环境因子只能推迟或提早花期，而不改变品种的开花顺序，雌雄异熟性不同年份的表现是稳定的。例如，'九家种'为典型的雌先型品种，而'西沟 2 号'为典型的雄先型品种，'铁粒头'的花期基本相遇。因此，板栗品种雌雄异熟性受品种基因的控制。

表 11-3　4 个板栗品种不同年份的花期（日/月）表现

品种	花性	花期			
		1987 年	1988 年	1989 年	1990 年
沅 28 号	雌花	17～28/5	13～28/5	15/5～1/6	18/5～2/6
	雄花	8～19/6	5～18/6	8～20/6	12～21/6
九家种	雌花	20～28/5	16/5～7/6	18～31/5	22/5～7/6
	雄花	8～16/6	4～12/6	6～14/6	4～18/6
铁粒头	雌花	24/5～4/6	21/5～7/6	22/5～9/6	26/5～14/6
	雄花	26/5～8/6	21/5～7/6	22/5～8/6	28/5～10/6
西沟 2 号	雌花	—	—	2～11/6	3～14/6
	雄花	—	—	26/5～3/6	28/5～4/6

注："—"表示数据缺失

（3）雌雄异熟物候特点　连续 2 年的物候观察资料统计结果表明（表 11-4）；16 个板栗品种，雌雄异熟 13 个，占 81.25%；相遇型 3 个，占 18.75%。雌雄异熟品种中，雌先型占 56.25%，雄先型占 25%，花期完全相遇的品种极少，而雌雄花

期完全错开的品种存在。萌动期与雌雄异熟性相关不明显。一般花期相近品种，雌先型果实成熟早，但个别品种不服从这一规律，如‘沅 28’。雌先型或雄先型品种与相遇型品种可以互作授粉品种，可授粉（或相遇）天数为 7～15 d。

表 11-4　16 个板栗品种物候期（日/月）统计表

类型（品种数）	年份	萌芽			雌花			雄花			成熟期		
		E	L	A	E	L	A	E	L	A	E	L	A
雌先型（9）	89	28/3	2/4	3/4	22/5	5/6	3/6	4/6	18/6	12/6	17/9	24/9	22/9
	90	8/4	15/4	11/4	1/6	12/6	10/6	10/6	23/6	17/6	22/9	27/9	26/9
雄先型（4）	89	27/3	7/4	5/4	2/6	16/6	7/6	20/6	5/6	30/5	23/9	30/9	27/9
	90	6/4	15/4	10/4	8/6	22/6	13/6	26/5	10/6	4/6	29/9	2/10	30/9
相遇型（3）	89	28/3	6/4	5/4	26/5	14/6	4/6	24/5	11/6	3/6	22/9	28/9	26/9
	90	6/4	16/4	11/4	3/6	20/6	12/6	1/6	17/6	10/6	26/9	1/10	29/9

注：E 为 earliest，最早；L 为 latest，最迟；A 为 average，平均

（4）单株产量等性状与雌雄异熟的关系　将参试品种雌雄花期相差天数（x_i）与其单株产量（y_{i_1}）、坐果率（y_{i_2}）、嫁接后 2～3 年结果株率（y_{i_3}）、坚果单粒重（y_{i_4}）的平均值回归线分析得下列回归方程：

单株产量：$y_{i_1}=2.1284-0.0033x$　　$r=-0.0238$，$F=0.0079$

坐果率：$y_{i_2}=75.8023+0.8836x$　　$r=0.6580$，$F=9.9262^{**}$

结果株率：$y_{i_3}=63.3727+0.3249x$　　$r=0.1639$，$F=0.3865$

单粒重：$y_{i_4}=8.3514+0.1458x$　　$r=0.1580$，$F=0.2584$

显著检验结果表明，单株产量、2～3 年结果株率、单粒重三性状与雌雄异熟不显著相关。而坐果率与雌雄异熟呈显著相关，这是因为雌雄异熟从时间上避开了自花授粉，异花授粉得以实现，坐果率相应提高了。坐果率高不一定产量高，这是由于单株产量高低取决于单株雌花数多少，而坐果率是一个相对数值。为了进一步说明雌雄异熟与单株产量等性状的关系，将雌先型、雄先型、相遇型 3 类品种对应的经济性状统计得表 11-5。

表 11-5　3 类品种对应的经济性状统计表

花期类型	品种数量	坐果率/%			平均单株产量/%			2～3 年结果株率/%		
		H	L	A	H	L	A	H	L	A
雌先型	9	88.5	75.3	80.01	2.88	0.77	0.92	78.00	61.83	67.98
雄先型	4	82.7	78.1	74.85	2.48	1.80	2.00	74.70	41.67	57.90
相遇型	3	79.5	66.5	70.23	2.98	1.86	2.40	72.17	60.17	60.28

注：H 为最高；L 为最低；A 为平均数

由表 11-5 可知，坐果率以雌先型为高，雄先型次之，相遇型是低。平均单株产量、2～3 年结果株率规律不明显，与回归分析结果一致。

（5）控制授粉试验　1992～1993 年控制授粉试验结果统计见表 11-6。结果表明，上述 3 类品种，同一品种以自然授粉坐果率最高，空苞率最低，单粒重最重。自花授粉以雌先型品种坐果率最低，雄先型居次。而某一品种的花粉授到 3 种类型品种上所产生的坐果率差异可以认为是亲和力差异产生的。

表 11-6　3 个不同花期品种控制授粉试验统计表

品种类型		‘九家种’雌先型	‘西沟 2 号’雄先型	‘青扎’相遇型
控制授粉	坐果率/%	60.80	80.30	76.07
	空苞率/%	15.0	18.3	28.5
	单粒重/g	5.50	4.60	6.08
自花授粉	坐果率/%	5.0	15.2	33.1
	空苞率/%	—	—	—
	单粒重/g	—	—	—
自然授粉	坐果率/%	88.5	82.1	79.5
	空苞率/%	3.0	6.5	12.1
	单粒重/g	9.08	9.05	7.85

注：“—”表示数据缺失

11.1.3　结论

板栗为异花授粉植物，存在着雌雄异熟现象，本研究结合杂交育种工作，以 3 个区域性试验点 16 个品种为试材，通过观察花期物候、调查主要经济性状，基本摸清了板栗品种的花期物候规律，并对雌雄异熟性进行了充分论证，旨在为今后杂交育种及授粉品种配置提供科学依据。

对板栗雌雄异熟与主要经济性状的相关性分析表明：单株产量、2～3 年结果株率、单粒重三性状与雌雄异熟不显著相关，而坐果率与雌雄异熟呈显著相关。

11.1.4　讨论

（1）雌雄异熟是有利的生物学性状　杂交育种中，认识和利用雌雄异熟这一物候特性，便于掌握、控制授粉时机，容易获得 F_1 代种子。可以加速杂交育种进程。栽培中选择主栽培品种或授粉品种的雌雄异熟性可以作为一特殊性状予以参考，这是因为综合经济性状相近的品种中，雌雄异熟品种能实现异花授粉，坐果率、单粒重相应提高，空苞率相对减少。

（2）关于授粉品种配置　板栗雄花花粉量大，一般雌雄花朵比为 1：（2470～4461），自然坐果率一般为 75%左右，但普遍存在严重的空苞现象，其中重要的原因之一就是授粉不良。许多文献都强调栽培中配置授粉品种，主栽培种与授粉品种花期相遇。这显然不够全面具体。笔者认为应考虑 4 个因素，即品种间授粉亲和力、品种雌雄异熟类型、花期雄花高密度花粉散发期与雌花柱头反卷期相遇、花粉质量。雌先型品种与雄先型品种，相遇型与雌雄异熟型品种可互作授粉品种。上述观察结果，结合多年实践，建议生产中选择花期物候类型含雌先型、雄先型、相遇 3 种类型之二的 2～4 个综合经济性状相近的良种混栽，有利于提高坐果率，降低空苞率。

11.2　雄性不育板栗种质杂交结实特性

板栗雄性不育种质的发现及其研究，在栗属植物中已有报道。国内主要集中于对其分子机制的研究，中国板栗中也发现了一些雄性不育种质，相关研究也取得了一定成果，但都局限于生理学、分子遗传学领域，而对雄性不育种质生产性能、育种价值方面研究欠缺。因此，在长期的育种工作中，北京农林科学院板栗研究课题组从北京山区栗园中搜集到数种雄花早期败育而雌花具有较强的授粉结实能力的新资源，以其为母本，通过自然授粉和人工授粉，结合远缘杂交，对其授粉结实特性进行研究，揭示其生产和育种价值，以期为进一步开展雄性不育育种和雄性不育理论研究奠定基础。

11.2.1　材料与方法

1. 试验材料

试材为实生变异雄性不育种质（MS），具有雄花自然败育特征，选择无生理病害、正常结实的板栗授粉母树 5 株，均为 8 年生无性系一代，株行距 3 m×3 m，常规化栽培；周围人工栽培的品种除‘燕红’‘燕昌’‘怀九’‘怀黄’4 个品种外，无其他品种。授粉方式分为自然授粉和人工授粉，杂交分为种内杂交和远缘杂交；父本分别来自‘河北短丰’‘垂栗’‘燕平’‘怀黄’‘锥栗’；远缘杂交对照为‘怀黄’。种内杂交组合为雄性不育种质×‘河北短丰’、雄性不育种质×‘垂栗’、雄性不育种质×‘怀黄’、雄性不育种质×‘燕平’，远缘杂交组合为雄性不育种质×‘锥栗’、‘怀黄’×‘锥栗’；自然授粉以周围分布品种‘燕红’‘燕昌’‘怀九’‘怀黄’为父本，开放授粉。

2. 试验方法

田间试验于 2010 年、2011 年的 6～7 月在北京市农林科学院种质创新基地进行，室内试验于 2010 年、2011 年的 9～10 月在北京市农林科学院综合所实验室进行。

3. 花粉采集与贮藏

于开花盛期，采集成熟的板栗雄花序，带回室内，在阴凉地方摊在干净纸上晾干后，用花粉筛筛去花瓣和花丝，收集花粉和花药于棕色瓶中置于 0～4℃冰箱备用，或存放于离心管或纸袋内，贮藏于盛有无水硅胶的容器内，－20℃保存。

4. 人工授粉

先将雌花在开放之前套袋，避免外源花粉进入；待板栗雌花盛开期，选择晴朗天气进行授粉，授粉时用沾有父本花粉的毛笔轻轻涂于板栗柱头上，授粉完毕后即刻套袋；授粉 15 d 后，柱头变黄枯萎时，及时除去纸袋，利于子房发育。

5. 自然授粉

在相同授粉树上，选择树冠外围发育正常的混合花枝，标记雌花位置，无去雄、无套袋的，以栗园内‘燕红’‘燕昌’‘怀九’‘怀黄’4 个品种为父本，风媒传粉；待末花期，再次标记自然授粉雌花位置，以便采收。

6. 数据分析

授粉至采收后，统计授粉雌花数、坐苞数、结实苞数、空苞数；坚果形态测量方法参考《中国果树志 · 板栗 · 榛子卷》。所得数据利用 DPS8.01 软件进行分析处理。

11.2.2 结果与分析

1. 雄性不育种质杂交结实特性

由表 11-7 可知，以雄性不育种质为母本进行杂交（包括自然授粉），其坐苞率、结实率、空苞率平均值分别为 87.01%、78.22%、6.81%；3 项指标在各杂交组合间存在较大变异，变异系数均在 20%以上，尤其空苞率变异程度最大，达 95.45%，每苞含坚果数变异系数最低，只有 14.37%。包括自然授粉，5 个杂交组合平均落苞率为 14.97%，各组合间落苞率存在差异，雄性不育种质×‘燕平’落苞率最低（0），坐苞率最高（100%）；雄性不育种质×‘垂栗’落苞率最高（44.54%），坐苞率最低（55.46%）；自然授粉也存在 4%的落苞率。板栗总苞的发育与授粉受精无关。因而，造成板栗落苞的因素，除母本自身生理落苞外，推测环境因素、授粉套袋引起的内部小气候也是造成板栗落苞的原因之一。

表 11-7　雄性不育种质种内杂交组合结实特性

杂交组合	授粉花数/个	坐苞数/个	结实苞数/个	空苞数/个	坐苞率/%	结实率/%	空苞率/%	粒/苞
雄性不育种质×‘河北短丰’	115	89	86	3	77.39	74.78	2.61	2.8
雄性不育种质×‘垂栗’	135	75	69	6	55.46	51.11	4.44	2.6
雄性不育种质×‘怀黄’	158	152	123	29	96.20	77.85	18.35	1.9
雄性不育种质×‘燕平’	129	129	123	6	100.00	95.35	4.65	2.3
自然授粉	150	144	138	6	96.00	92.00	4.00	2.6
变异系数	—	—	—	—	21.97	22.42	95.45	14.37

父本不同，雄性不育种质结实率与空苞率及每结实苞含坚果数存在明显差异。由表 11-7 可知，雄性不育种质×‘燕平’结实率最高（95.35%），自然授粉次之

（92.00%），雄性不育种质×‘垂栗’最低（51.11%），与最高相差 44.24 个百分点；以雄性不育种质×‘怀黄’的空苞率最高（18.35%），雄性不育种质×‘河北短丰’的空苞率最低（2.61%）；各组合间每结实苞坚果数变异较稳定，变异幅度在 1.9～2.8 粒，平均 2.5 粒，变异系数为 14.37%，雄性不育种质×‘河北短丰’每苞含坚果最多，雄性不育种质×‘怀黄’最低。由此可知，‘燕平’‘河北短丰’与雄性不育种质间亲和力较强，‘怀黄’中等，‘垂栗’最弱，自然授粉综合性状表现优良。

2. 雄性不育种质远缘杂交结实特性

以远缘种‘锥栗’为父本，相比品种‘怀黄’，雄性不育种质在远缘杂交中具有较强的异种花粉接收能力。相同的授粉雌花数，雄性不育种质与‘怀黄’坐苞率差别不大，但结实率、空苞率差异显著。由表 11-8 可知，雄性不育种质×‘锥栗’结实率高于‘怀黄’×‘锥栗’30.7 个百分点，空苞率低 17.7 个百分点。二者在远缘杂交过程中存在不同程度的不亲和性，相比‘怀黄’，雄性不育种质与‘锥栗’具有较强的亲和力。

表 11-8　远缘杂交结实特性

杂交组合	授粉花数/个	坐苞数/个	结实苞数/个	空苞数/个	坐苞率/%	结实率/%	空苞率/%	粒/苞
雄性不育种质×‘锥栗’	250	220	110	110	88	44.0	44.0	1.4
‘怀黄’×‘锥栗’	248	186	33	153	75	13.3	61.7	1.6

3. 雄性不育种质杂交坚果表型变异

对雄性不育种质×‘河北短丰’、雄性不育种质×‘垂栗’、雄性不育种质×‘怀黄’、雄性不育种质×‘燕平’及自然授粉获得的杂交坚果形态性状进行测定。由表 11-9 结果可知，自然授粉和人工杂交授粉组合间坚果高度、宽度、厚度及单粒重变异幅度小，分别为 24.74～26.03 mm、28.63～30.33 mm、18.98～20.37 mm、8.50～9.50 g，总变异系数均在 5%以下，表现出较大的稳定性。

表 11-9　杂交后代坚果表型性状变异

杂交组合	性状	平均值	变异幅度	变异系数
雄性不育种质×‘河北短丰’	高度/mm	24.74±1.00	21.84～26.69	4.94
	宽度/mm	29.15±1.67	24.98～32.93	6.92
	厚度/mm	19.74±0.93	17.51～22.89	6.18
	单粒重/g	8.90±1.20	6.50～11.00	15.38
雄性不育种质×‘垂栗’	高度/mm	26.03±1.10	24.71～27.69	3.20
	宽度/mm	20.37±1.04	26.65～31.92	4.63
	厚度/mm	9.10±1.00	17.90～25.44	7.09
	单粒重/g	25.21±0.82	6.80～11.60	13.98

续表

杂交组合	性状	平均值	变异幅度	变异系数
雄性不育种质×‘怀黄’	高度/mm	28.63±1.34	23.44～27.21	3.86
	宽度/mm	19.15±1.09	25.83～32.75	5.88
	厚度/mm	9.30±1.10	17.04～23.23	7.32
	单粒重/g	25.57±0.69	7.10～12.40	14.30
雄性不育种质×‘燕平’	高度/mm	29.03±0.68	24.23～27.25	3.22
	宽度/mm	18.98±0.76	27.27～30.77	2.88
	厚度/mm	8.52±0.61	17.14～21.39	5.07
	单粒重/g	24.88±0.89	7.20～10.00	8.64
自然授粉	高度/mm	30.33±1.37	22.35～27.89	4.67
	宽度/mm	20.02±1.45	27.36～33.76	5.51
	厚度/mm	9.40±1.20	17.30～23.66	8.58
	单粒重/g	25.29±0.41	6.76～12.98	16.10
总体	高度/mm	29.29±0.42	24.74～26.03	2.08
	宽度/mm	19.66±0.47	28.63～30.33	2.16
	厚度/mm	19.66±0.47	18.98～20.37	2.99
	单粒重/g	9.10±0.30	8.50～9.50	4.04

雄性不育种质具有较强的授粉结实能力，自然授粉坐苞率和结实率均在 90%以上（表 11-7）。对自然授粉结实坚果表型性状进行变异分析，发现所获杂交果在坚果高度、宽度、厚度及单粒重方面存在不同程度的遗传变异，坚果高度、宽度、厚度 3 个指标变异幅度较小，分别为 22.35～27.89 mm、27.36～33.76 mm、17.30～23.66 mm，变异系数均在 10%以下，性状稳定；坚果单粒重变异幅度较大，在 6.76～12.98 g，相差 6.22 g，变异系数 16.10%，也较为稳定。

杂交授粉中，同自然授粉变异趋势类似，坚果表型性状在各组合内存在不同程度的差异。其中，坚果高度、宽度、厚度 3 个指标变异幅度小，变异系数均在 10%以下，较为稳定，以坚果单粒重变异幅度和变异系数稍大。例如，雄性不育种质×‘河北短丰’与雄性不育种质×‘怀黄’，坚果单粒重变异范围分别为 6.50～11.00 g 和 7.10～12.40 g，最高值与最低值相差 4.50 g 和 5.30 g，变异系数分别为 15.38%、14.30%；4 个杂交组合中，杂交组合雄性不育种质×‘燕平’坚果表型性状最为稳定，坚果高度、宽度、厚度 3 个指标变异幅度和变异系数最小，单粒重变异幅度在 7.20～10.00 g，变异系数仅 8.64%。与自然授粉相比，杂交授粉在坚果厚度与单粒重方面稳定性较好，反映出混合花粉与单一花粉在坚果表型性状上直感效应的差异。

11.2.3　结论与讨论

雄性不育种质具有较强的自然授粉结实能力，因其花粉来源多样，受不同父本效应影响，导致坚果个体间差异较大；在定向杂交中，父本不同，各组合间结实率、空苞率、坐苞率等指标存在较大差异，‘燕平’‘河北短丰’与雄性不育种质结实率和空苞率最高，反映彼此间具有较强的受精结实能力；板栗杂交坚果高度、宽度、厚度 3 项指标最为稳定，单水平坚果单粒重变异程度较大，但各组合间平均单粒重变异程度极低；‘燕平’×雄性不育种质后代坚果变异程度较小，整齐度高，在生产中可作最佳授粉树；雄性不育种质具有雄花败育、雌花授粉受精正常的特点，是杂交育种的优良资源；雄性不育种质具有较强的接收远缘花粉能力，可能与其雄花败育的特殊变异有关，也是板栗远缘杂交育种最理想的材料。

1. 雄性不育种质的结实特性

板栗具有异花授粉结实的生物学特性，雌花柱头对花粉具有选择性，不同父母本间亲和力存在差异，导致不同的杂交结果。刘庆香等通过对主栽板栗品种授粉结实特性进行研究，发现母本相同父本不同，或父本相同母本不同，亲和性强弱差异显著，导致结实率、空苞率、坚果数/结实苞等变化较大。该研究中，雄性不育种质在自然授粉与人工授粉、种内杂交与远缘杂交不同授粉方式中，其结实特性存在不同程度的变异。自然授粉由于母本对父本具有广泛的可选择性，杂交后代表现出高坐苞率、高结实率、低空苞率，坚果单粒重丰富的变异；种内杂交，不同父本与雄性不育种质在亲和性方面存在显著差异，‘燕平’‘河北短丰’与雄性不育种质间亲和力最强。在远缘杂交中，雄性不育种质表现出优良的授粉结实特性，结实率达到了 44%，显著高于‘怀黄’。江苏植物研究所曾以板栗为母本，以锥栗为父本进行杂交，结实率为 9.6%，相比前人结果，该研究远缘杂交结实率较高，分析其原因，可能与雄性不育种质的花器官变异有关，推测雄性不育种质因其花发育基因变异，有可能在一定程度上改变了其雌花对远缘花粉的接收能力，从而使该雄性不育种质更易于接收锥栗花粉，进而产生较高的结实率。

2. 杂交后代表型性状变异

一般研究认为果实纵径、横径等形态性状的变异系数小于 15%，是相对稳定的植物学性状，并将此作为果实表型性状变异程度的界限。该研究中同样得出相似结论，无论自然授粉还是人工杂交，所有后代中，坚果高度、宽度、厚度 3 项指标变异幅度较小，变异系数均低于 10%，植物学性状稳定；坚果单粒重变异系数较大，略低于或大于 15%。相比野生板栗与实生板栗，杂交后代坚果性状表现不尽相同，马玉敏等曾对野板栗表型变异进行分析，发现野板栗坚果果形指数的变异系数低于 6%，而平均单粒重的变异系数在 15%以上，与该研究结果基本一致。雄性不育种质具有稳定的遗传特性，母本生物学性状在一定程度上影响后代表型。

雄性不育种质因其雄花败育、雌花发育正常而一直是育种学上珍贵的种质资源，在生产、育种、理论研究上具有重要价值。该研究中发现雄性不育种质，遗传性状稳定，授粉结实能力强，杂交结实后代坚果表型性状稳定，尤其在远缘杂交中表现出较高的结实率（一般而言，栗属植物间远缘杂交结实率仅 10%左右），在板栗育种及板栗雄性不育基础理论研究中具有重要意义。该研究揭示了雄性不育种质的授粉结实特性，为板栗雄性不育育种的开展奠定了基础，将有利于板栗育种新途径、新方法的开展与创新。

主要参考文献

邓华平. 1992. 核桃雌雄异熟性对产量和品质的影响［J］. 经济林研究，10（2）：73-74.

唐时俊. 1991. 湖南板栗良种区域试验研究［J］. 经济林研究，9（1）：67-69.

唐时俊，李润唐，李昌珠. 1992. 板栗丰产技术［M］. 长沙：湖南科学技术出版社.

查永成，倪志成. 1989. 板栗栽培与加工［M］. 上海：上海科学技术出版社.

张宇和. 1989. 板栗［M］. 北京：中国林业出版社.

第12章 中国板栗野生资源的保护及利用

栗属（*Castanea*）植物世界上有 12 个种，广泛分布于北半球温带的广阔地域。分布在亚洲的 4 个种：中国板栗（*Castanea mollissima* Blume）、茅栗（*Castanea Sequinii* Dode）和锥栗（*Castanea henryi* Rehd & Wils）分布在中国；日本栗（*Castanea crenata* Sieb. et Zucc.）分布在日本及朝鲜半岛。分布在北美洲的有 2 个种：美洲栗[*Castanea dentate*(Michx.)Raf.]和美洲榛果栗(*Castanea pumila* Mill.)。美洲榛果栗曾被划分为 6 个种：*Castanea pumila*、*Castanea Ozarkensis*（Ashe.）、*Castanea ashei*（Sidw.）、*Castanea alnifolia*（Nutt.）、*Castanea floridena*（Ashe.）和 *Castanea paucispina*（Ashe.），由于种间界定不明显，后归并为 1 个种。欧洲大陆仅有 1 个种，欧洲栗（*Castanea sativa* Mill.）。栗属种均为二倍体，具有 24 个染色体（$2n=2x=24$），并且可相互间杂交。栗属的 7 个种中，目前商业化经济栽培的主要是中国板栗、欧洲栗和日本栗，其他栗种仅有少量人工栽培利用并作为植物育种材料用于品种改良。亚洲种与欧美种有一个显著不同点，即对栗疫病的抗性。亚洲 4 个种均具有对栗疫病的抗性，尤以中国板栗抗性最强；欧美种对栗疫病全无抗性。

12.1 中国栗属植物资源的重要性

12.1.1 栗属植物起源和多样性中心

现有研究结果证明，中国板栗是世界栗属植物的原始种，中国是栗属植物的多样性中心。分布于中国的 3 个栗属种，即中国板栗、茅栗、锥栗，不但对世界栗属植物的起源、系统进化有着重要作用，而且对世界栗属资源保护和可持续利用的战略决策有着决定性作用。特别是分布于华中地区、神农架-三峡一带的中国栗属种的居群具有很高的遗传杂合度，居群的遗传变异幅度大，居群结构复杂，遗传基础极为丰富，是世界现有栗属植物遗传资源的宝库。深入研究中国栗属植物的资源现状，制定完善的资源保护及可持续利用的策略，对我国丰富的栗属资源研究有着重要意义。

12.1.2　世界食用栗栽培品种改良的重要基因来源

中国板栗抗栗疫病基因是欧洲栗和美洲栗改良、获得抗疫病性状的基础。目前美国正在着手恢复美洲栗，使其重返大自然，采用的杂交亲本就是中国板栗。欧洲栗品种改良获得抗疫病品种也主要采用中国板栗。中国板栗的现有栽培品种中具有极其丰富的抗栗疫基因，并分布于各栽培品种群中，选择抗性亲本的潜力很大。目前栗瘿蜂对世界食用栗产业的威胁日益增大，被认为是继栗疫病之后的第二大栗类世界性灾害。虽然至今尚未发现对栗瘿蜂完全抗性的栗属遗传资源，但在中国板栗中发现了对栗瘿蜂具有较高耐性的中国板栗品种，为解决栗瘿蜂危害的抗虫育种提供了新的希望。在茅栗中发现的极感性资源也为栗瘿蜂诱杀的综合生物防治提供了新途径。中国板栗具有品质好、易剥内皮等性状，是日本栗品种改良的首选育种材料，对改良日本栗品质差、内皮难剥等不良加工性状具有重要作用。茅栗的成串结果丰产性状、一年多次开花结果和种植当年结果的早实特性是选育优良食用品种，实现高产、早产集约化商品栽培的优良育种资源。锥栗的直立生长特性也是栗属植物用材林品种改良的可利用资源。我国丰富的栗属植物资源，还为砧木品种选育提供了较大潜力。目前在世界食用栗栽培品种的繁殖上，嫁接不亲和性的问题阻碍着栗产业化进程。利用中国栗丰富的资源，选育优良的砧木品种也具有广阔前景。

12.2　中国栗属植物资源保护、可持续利用的原则建议

12.2.1　系统调查我国栗属资源现状

我国栗属资源分布地域广，北起吉林，南至海南岛，跨越寒温带、温带、亚热带；海拔 50～2800 m 都有分布，自然资源极为丰富。但长期以来，由于对我国丰富的栗属资源重视不够，加上多年来在资源利用上的不正确导向，以少数几个“优良品种”大量进行改接换种，改造野生、实生板栗林和茅栗林，以至于大量毁坏野生资源。同时我国原有的许多优良地方品种也未充分利用。以湖北为例，20 世纪 60～70 年代因野生栗改造，曾大量破坏了鄂西、鄂西北宝贵的野生栗资源，加上森林砍伐，使许多宝贵的资源在未加以研究前就永远消失了；在栽培上又只利用了“中迟栗”“浅刺大板栗”等少数几个品种，大量的优良地方品种未得到应有的重视和利用。深入、系统地调查我国现有栗属资源现状，是我国栗属资源保护和可持续利用决策的依据。

12.2.2　保护中国栗属野生资源

毫无疑问，中国栗属资源对世界栗属资源保护及可持续利用具有关键作用。

如何更有效地保护中国栗属资源，需要对现存资源进行调查，并应用居群遗传学的方法研究我国栗属植物的居群结构、分布特点及遗传多样性的地域差异，以制定我国栗属资源保护及可持续利用的决策。在目前尚未得到上述研究结果的情况下，我们应首先采取一些措施来保护资源，摒弃以往在资源利用上的错误导向，以防止我国宝贵的资源在未得到充分研究之前而流失。停止以损失野生资源为代价的野生栗改造做法。我们以往花费了大量人力、物力采用少数几个栽培品种，大量高接换种，变野生板栗林为人工栽培林，成功率极小。而且毫无科学根据、盲目地以板栗高接改换野生茅栗，结果造成大量地毁坏了野生茅栗林。因板栗嫁接亲和性问题是客观存在，毫无科学依据的“野改家”的后果不但毁坏了大量野生资源，而且得到的效益甚微。要正确地利用茅栗资源。茅栗具早实、丰产、一年多次结果等优良性状，是中国板栗等其他食用栗品种改良的优良亲本，应在育种中重点加以利用。茅栗果实较小是鲜栗直销的主要缺陷。但是，茅栗果实性状的遗传变异很大，最大的果实可接近野生板栗的小果型品种，改良潜力大。茅栗极为丰产、稳产，而且一年多次结果的特性，使其成为加工产品的很好的原料品种，如加工成栗粉、栗夹心巧克力糖等。当前应尽快选育一批适应食品加工产业需要的茅栗品种，以便加工原料生产基地加以利用；并在对现有茅栗野生资源保护的基础上，以采集果实提供加工原料来加以利用。

12.2.3　运用现代生物学技术研究我国板栗栽培品种，为食用栗栽培产业化提供依据

我国虽有 300 个已命名的地方栽培品种，但许多优良的栽培品种有待发掘利用。因目前栽培的品种同名异物、同物异名的现象广泛存在，利用现代分子生物学技术如同工酶、RAPD 和 SSR 等技术进行品种鉴别，并发掘优良的地方品种，将是我国食用栗品种走向标准化、产业化的重要途径，也将扩大我国食用栗产品在世界市场上的占有量。品种混杂、品质不一致已在很大程度上阻碍了我国栗产品走向世界。我国应该以优良品种的产业化、品质一致的产品尽快拓宽世界市场。

12.2.4　系统地开展新品种育种工作

我国虽然拥有许多栽培品种，并且野生资源丰富，但是大多数品种栽培的地方局限性和品质的良莠不齐难以适应大规模产业化的要求。我国对中国板栗品种的改良也仅限于对现有实生板栗林的选择。系统地、有目的地通过杂交育种等方法进行品种改良尚未开展；而欧美各国通过杂交育种进行品种改良已经有几十年历史。美国采用中国板栗为亲本已选育了一些栽培性状很好的品种。日本的栗育

种家针对日本栗品质差、内皮难剥的缺陷，利用中国板栗为亲本，杂交育种培育新的优质日本栗品种。我们具有得天独厚的资源，采用杂交等育种方法对现有品种进行改良，将为我国栗生产的产业化，走向世界和持续利用我国丰富的栗属资源奠定牢固基础。

主要参考文献

陈灵芝. 1993. 中国的生物多样性——现状及其保护对策［M］. 北京：中国标准出版社.

陈叔平. 1995. 我国作物种质资源保存与展望［J］. 植物资源与环境，4（1）：14-18.

黄宏文. 1998. 从世界栗属植物研究的现状看中国栗属资源保护的重要性［J］. 武汉植物学研究，16（2）：171-176.

蒋丽娟，李昌珠. 1996. 栗树生物技术研究现状及应用前景［J］. 湖南林业科技，23（4）：51-52.

李昌珠，Jiri S，Blazek J. 2000. 不同基因型欧洲栗离体繁殖研究［J］. 果树学报，19（4）：227-230.

李昌珠，唐时俊. 2003. 南方板栗丰产栽培技术［M］. 长沙：湖南科学技术出版社：305-307.

李文军，王恩明. 1993. 生物多样性的意义及其价值［M］. 北京：科学出版社：1-9.

林忠平. 1990. 植物基因资源的保护与利用［A］. 中国科学院生物多样性研讨会会议录：111-113.